TRAITÉ ÉLÉMENTAIRE

DE

COSMOGRAPHIE

PAR

J. PICHOT

PROFESSEUR DE MATHÉMATIQUES AU LYCÉE LOUIS-LE-GRAND
ANCIEN ÉLÈVE DE L'ÉCOLE POLYTECHNIQUE

Avec 207 figures intercalées dans le texte

DEUXIÈME ÉDITION

PARIS
LIBRAIRIE HACHETTE ET Cie
BOULEVARD SAINT-GERMAIN, 79

1873

TRAITÉ ÉLÉMENTAIRE

DE

COSMOGRAPHIE

PARIS. — IMPRIMERIE DE E. MARTINET, RUE MIGNON, 2.

COSMOGRAPHIE

LIVRE PREMIER

MOUVEMENT DIURNE

CHAPITRE PREMIER

PREMIÈRES APPARENCES QUE PRÉSENTE L'ASPECT DU CIEL

1. Étoiles. — On a longtemps comparé la terre à une sorte de disque qui se soutiendrait de lui-même sur les eaux. En effet, pour un observateur placé en un point déterminé, elle paraît être une vaste surface à peu près plate qui s'étend circulairement de tous côtés. Si l'observateur vient à se déplacer, certaines régions disparaissent à sa vue, tandis qu'il en découvre d'autres, mais il se croit toujours au centre de la surface qui s'étend autour de lui. Enfin, s'il continue à marcher, il finit bientôt par rencontrer l'Océan.

Si l'observateur, relevant ses yeux du sol, promène ses regards au-dessus de lui, il aperçoit alors comme une toile tendue sur sa tête et légèrement enflée vers le haut; c'est la voûte céleste, ou plus vulgairement le *ciel*.

Chaque matin le soleil, qui paraît attaché à cette voûte, semble s'élever au-dessus des montagnes éloignées ou s'élancer avec une sorte d'effort des extrémités de l'horizon; ce phénomène se nomme le *lever* du soleil. L'astre monte alors dans le ciel, puis s'abaisse et disparaît enfin ou se *couche* dans la partie opposée à son lever. Après le coucher du soleil, la lumière s'éteint peu à peu et la nuit succède au jour. Le ciel, qui était bleu azuré pendant le jour, devient noir et apparaît alors parsemé d'une multitude de points brillants qu'on appelle *étoiles.* Chacun de ces astres suit une marche semblable à celle du soleil. Ils se lèvent successivement, les uns après les autres, dans un ordre déterminé; ils parcourent une certaine étendue du ciel et se couchent ensuite suivant le même ordre, chacun à son rang.

Le côté du ciel où les astres se lèvent se nomme l'*orient.* Le côté opposé, où ils se couchent, est appelé *occident.* Les points de la mer ou de la terre auxquels la vue est limitée forme l'*horizon vulgaire;* c'est le lieu du lever et du coucher des astres.

2. Isolement de la terre dans l'espace. — Plaçons-nous de manière à avoir l'orient à droite, l'occident à gauche, et regardons la partie du ciel qui est devant nous. Nous y trouverons des étoiles qui ne se couchent pas et qui décrivent, au-dessus de l'horizon, des courbes fermées sensiblement circulaires; une de ces étoiles paraît même immobile dans le ciel. Les étoiles voisines décrivent autour d'elle des courbes très-petites, et celles qui sont plus éloignées des courbes plus grandes. Enfin, on arrive bientôt à des étoiles qui se couchent à l'occident pour reparaître à l'orient, après un certain temps. Il est naturel de penser que ces étoiles décrivent aussi des courbes fermées et continuent leur mouvement au-dessous de l'horizon. Or, cela ne peut avoir lieu que si la terre est limitée dans tous les sens et ne repose sur aucun fondement. Nous sommes ainsi déjà amené à regarder la terre comme un corps isolé dans l'espace et entouré par le ciel de toutes parts. Plus loin, nous nous occuperons de déterminer sa forme, et nous verrons qu'elle est à peu près sphérique.

L'observation seule des étoiles, faite sans le secours d'aucun instrument, nous amène donc à conclure que la terre ne repose sur aucun fondement. Ce fait, extraordinaire au premier abord, peut être confirmé par la remarque suivante. Si la terre était appuyée sur un corps quelconque, celui-ci aurait nécessairement de grandes dimensions et devrait être aperçu de quelques points de la surface. Or, les nombreux voyages entrepris par les navigateurs, dans tous les sens, n'ont fait apercevoir aucun support; au contraire, on a pu conclure de toutes les observations que la terre était ronde et isolée de toutes parts (fig. 1).

Quelle est la position de la terre dans l'espace et de quelle nature est la force qui la soutient et la dirige? Nous nous occuperons plus loin de ce problème. Pour le moment, nous nous contenterons de faire observer que cette position a peut-être quelque analogie avec celle d'un boulet qui vient d'abandonner la pièce où il a subi la pression des gaz de la poudre, et n'a pas encore atteint le but. Comme le

Fig. 1. — Isolement de la terre dans l'espace.

boulet, et malgré son isolement, il peut très-bien arriver que la terre soit en mouvement. Or, s'il en est ainsi, nous devons nous tenir en garde contre les apparences des mouvements qui se manifestent à nos yeux. Tout le monde sait en effet que le mouvement relatif de deux corps peut être envisagé de deux manières : ou comme un mouvement du premier par rapport au second, ou comme un mouvement du second, en sens contraire.

3. Distances angulaires des étoiles. — On appelle *distance angulaire* de deux étoiles l'angle formé par les rayons visuels qui vont de l'œil de l'observateur aux deux étoiles. Les rayons venus de différents astres se croisent dans nos yeux en formant des angles qui indiquent les positions relatives de ces astres; comme ces angles ont leur sommet dans l'œil de l'observateur, celui-ci peut les mesurer avec des instruments faits en forme d'arc de cercle et divisés en degrés, minutes et secondes. Il suffit pour cela de deux alidades munies de pinnules, ou de deux lunettes mobiles autour d'un même centre et jointes entre elles par un arc gradué.

Admettons qu'un observateur ait déterminé la distance angulaire de deux étoiles quelque temps après leur lever; qu'il ait renouvelé l'observation, lorsque les étoiles se sont trouvées à des hauteurs plus ou moins considérables; qu'il ait répété plusieurs fois ses observations, lorsqu'elles s'abaissaient pour se coucher; la distance angulaire n'aura jamais varié. La même chose arrivera d'ailleurs pour deux étoiles quelconques. Il y a plus : *Hipparque de Rhodes*, qui vivait 120 ans avant notre ère, avait déterminé les distances angulaires pour un grand nombre d'étoiles et avait pu en déduire, ainsi que nous l'expliquerons plus loin, une représentation exacte du firmament. Cette représentation, comparée à la représentation moderne, n'offre que des variations insignifiantes. De là l'ancienne dénomination de *fixes* par laquelle les étoiles proprement dites avaient été désignées.

4. Sphère céleste. — Dans quelque pays que se transportent les voyageurs, ils voient toujours des astres au-dessus de leur tête; mais il est très-probable que tous ces corps ne sont pas à la même distance de la terre. Ces différences de distance que le raisonnement met en évidence ne sont pas sensibles à nos sens. Nos yeux peuvent bien nous indiquer la direction des rayons lumineux que les astres nous envoient, mais nous n'avons, dans les espaces célestes, aucun terme de comparaison connu qui puisse nous servir à estimer les distances; aussi supposons-nous d'abord tous les astres également éloignés.

Il résulte de là que chaque observateur se croit placé sur la terre comme au centre d'une sphère, d'un rayon immense, sur laquelle il *projette* les astres, chacun dans la direction de son rayon lumineux. Comme nous sommes habitués, par expérience, à trouver les objets sur le prolongement des rayons visuels, aux points où ces rayons sont arrêtés par les surfaces des corps, nous supposons involontairement une surface sphérique qui arrête nos regards, et nous y fixons chaque astre sur le prolongement du rayon visuel correspondant. C'est là ce qu'on doit entendre par *projeter les astres*. La sphère idéale à laquelle les étoiles semblent fixées, et qui a pour centre l'œil de l'observateur, a reçu le nom de sphère céleste.

5. Verticale; zénith; nadir. — On appelle *verticale* d'un lieu la direction du fil à plomb dans ce lieu. On reconnaît, par l'observation, que cette direction est perpendiculaire à la surface des eaux tranquilles. La verticale, prolongée vers le haut, rencontre la sphère céleste en un point appelé *zénith*. Prolongée vers le bas, elle rencontre aussi la sphère céleste en un point opposé appelé *nadir*. On appelle plan vertical tout plan passant par la verticale.

6. Horizon. — On appelle *plan horizontal* tout plan perpendiculaire à la verticale.

Nous avons déjà parlé de l'horizon, c'est-à-dire du cercle qui borne la vue de l'observateur; c'est l'horizon sensible ou apparent. Un plan mené par l'œil de l'observateur, perpendiculairement à la verticale, s'appelle horizon *rationnel;* on distingue aussi l'horizon *mathématique*, qui n'est autre chose que le plan tangent à la terre au point de station. Ces trois horizons coïncident sensiblement; mais quand nous voudrons parler de l'horizon, ce sera, le plus souvent, de l'horizon rationnel qu'il s'agira. Nous mentionnerons enfin l'horizon *géocentrique;* c'est le plan horizontal passant par le centre de la terre.

7. Mouvement diurne apparent des étoiles. — Dans tout le cours de leur mouvement, les étoiles conservent entre elles des distances constantes, et conséquemment un même ordre. Cette invariabilité est confirmée, ainsi que nous l'avons fait remarquer plus haut, par des traditions qui remontent à deux mille ans environ. D'un autre côté, nous savons qu'une certaine étoile semble être immobile dans le ciel, tandis que les autres décrivent autour d'elle des courbes plus ou moins grandes sensiblement circulaires. Or, si la sphère céleste, emportant avec elle toutes les étoiles, tournait d'orient en occident autour d'une droite passant par l'œil de l'observateur et dans le voisinage de l'étoile qui est à peu près immobile, les apparences que nous présente le mouvement des astres seraient expliquées. Chacun d'eux décrirait, en effet, une circonférence de cercle dont le plan serait perpendicu-

laire à l'axe de rotation, et dont le centre serait sur cet axe. Cette révolution de la sphère céleste est donc probable.

On comprend très-bien qu'il soit impossible de déterminer d'une manière précise les lois du mouvement des corps célestes, à la seule inspection du ciel. Il a fallu nécessairement s'armer d'instruments pour arriver à la découverte de ces lois, ou pour vérifier celles que le raisonnement permettait de prévoir. Parmi les instruments propres à vérifier les lois du mouvement diurne, nous citerons le *théodolite* et l'*équatorial.* Nous allons donner leur description sommaire, en même temps que nous indiquerons leurs usages.

CHAPITRE II

LOIS DU MOUVEMENT DIURNE

8. Théodolite; sa description (fig. 2). — Le théodolite se compose de deux cercles gradués EF et CD, le dernier horizontal et l'autre vertical. Le cercle vertical AEF peut recevoir deux mouvements de rotation, le premier autour d'un axe horizontal passant par son centre, et le second autour d'un axe vertical sur lequel repose l'axe horizontal. Un contrepoids sert à équilibrer le poids du cercle EF, en ramenant sur l'axe vertical le centre de gravité de tout ce qui est mobile autour de cet axe. Le cercle horizontal a son centre sur l'axe vertical autour duquel il peut tourner. Son limbe sert à faire connaître de quelle quantité angulaire le premier cercle a tourné autour de l'axe vertical. On appelle le cercle horizontal *cercle azimutal.*

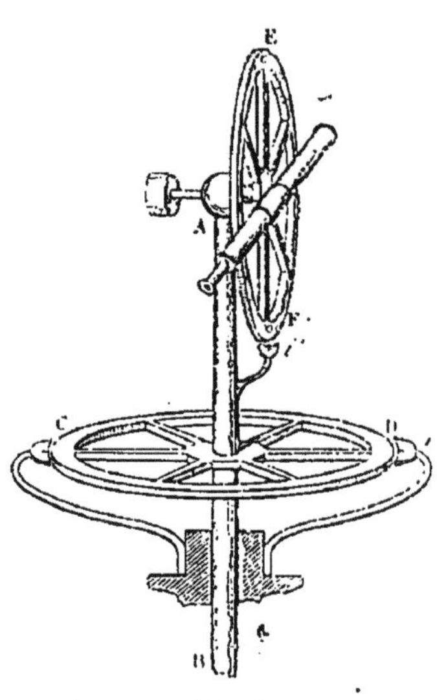

Fig. 2.

Le pied de l'instrument est muni de trois vices calantes; ces vices, conjointement avec des niveaux à bulle d'air convenablement disposés, permettent de rendre l'axe AB parfaitement vertical, et, par suite, l'autre axe parfaitement horizontal. Une lunette est adaptée au cercle vertical; elle peut tourner autour de l'axe même du cercle, ou être fixée au besoin à ce cercle à l'aide de pinces et de vis de pression. De même, d'autres vis permettent de faire tourner librement ou lentement, à volonté, autour de l'axe vertical, toute la partie de l'appareil supérieure au cercle CD; enfin, à l'aide d'une pince spéciale, on peut fixer tout le haut de l'instrument au cercle CD (fig. 2).

Le théodolite est éminemment propre à mesurer l'angle que font entre eux deux plans verticaux passant par l'œil de l'observateur. Pour cela il suffit de placer le cercle vertical dans le premier plan, puis de le faire tourner autour de l'axe vertical, jusqu'à ce qu'il se trouve dans le deuxième plan ; son angle de rotation sera l'angle des deux plans, et cet angle se mesurera sur le cercle *azimutal*. Il ne s'agit donc que de placer le cercle vertical successivement dans les deux plans, et il suffit pour cela de diriger la lunette de manière que son axe optique soit exactement dirigé, dans chaque cas, vers l'objet qui détermine le plan vertical.

9. Méridien ; sa détermination. — Supposons un observateur placé de manière à avoir l'orient à gauche et l'occident à droite; il verra les étoiles paraître à sa gauche, s'élever de plus en plus au-dessus de l'horizon, puis bientôt cesser de s'élever et s'abaisser ensuite pour se rapprocher de plus en plus de l'horizon, tout en continuant à marcher de gauche à droite. Étudions plus attentivement une de ces *trajectoires*, en nous servant du théodolite. Imaginons que l'instrument soit placé dans un lieu bien découvert ; après avoir rendu son axe exactement vertical, dirigeons la lunette vers une étoile qui vient de se lever. La coïncidence de l'image avec le point de croisement des fils du réticule étant établi, fixons la lunette dans cette position ; nous reconnaîtrons bientôt que la coïncidence n'existe plus. L'étoile s'écartera sans cesse de l'axe optique de la lunette en s'élevant au-dessus de l'horizon. Enfin, l'étoile cessera de monter, marchera horizontalement pendant quelque temps, et commencera ensuite à se rapprocher de l'horizon, en allant vers l'occident. Il arrivera bientôt un instant où l'étoile se trouvera à droite, à la même hauteur que celle où elle se trouvait précédemment à gauche, lorsque la lunette était dirigée vers elle. Si nous faisons alors tourner toute la partie supérieure du théodolite autour de l'axe vertical, sans changer l'inclinaison de la lunette, nous arriverons à pouvoir établir une nouvelle coïncidence de l'image de l'étoile et du point de croisement des fils du réticule de la lunette.

Soit (fig. 4) OZ la direction de l'axe vertical du théodolite, HH' l'horizon et GCG' la courbe décrite par l'étoile au-dessus de l'horizon.

Fig. 3. — Théodolite.

Supposons que l'étoile soit en E au moment de la première observation, quand elle fait un certain angle LOE avec l'horizon. Pour passer de la première position ZOE à la seconde ZOE', pour laquelle LOE = L'OE', le cercle vertical a tourné d'un certain angle qui est fourni par le cercle azimutal. Soit OM la droite qui partage cet angle connu en deux parties égales. Il sera facile d'amener le cercle vertical dans le plan ZOM et de diriger la lunette vers un point de repère, tel qu'une lumière sur la fixité de laquelle on pourra compter, et qu'on aura, au besoin, disposée à cet effet.

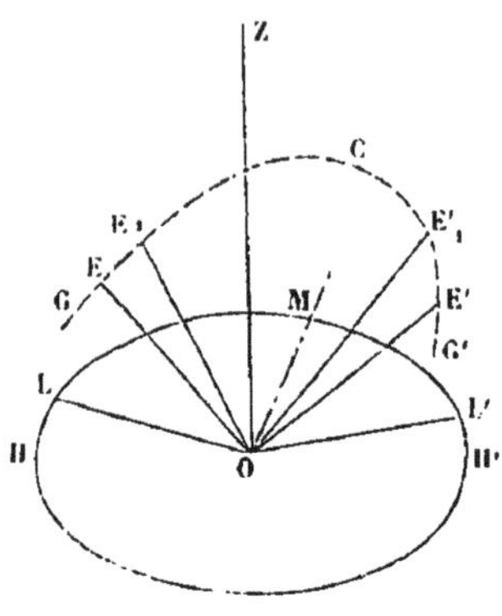

Fig. 4.

Répétons ces observations des *hauteurs correspondantes*, soit sur la même étoile prise dans deux autres positions, E_1, E'_1, soit sur d'autres étoiles. Quel que soit le nombre des opérations qu'on effectue ainsi, on trouve toujours une même direction *invariable* pour le plan ZOM qui divise en deux parties égales l'angle des plans verticaux menés par l'œil de l'observateur et par les deux positions où la même étoile est à la même hauteur au-dessus de l'horizon.

Tournons-nous maintenant de manière à voir l'occident à gauche et l'orient à droite, sans rien changer à la position de l'axe du théodolite et observons, avec la lunette du cercle vertical, les étoiles qui n'ont ni lever ni coucher. Nous reconnaîtrons encore que le même plan ZOM partage toujours en deux parties égales l'angle des plans verticaux correspondant aux deux positions pour lesquelles une étoile est à la même hauteur au-dessus de l'horizon.

Il résulte de cette série d'observations que la trajectoire apparente de chaque étoile est symétrique par rapport à un plan vertical qu'on détermine facilement avec le théodolite. Ce plan de symétrie est ce qu'on appelle le *plan méridien* ou tout simplement le *méridien* du lieu où les observations ont été faites.

10. Culmination; passage supérieur et passage inférieur. — La symétrie des trajectoires des étoiles par rapport au plan méridien suffirait pour conclure que ce plan renferme le point le plus élevé et le point inférieur de leur route. Mais, en même temps qu'on détermine la position du plan méridien avec le théodolite, il est facile de s'assu-

rer directement que ce plan contient en effet le point le plus élevé et le point le plus bas de la trajectoire de chaque étoile.

On a donné le nom de *culmination* au point le plus élevé de la trajectoire de chaque étoile. Les étoiles qui ne se couchent pas traversent deux fois le plan méridien. Le point le plus élevé est le *passage supérieur;* l'autre est le *passage inférieur.*

11. Méridienne; sa position. — L'intersection du méridien d'un lieu avec l'horizon porte le nom de *méridienne.* Soit HH' le cercle d'horizon, OM la trace du plan méridien sur l'horizon, c'est-à-dire la méridienne (fig. 5). Soient OL et OL' les traces des deux plans verticaux correspondant aux positions pour lesquelles une même étoile est à la même hauteur au-dessus de l'horizon; *Ol* et *Ol'* les traces des deux verticaux analogues pour une autre étoile. D'après ce que nous avons dit précédemment, la droite OM partage en deux parties égales les angles LOL', *lOl'*. Donc la droite OM est perpendiculaire sur le milieu des cordes LL', *ll'*.... etc.

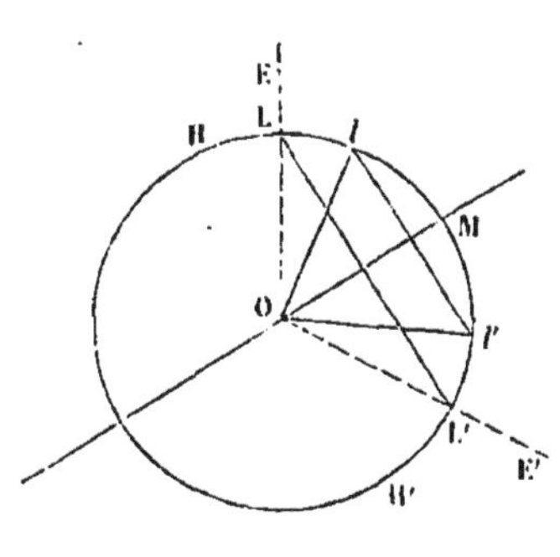

Fig. 5.

Ainsi, *la méridienne d'un lieu est perpendiculaire aux cordes de lever et de coucher des étoiles en ce lieu.*

12. Tracé de la méridienne. — La remarque que nous venons de faire permet de tracer assez simplement la méridienne, sans le secours du théodolite. Supposons qu'on ait disposé, dans un lieu découvert, une balustrade circulaire dont l'œil de l'observateur puisse occuper le centre. Une étoile E se lèvera pour l'observateur au moment même où le rayon lumineux qu'elle enverra à son œil viendra raser le bord de la balustrade, en L par exemple. De la même manière, il sera facile à l'observateur de constater le moment précis du coucher de l'étoile et de marquer sur le bord de la balustrade, en L', la direction du rayon visuel qui correspond au coucher. LL' sera donc la corde du lever et du coucher de l'étoile. La perpendiculaire OM abaissée du point O sur le milieu de LL' donnera la direction de la méridienne.

13. Distance zénithale d'un astre. — Le cercle vertical du théodolite étant disposé dans le plan vertical correspondant à une certaine

position d'une étoile, on peut lire sur le limbe l'angle que fait le rayon visuel dirigé vers l'étoile avec la verticale. Cet angle est ce qu'on appelle la *distance zénithale* de l'étoile. C'est évidemment le complément de la hauteur de l'étoile au-dessus de l'horizon.

14. LIGNE DES PÔLES; PÔLES. — Amenons le plan vertical du théodolite dans le plan méridien et fixons-le dans cette position. Observons ensuite, en nous tournant du côté des étoiles qui ne se couchent pas, les deux passages au méridien d'une même étoile (fig. 6). ZHZ'H' représentant l'intersection du plan méridien avec la sphère céleste, soit OE la direction de la lunette correspondant au passage supérieur de l'étoile et OE' la direction qui correspond au passage inférieur. Répétons les mêmes observations pour plusieurs étoiles et nous verrons que les angles EOE', $E_1OE'_1$,.... ainsi obtenus sont partagés en deux parties égales par une même droite OP. Cette bissectrice commune est précisément la droite autour de laquelle la sphère céleste paraît tourner. On l'appelle *ligne des pôles* ou *axe du monde*, et l'on donne le nom de *pôles* aux deux points diamétralement opposés où elle perce la voûte céleste. A moins de circonstances particulières, l'un des pôles est situé au-dessus de l'horizon, et l'autre au-dessous. Celui qui se trouve au-dessus de l'horizon de *Paris* et dans toute l'*Europe*, a reçu le nom de pôle *boréal;* l'autre, qui est invisible en Europe, a reçu le nom de pôle *austral*.

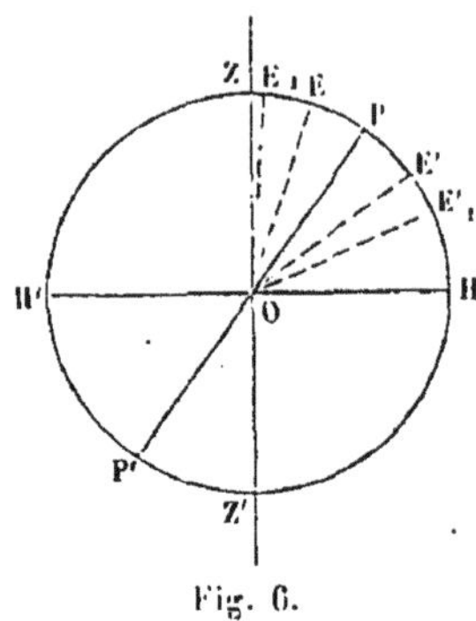

Fig. 6.

15. ÉTOILES CIRCOMPOLAIRES; ÉTOILE POLAIRE. — Les étoiles qui n'atteignent pas notre horizon et accomplissent leur mouvement au-dessus de nous ont été appelées étoiles *circompolaires*. On comprend que cette dénomination provient de leur voisinage du pôle boréal. Parmi ces étoiles, il en est une tellement voisine du pôle, qu'elle paraît immobile dans le ciel. On l'a surnommée la *Polaire*.

16. HAUTEUR DU PÔLE A PARIS. — La hauteur du pôle au-dessus de l'horizon se détermine facilement en chaque lieu à l'aide du théodolite, de la manière suivante :

Observons une étoile avec la lunette du cercle vertical du théodolite, aux moments de son passage supérieur et de son passage inférieur en E et en E′; nous savons que la ligne des pôles PP′ partage l'angle EOE′ en deux parties égales (fig. 6). Nous avons pu noter les distances zénithales de l'étoile en E et en E′, c'est-à-dire les angles ZOE, ZOE′ ou les arcs ZE et ZE′. Or, nous avons

$$ZP = ZE + EP \text{ et } ZP = ZE' - E'P,$$

d'où l'on déduit

$$ZP = \frac{ZE + ZE'}{2}.$$

La distance zénithale du pôle est donc égale à la demi-somme des distances zénithales d'une étoile circompolaire à ses deux passages au méridien. En retranchant cet angle de 90°, on a la hauteur du pôle. A Paris, la *hauteur du pôle* est de 48° 50′ 49″.

17. Rotation de la sphère céleste autour de la ligne des pôles. — Nous avons déjà remarqué que la voûte céleste paraissait tourner d'une seule pièce, d'orient en occident, en emportant avec elle toutes les étoiles, autour d'une droite passant par l'œil de l'observateur. Si ce mouvement est réel, les étoiles doivent décrire des circonférences de cercle dont le plan est perpendiculaire à l'axe du monde et dont le centre se trouve sur cet axe. Nous pouvons maintenant vérifier l'existence de ce mouvement, au moins en apparence, et trouver ses lois. Nous nous servirons pour cela de l'*équatorial*, ou *machine parallactique*, qui permet de suivre les étoiles dans la sphère céleste et donne directement les résultats que le théodolite ne peut fournir qu'avec le secours du calcul. Nous allons d'abord donner la description sommaire de l'équatorial.

18. Équatorial (fig. 7). — Cet instrument se compose, comme le théodolite, de deux cercles gradués, dont le premier, muni d'une lunette, peut tourner autour de l'axe en emportant la lunette avec lui. Ce cercle peut aussi tourner dans son plan et autour de son centre, de sorte que l'axe optique de la lunette peut prendre une inclinaison quelconque par rapport à l'axe de l'instrument. Le second

cercle gradué, dont le plan est perpendiculaire à l'axe, a son centre sur cet axe et est fixé de manière à pouvoir suivre tout l'instrument dans le mouvement de rotation autour de l'axe.

19. Usages de l'équatorial. — Cela posé, la direction de la ligne des pôles étant connue, fixons invariablement l'équatorial de manière que son axe soit exactement dirigé suivant la ligne des pôles. Faisons ensuite tourner le cercle supérieur autour de son centre et visons une étoile dont la trajectoire n'ait aucun point voisin de l'horizon; fixons

Fig. 7. — Équatorial.

enfin le cercle d'une manière invariable à l'axe. Pour suivre l'étoile dans son mouvement, il suffira alors de faire tourner l'appareil autour de l'axe, sans rien changer à l'inclinaison de la lunette sur l'axe. Le rayon visuel allant à l'étoile décrit donc un cône de révolution autour de la ligne des pôles. Comme on peut d'ailleurs admettre que la distance de l'étoile à l'observateur ne change pas pendant ce mouvement, on en conclut que l'étoile décrit une circonférence de cercle dont le plan est perpendiculaire à la ligne des pôles et dont le centre se trouve sur cette ligne.

Un mécanisme particulier permet de mettre le cercle inférieur de l'équatorial en communication avec un mouvement d'horlogerie qui donne au cercle un mouvement uniforme. Le pendule qui régularise ce mouvement est disposé de telle sorte que le cercle fasse un tour entier pendant le temps nécessaire à l'accomplissement de la rotation de la sphère céleste, temps invariable ainsi que nous le constaterons un peu plus loin. On dirige alors la lunette vers une étoile; on fixe son cercle à l'axe et l'on met le cercle inférieur en communication avec le mouvement d'horlogerie. Le cercle inférieur entraîne tout l'instrument avec lui d'un mouvement uniforme, et l'on reconnaît alors que l'axe optique de la lunette ne cesse pas d'être dirigé vers l'étoile pendant que le cercle inférieur accomplit son mouvement. On en conclut que le mouvement des étoiles est uniforme.

Ainsi, la sphère céleste tourne d'un mouvement régulier autour de la ligne des pôles. La durée de la révolution ne diffère que très-peu de celle de notre jour ordinaire. C'est pourquoi le mouvement des étoiles a été appelé *mouvement diurne*.

Remarque. En réalité, les choses ne se passent pas tout à fait comme nous l'avons dit, lorsqu'on observe et qu'on cherche à suivre une étoile avec la lunette de l'équatorial. Quand l'astre observé n'est pas très-près de l'horizon, l'effet de la *réfraction atmosphérique* est assez petit pour que l'astre reste dans le champ de la lunette mue par le mouvement d'horlogerie; mais l'axe optique de la lunette ne passe pas constamment par l'astre. C'est donc simplement une vérification approximative.

20. Parallèle; équateur. — La place que chaque étoile occupe sur la sphère céleste peut être définie simplement à l'aide de cercles qu'on a imaginé de tracer sur la surface. Menons par le centre de la sphère un plan perpendiculaire à l'axe P_aP_b (fig. 8); ce plan coupe la surface suivant un grand cercle qu'on appelle l'*équateur céleste*. La sphère est divisée par ce cercle en deux parties égales ou *hémisphères*, qu'on a nommés hémisphère *boréal* et hémisphère *austral*, du nom du pôle que chacun d'eux contient. En coupant la sphère par un plan parallèle à l'équateur, on obtient un petit cercle qu'on appelle un *parallèle céleste; ee'* est un parallèle. Chaque étoile décrit un parallèle céleste dans le mouvement diurne. L'équateur céleste EE', le plus grand des parallèles, est décrit par une étoile qui se trouve à 90° des pôles. L'équatorial, que nous avons décrit plus haut, tire son nom de la position du cercle inférieur, dont le plan coïncide avec celui de l'équateur céleste.

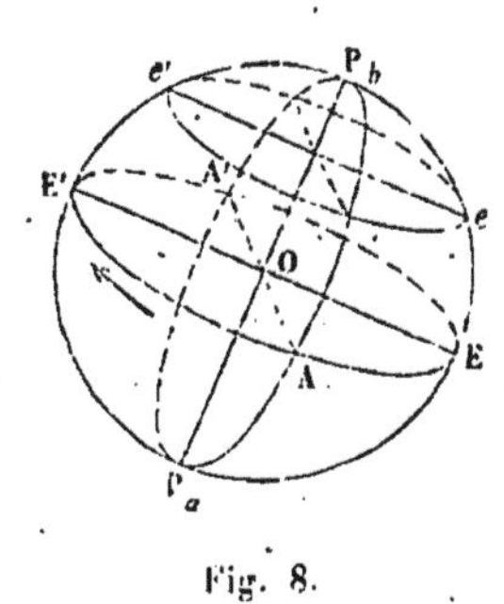

Fig. 8.

Un plan quelconque passant par l'axe du monde coupe la sphère

Grande lunette équatoriale de l'Observatoire de Paris.

céleste, suivant un grand cercle qu'on appelle *cercle de déclinaison;* le cercle P_aAP_bA' est un cercle de déclinaison. Il ne faut pas confondre le méridien d'un lieu avec les cercles de déclinaison. Le méridien a une position parfaitement déterminée pour chaque lieu, tandis que les cercles de *déclinaison* viennent successivement coïncider avec lui pour l'abandonner ensuite et continuer leur mouvement.

21. JOUR SIDÉRAL. — Le *jour sidéral* est l'intervalle de temps qui s'écoule entre deux passages consécutifs d'une même étoile au méridien. L'uniformité du mouvement des étoiles prouve déjà que cet intervalle est constant, mais on peut encore le vérifier de la manière suivante. Disposons le cercle vertical du théodolite dans le plan méridien, et observons, plusieurs jours de suite, les passages des étoiles au méridien, en notant les instants des passages à l'aide d'une montre bien réglée. Nous reconnaîtrons que le temps qui s'écoule entre deux passages consécutifs d'une même étoile au méridien est le même pour toutes les étoiles, et que ce temps est constant. Il est presque inutile d'ajouter que, pour les étoiles qui ont deux passages, il s'écoule autant de temps entre le passage supérieur et le passage inférieur qu'entre celui-ci et le passage supérieur suivant.

Le jour sidéral a été divisé en 24 heures sidérales, l'heure en 60 minutes et la minute en 60 secondes. Le jour sidéral commence au moment où une étoile déterminée passe au méridien et les heures se comptent, sans interruption, de 0 à 24. Le jour sidéral est un peu plus petit que notre jour ordinaire. Le temps évalué au moyen du jour sidéral et de ses subdivisions s'appelle *temps sidéral.*

L'équatorial que nous avons décrit (n° 18) est très-bien disposé pour donner la mesure du temps d'après les subdivisions du jour sidéral. Imaginons, en effet, que le zéro de la graduation du cercle inférieur se trouve vis-à-vis d'un point fixe, au moment où l'étoile déterminée passe au méridien, et que le mouvement du cercle commence à ce moment même. Si le pendule qui régularise le mouvement est bien disposé, il est clair que le cercle aura achevé son mouvement au bout de 24 heures. Tout se passe comme si ce cercle était fixe et comme si le point fixe parcourait les 360° en 24 heures ou 15° par heure. Qu'on observe donc l'étoile à un moment quelconque, le nombre de degrés indiqué par le point fixe, divisé par 15, donnera évidemment l'heure sidérale au moment de l'observation.

22. PETITESSE DE LA TERRE PAR RAPPORT AUX DISTANCES DES ÉTOILES. — Quel que soit le lieu de la terre où l'on fasse les observations

nécessaires pour arriver à la détermination des lois du mouvement diurne, l'axe du monde paraît toujours passer par l'œil de l'observateur. De même qu'il est évident que la ligne des pôles change d'un lieu à un autre, il est clair aussi que le mouvement de rotation de la sphère céleste ne peut s'effectuer autour de plusieurs lignes. Il faut donc que les dimensions de la terre soient excessivement petites comparativement aux distances des étoiles à la terre, et même assez petites pour qu'on puisse assimiler la terre à un point unique. En effet, dans cette hypothèse, la distance de l'observateur à l'axe autour duquel s'effectue le mouvement de rotation étant négligeable, l'observateur juge du mouvement comme s'il était sur l'axe lui-même; les différents axes autour desquels plusieurs observateurs voient tourner la sphère céleste ne sont autre chose que des parallèles à l'axe unique menées par les différentes stations. Sans l'assimilation de la terre à un point unique, eu égard aux distances énormes des étoiles à la terre, il serait impossible de comprendre l'uniformité des apparences que présente le mouvement diurne, quel que soit le lieu de la terre où l'on fasse les observations.

23. Rose des vents. — Nous avons vu comment on pouvait, en chaque lieu, déterminer la direction du plan méridien, et nous avons dit aussi que l'intersection de ce plan avec l'horizon a été appelée méridienne (nos 9 et 11). L'extrémité de cette ligne, du côté du pôle boréal, porte le nom de point *Nord*, et son extrémité opposée celui de point *Sud* (fig. 9). Si l'on imagine une perpendiculaire à la méridienne menée par la station, on aura la ligne *Est-Ouest*; le point *Est* est celui qui se trouve à la droite de l'observateur, lorsque celui-ci regarde le nord. L'ensemble des quatre points N., E., S., O. constitue ce qu'on appelle les *quatre points cardinaux*. Ce sont quatre directions fondamentales, qu'il est toujours facile de retrouver, auxquelles on rapporte toutes les directions intermédiaires. Les quatre points cardinaux sont aussi appelés : *Septentrion*, *Orient* ou *Levant*, *Midi*, *Occident* ou *Couchant*.

Si l'on conçoit deux droites qui divisent en parties égales les angles de la méridienne et de sa perpendiculaire, on obtient les points intermédiaires aux quatre points cardinaux. Ce sont : le *Nord-Est*, le *Nord-Ouest*, le *Sud-Est* et le *Sud-Ouest*. En divisant de nouveau chacun de ces angles en deux parties égales, puis encore chaque nouvel angle en deux parties égales, on obtient 32 directions, qui forment ce qu'on appelle la *Rose des vents*.

24. Lever et coucher des étoiles. — Nous pouvons maintenant expliquer les apparences qu'offre le mouvement diurne à un observa-

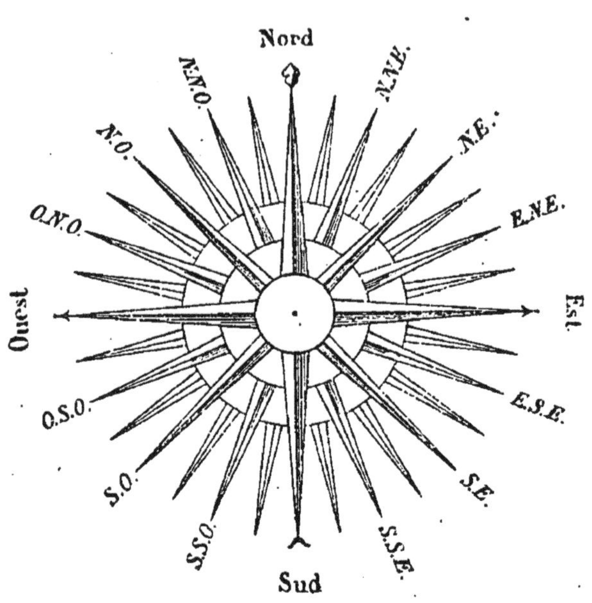

Fig. 9. — Rose des vents.

teur placé en un lieu quelconque de la terre. Supposons, par exemple, qu'il s'agisse d'un observateur placé à Paris (fig. 10).

Soit O le centre de la sphère céleste, Z le zénith et HH′ le cercle d'horizon de l'observateur; soit PHP′HH′ l'intersection du plan méridien avec la sphère céleste. Si nous prenons, à partir du point H, PH = 48° 50′ 49″, P sera le pôle boréal. Soit EE′ l'équateur céleste. Les deux parallèles qui passent par les points H et H′ et l'équateur céleste partagent la surface de la sphère en quatre zones. Celle qui renferme le pôle boréal contient toutes les étoiles qui n'ont ni lever ni coucher; ce sont les étoiles circompolaires. Celle qui renferme le pôle austral contient toutes les étoiles qui ne paraissent jamais au-dessus de l'horizon de Paris.

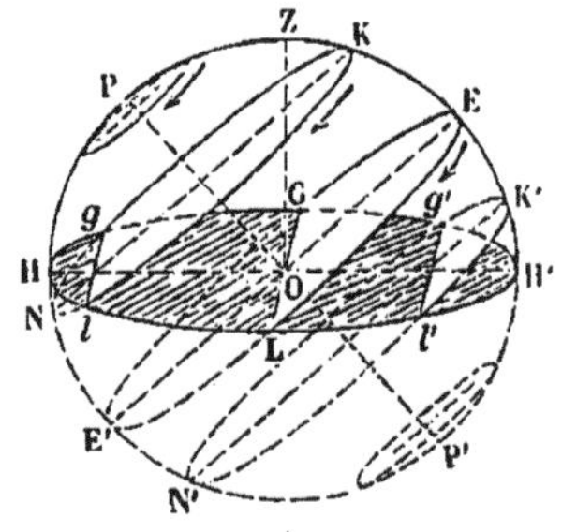

Fig. 10.

Enfin, les deux zones intermédiaires contiennent les étoiles qui ont un lever et un coucher. Pour l'observateur situé en O, le point H est le nord et le point H' le sud. La ligne GL, intersection du plan de l'équateur et du plan de l'horizon, est précisément la ligne est-ouest. En effet, elle est bien perpendiculaire à la méridienne, comme intersection des deux plans EE', HH' perpendiculaires au plan méridien. Il est évident d'ailleurs, pour la même raison, que toutes les lignes *gl*, GL, *g'l'*... sont parallèles entre elles.

Cela posé, considérons l'étoile qui décrit le parallèle N*g*K*l*, dans l'hémisphère boréal. Cette étoile se lève au point *g* et monte constamment dans le ciel jusqu'au point K où elle traverse le méridien. A partir de ce moment, elle descend et va se coucher en *l*, vers le nord. Elle est invisible pendant le temps qu'elle parcourt la partie *l*N*g* de sa trajectoire. Plus le parallèle décrit par l'étoile est éloigné de l'équateur, plus longtemps l'étoile reste au-dessus de l'horizon. Une étoile qui décrirait l'équateur céleste se lèverait en G, exactement à l'est, pour aller se coucher en L, exactement à l'ouest; elle resterait aussi longtemps levée que couchée. Dans l'hémisphère austral, au contraire, plus les parallèles décrits par l'étoile sont voisins de l'équateur, plus longtemps les étoiles restent levées. L'étoile qui décrit le parallèle N'K', se lève en *g'*, passe au méridien K' et va se coucher en *l'*, vers le sud.

La sphère ainsi construite porte le nom de *sphère oblique*, parce que les parallèles que semblent décrire les étoiles sont inclinés par rapport à l'horizon.

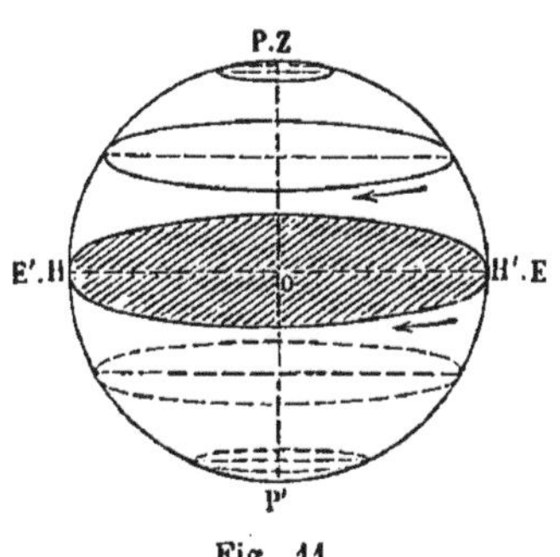

Fig. 11.

Supposons un observateur placé sur la terre, au point même où la ligne des pôles perce la surface de la terre et du côté du pôle boréal (fig. 11). Il est clair que l'horizon de l'observateur se confond avec le plan de l'équateur céleste. Toutes les étoiles appartenant à l'hémisphère boréal accomplissent leur trajet au-dessus de l'horizon et sont constamment visibles; toutes les étoiles appartenant à l'hémisphère austral sont constamment invisibles.

En passant de la position précédente à celle-ci, l'observateur cesse donc de voir certaines étoiles appartenant à l'hémisphère austral, mais le nombre des étoiles constamment visibles pour lui va en augmentant.

Supposons enfin que l'observateur soit placé sur la terre en un point de l'intersection du plan de l'équateur céleste avec la surface de la terre. La ligne des pôles sera alors couchée dans le plan de l'horizon de l'observateur (fig. 12). Toutes les étoiles seront visibles pour lui et le plan de l'horizon partagera leurs trajectoires en deux parties égales. Le nombre des étoiles visibles va donc en augmentant pour un observateur qui s'éloigne de la première position pour se rapprocher de la troisième.

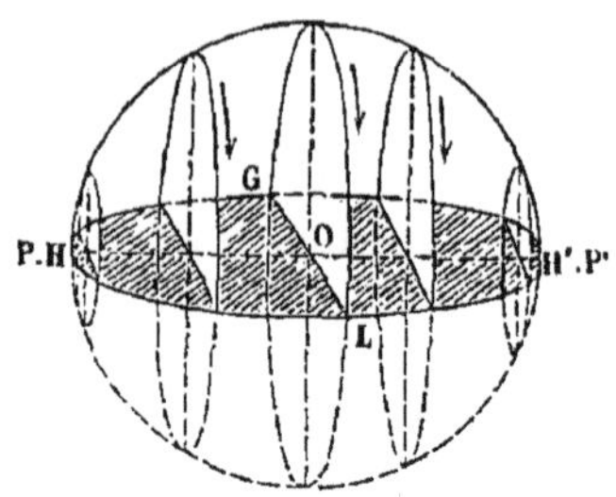

Fig. 12.

CHAPITRE III

MOUVEMENT DE ROTATION DE LA TERRE.

25. POSSIBILITÉ DU MOUVEMENT DE ROTATION DE LA TERRE. — Nous venons d'expliquer les apparences du mouvement diurne en supposant toutes étoiles attachées à la surface d'une immense sphère creuse, et en admettant que cette sphère tournait d'une seule pièce d'orient en occident autour de la ligne des pôles. Mais nous avons déjà reconnu que la terre était isolée dans l'espace; est-elle en repos ou en mouvement? C'est un point qu'il importe de discuter dès à présent. En définitive, le mouvement de la sphère céleste par rapport à la terre n'est qu'un mouvement relatif. Dès lors, il y a deux manières d'expliquer le mouvement diurne: ou c'est la sphère céleste qui tourne autour de la terre supposée fixe; ou bien c'est la terre qui tourne en sens contraire, c'est-à-dire d'occident en orient, autour de la ligne des pôles. Il est facile de voir que les apparences restent les mêmes dans les deux hypothèses.

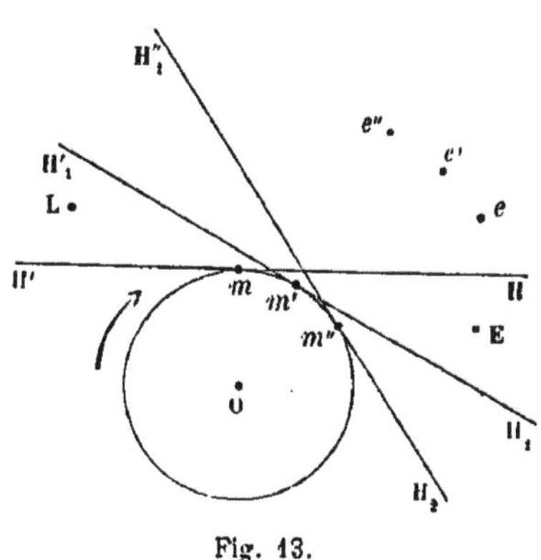

Fig. 13.

La terre est à peu près sphérique, ainsi que nous le démontrerons plus loin; soit O le globe terrestre (fig. 13). Supposons les étoiles fixes sur la voûte céleste et admettons que la terre tourne de gauche à droite. Un observateur situé en *m* et dont l'horizon serait représenté par HH′ verrait toutes les étoiles supérieures au plan HH; mais l'horizon de l'observateur change à chaque instant, par suite du mouvement de rotation de la terre ; lorsque l'observateur sera en m', il verra l'étoile E, tandis qu'il aura cessé de voir l'étoile L. La première sera levée pour lui, tandis que l'autre sera couchée. Quand l'observateur sera en m'', l'étoile E aura monté dans le ciel, tandis que d'autres étoiles se seront abaissées, par suite du déplacement de l'horizon. En un mot, les apparences restent identiquement les mêmes. Comme dans l'autre hypothèse, les étoiles paraîtront décrire des circonférences de cercle dont le plan sera perpendiculaire à la ligne des pôles. L'effet est le même que pour un observateur qui se trouve sur un bateau à vapeur en marche sur une rivière. Si le mouvement a lieu sans secousses, le voyageur se croit immobile et il attribue aux points fixes des rives le mouvement qu'il partage. De même, sur le globe terrestre, l'observateur qui se croit immobile attribue aux astres le mouvement qu'il subit, sans s'en douter; de là les apparences que nous avons signalées.

26. Preuves de la rotation de la terre. — Les deux hypothèses nous conduisant aux mêmes résultats, quelle est celle que nous devons préférer ?

Si les étoiles étaient, ainsi que l'ont supposé les anciens d'après *Anaximénès*, qui vivait environ 550 ans avant Jésus-Christ, fixées à la surface d'une immense sphère de cristal, il ne serait pas plus difficile d'admettre le mouvement de cette sphère que celui du globe terrestre. Mais cela n'a pas lieu; plusieurs observations ont démontré d'une manière incontestable que les étoiles ne sont pas de simples points lumineux liés entre eux d'une manière invariable. Il est prouvé aujourd'hui que ce sont des corps indépendants les uns des autres. Or, il est très-difficile de comprendre comment le mouvement commun de tous ces corps séparés peut avoir lieu autour d'un axe passant par la terre. Les distances des étoiles à l'axe de rotation diffèrent considérablement; cependant tous les astres décrivent leurs trajectoires dans le même temps, malgré des différences de vitesse considérables. Quelle complication ! N'est-il pas plus naturel d'admettre que ce petit corps qu'on nomme la terre tourne autour d'un axe en sens inverse du mouvement que nous attribuons malgré nous aux étoiles ?

D'autres considérations viennent encore à l'appui des précédentes. On rencontre dans les espaces célestes des astres qui diffèrent essentiellement des étoiles et qu'on appelle *planètes*. Ces astres offrent avec la terre une grande analogie. Or, tous ont un mouvement de rotation autour d'un axe. Pourquoi la terre ferait-elle exception à cette loi générale ?

Enfin, on peut tirer des principes de la mécanique des raisons tout à fait concluantes en faveur de l'hypothèse de la rotation de la terre et de l'immobilité des étoiles. Un corps ne peut rien changer par lui-même à son état de mouvement ou de repos ; il lui faut pour cela une cause extérieure, il faut l'action d'une force. Pour qu'un corps décrive une circonférence de cercle, il faut qu'il soit sollicité vers le centre du mouvement par une force constante. Si la force cessait d'agir, le corps s'échapperait immédiatement suivant la tangente menée à la circonférence par la position qu'il occupait au moment même où la force aurait cessé d'agir. On démontre d'ailleurs que l'intensité de la force qui produit le mouvement circulaire est proportionnelle au rayon de la circonférence décrite par le mobile. Or, dans l'hypothèse du mouvement des étoiles, chacune d'elles décrit un cercle dont le plan est perpendiculaire à la ligne des pôles et dont le centre se trouve sur cette ligne ; les rayons de ces cercles diffèrent beaucoup entre eux. Le mouvement des étoiles ne peut donc être expliqué si l'on n'admet pas le long de la ligne des pôles des centres d'attraction d'une énergie variable avec la distance des étoiles à l'axe de rotation. Ces centres d'attraction n'existent pas. Aucune difficulté ne se présente, au contraire, quand on admet le mouvement de rotation de la terre. On démontre, en effet, que quand un corps est animé d'un mouvement de rotation autour d'un axe, le mouvement persiste si aucune action extérieure ne vient à s'exercer sur le corps.

Citons, pour terminer, un fait qui met en évidence le mouvement de rotation de la terre. Si celle-ci est immobile, un corps abandonné d'une grande hauteur, à l'abri de toute influence étrangère, doit venir rencontrer la surface du sol au pied même de la verticale du point de départ. Si, au contraire, la terre est animée d'un mouvement de rotation d'occident en orient, un corps abandonné d'une grande hauteur doit venir rencontrer la surface au sol à l'est du point de départ ; ce fait se démontre facilement. Or, des expériences faites dans un puits de mine de 160 mètres de profondeur ont prouvé qu'un corps tombant de cette hauteur éprouvait une déviation vers l'est de 28 millimètres. Cette déviation prouve bien que la terre est animée d'un mouvement de rotation.

27. Expérience de Foucault. — Foucault est parvenu à mettre en évidence, d'une manière artificielle, le mouvement de rotation de la terre. Nous allons décrire sommairement une des expériences de cet ingénieux physicien.

Pour débarrasser le langage, nous dirons immédiatement qu'on appelle *pôles* de la terre les deux points où sa surface est rencontrée par l'axe du monde. Celui de ces points qui se trouve du côté du pôle boréal porte aussi le nom de pôle boréal de la terre; l'autre est le pôle austral. Le plan perpendiculaire à l'axe qui passe par le centre de la terre coupe celle-ci suivant un grand cercle qu'on appelle *équateur terrestre*. Il partage la terre en deux hémisphères, dont l'un porte le nom d'hémisphère boréal et l'autre celui d'hémisphère austral, du nom du pôle que chacun d'eux contient.

Imaginons qu'un observateur placé au pôle boréal de la terre puisse fixer la tige d'un pendule sur la direction même de la ligne des pôles; le plan d'oscillation de ce pendule conservera évidemment une direction invariable dans l'espace. Si l'on imagine plusieurs plans menés par l'axe de la terre, ces plans, par suite du mouvement de rotation, viendront successivement coïncider avec le plan d'oscillation. Un observateur placé sur la terre dans un de ces plans et partageant son mouvement sans le savoir, se rapprochera d'abord du plan d'oscillation, et le traversera pour s'en éloigner ensuite; mais cet observateur se croyant immobile attribuera naturellement au plan d'oscillation le mouvement dont il est animé. Il croira donc voir le plan d'oscillation se rapprocher de lui de manière à venir passer par la position qu'il occupe et s'éloigner ensuite. Le plan aura paru faire une révolution complète en un jour sidéral, si le mouvement du pendule persiste, et ce mouvement apparent sera évidemment de même sens que le mouvement diurne apparent des étoiles.

Telles devraient être les apparences, si l'on pouvait établir un pendule dans la position que nous avons indiquée. Mais on ne peut approcher des points de la surface de la terre qui sont dans le voisinage des pôles. Cherchons donc ce qui devrait arriver dans la zone que nous habitons, et nous jugerons après si l'expérience confirme les résultats du raisonnement.

Si le plan d'oscillation du pendule paraît tourner dans un sens au pôle boréal, il est bien clair qu'il doit paraître tourner en sens inverse au pôle austral. Toute déviation obtenue en un point de l'hémisphère boréal doit être obtenue inverse au point symétrique de l'hémisphère austral. Sur l'équateur même, le plan d'oscillation du pendule doit donc paraître immobile; en effet, il n'y a pas de raison pour qu'il semble alors tourner dans un sens plutôt que dans l'autre.

Pour prévoir ce qui peut arriver en un point quelconque A, par suite du mouvement de rotation de la terre, nous allons avoir recours au principe de la composition des chemins parcourus, ou plutôt au principe inverse (fig. 14). Si nous représentons par OG l'angle dont la terre tourne pendant un temps très-court, la rotation unique autour de OG équivaut à deux rotations simultanées, l'une autour de OA, représentée en grandeur par OC, l'autre autour de OB, représentée en grandeur par OD; OC et OD étant les côtés du rectangle dont OG est la diagonale.

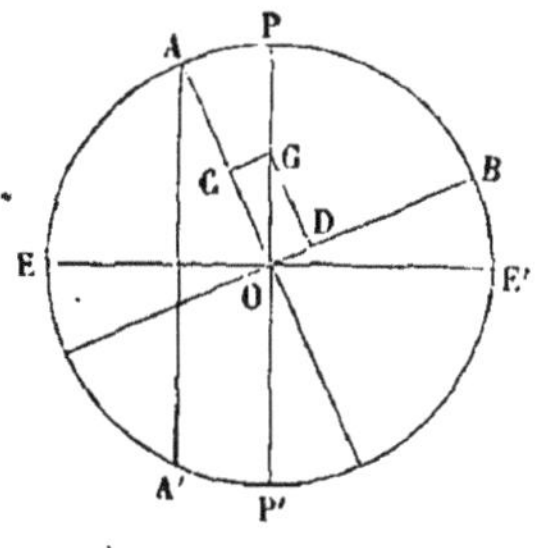

Fig. 14.

Or, par suite de la rotation OD autour de OB, le pendule situé en A se trouve dans la même position que lorsque nous le considérions précédemment sur l'équateur terrestre. La rotation OD ne produit donc aucune déviation du plan d'oscillation du pendule. Reste la rotation OC autour de OA. Ici, l'effet sera le même que pour un pendule placé au pôle même de la terre. Par conséquent, le plan d'oscillation devra paraître tourner dans le sens du mouvement diurne; seulement, la déviation sera moins forte. Le rapport de sa grandeur à celle de la déviation qu'on aurait obtenue au pôle sera égale à

$$\frac{OC}{OG},$$

c'est-à-dire que cette déviation ira en diminuant à mesure que l'angle POA ira en augmentant.

M. Foucault a réalisé les conséquences auxquelles conduit le raisonnement, dès qu'on admet le mouvement de rotation de la terre. Un fil d'acier d'environ 60 mètres avait été encastré par une de ses extrémités dans une plaque métallique fixée au centre de la coupole du Panthéon. Ce fil supportait, à son extrémité inférieure, une grosse sphère de cuivre terminée en pointe à sa partie inférieure. Pour mettre ce pendule en mouvement, on l'avait écarté de sa position d'équilibre et on l'avait fixé momentanément à l'aide d'un fil qui entourait la boule. Le fil ayant ensuite été brûlé, le pendule se mit en mouvement et commença sa première oscillation sans vitesse initiale (fig. 15). Par suite de la grande longueur de la tige, les oscillations furent lentes et durèrent environ huit secondes. Deux petits monceaux de sable avaient été disposés de chaque côté du pendule, l'un en avant, l'autre en arrière. Dans les premiers instants, l'arête supérieure de ces monceaux de sable ne fut pas entamée par la pointe qui terminait la sphère; mais bientôt le plan d'oscillation du pendule parut éprouver une déviation, et les arêtes des deux monceaux de sable furent

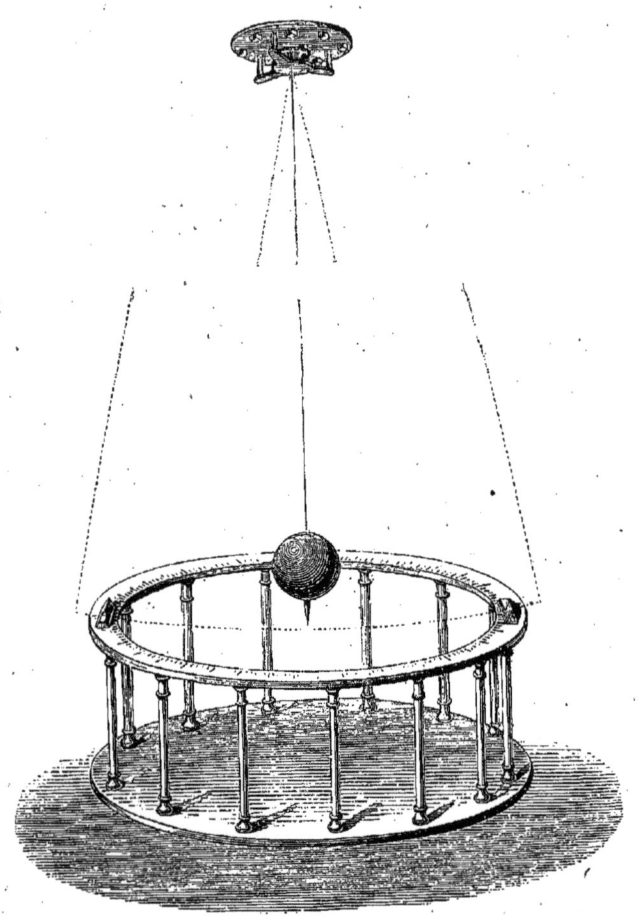

Fig. 15. — Expérience de M. Léon Foucault.

entamées par la pointe. Pour les spectateurs qui se croyaient immobiles, le plan d'oscillation sembla se mouvoir dans le sens du mouvement diurne.

CHAPITRE IV

SPHÈRE CÉLESTE

28. Coordonnées célestes; hauteur et azimut. — Pour fixer la position d'un point sur la voûte céleste, on a recours à deux angles que nous définirons plus loin, et qu'on appelle les *coordonnées célestes* du point.

Le théodolite peut servir, comme nous l'avons vu, à la détermination du méridien d'un observateur. Le méridien étant déterminé, on peut, à chaque instant, mesurer l'angle qu'il fait avec le vertical correspondant à la position d'une étoile. Cet angle, qui se lit sur le cercle azimutal de l'instrument, porte le nom d'*azimut*.

En même temps que le cercle horizontal du théodolite donne l'azimut, la direction de l'axe optique de la lunette donne la *hauteur* de l'astre au-dessus de l'horizon ou sa distance zénithale.

On peut donc, *à un instant donné*, connaître la hauteur et l'azimut d'un astre. Ce sont là deux *coordonnées* très-propres à la détermination de la position des astres sur la voûte céleste, pour une même station. Mais ces deux coordonnées offrent un grave inconvénient. Lorsque l'observateur se déplace, l'horizon et le plan méridien ne restent pas les mêmes; la hauteur et l'azimut changent donc en même temps. Aussi ne sont-ce pas là les coordonnées employées. On leur préfère l'*ascension droite* et la *déclinaison*.

29. Ascension droite et déclinaison. — On appelle ascension droite d'un astre l'angle que fait le cercle de déclinaison passant par l'astre avec un cercle de déclinaison pris pour origine et complétement arbitraire. L'ascension droite est mesurée par l'arc de l'équa-

teur céleste compris entre le cercle de déclinaison de l'astre et celui qu'on a pris pour origine. Les ascensions droites se comptent de 0° à 360° sans interruption, d'occident en orient, c'est-à-dire en sens inverse du mouvement diurne. On désigne les ascensions droites par la double lettre AR.

La déclinaison est l'arc du cercle de déclinaison de l'astre compris entre sa position et l'équateur céleste. On distingue les déclinaisons en déclinaisons boréales ou positives et déclinaisons australes ou négatives, selon que l'astre dont il s'agit appartient à l'hémisphère boréal ou à l'hémisphère austral. Les déclinaisons se désignent par la lettre D.

30. Fixation de la position des étoiles sur la sphère céleste. — Il est clair que la position des astres sur la voûte céleste est parfaitement déterminée par la connaissance de leur ascension droite et de leur déclinaison. Soit PP′ la ligne des pôles, PEP′E′ le cercle de déclinaison pris pour origine, EE′ l'équateur. Si nous prenons à partir du point E, dans le sens convenable, un arc EO égal à l'ascension droite d'une étoile, nous serons certain que cette étoile se trouvera sur le demi-cercle POP′. Il ne nous restera plus alors qu'à porter à partir du point O, et dans le sens convenable, un arc O*e* égal à la déclinaison de l'étoile; la position de l'étoile sera ainsi parfaitement fixée.

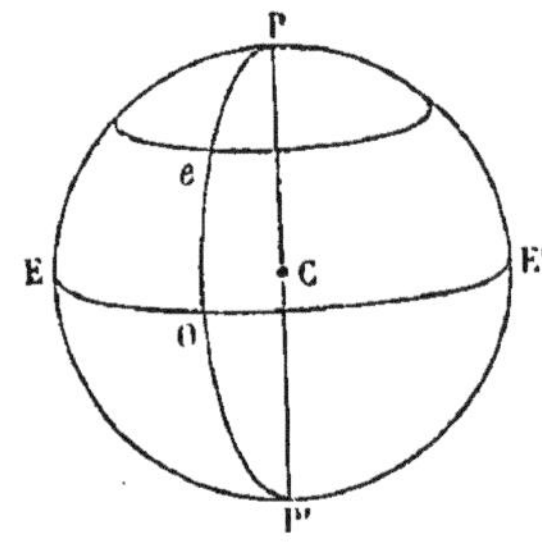

Fig. 16.

On peut dire, plus généralement, que tous les astres situés sur un même demi-cercle de déclinaison terminé aux deux pôles ont même ascension droite, de sorte que l'ascension droite d'un astre fait connaître le demi-cercle de déclinaison qui le contient. D'un autre côté, tous les points situés sur un même parallèle ont même déclinaison, de telle sorte que la connaissance de la déclinaison entraîne celle du parallèle sur lequel se trouve l'astre. L'intersection *unique* du demi-cercle de déclinaison et du parallèle donne donc la position de l'astre.

31. Détermination des ascensions droites. — Le théodolite peut servir à déterminer l'ascension droite d'une étoile. Nous avons dit que l'origine des ascensions droites était arbitraire (fig. 17). Prenons pour origine le point E où le cercle de déclinaison d'une étoile remar-

quable a vient couper l'équateur céleste. Ce point n'est pas visible dans le ciel, mais néanmoins nous pouvons, ainsi que nous allons le faire comprendre, déterminer l'heure de son passage au méridien.

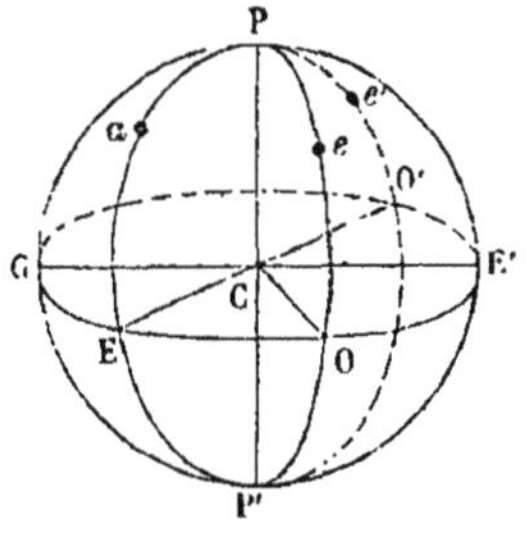

Fig. 17.

Soit PP′ la ligne des pôles et PGP′E′ le méridien du lieu d'observation ; soit PEP′ le cercle de déclinaison de l'étoile a qui fixe l'origine des ascensions droites, et PeOP′ le cercle horaire de l'étoile e dont nous voulons mesurer l'ascension droite EO. Voici comment nous pourrons obtenir la graduation de cet arc.

Le cercle vertical du théodolite ayant d'abord été dirigé exactement dans le plan méridien, on observe avec soin le moment où l'étoile a vient passer au méridien. En ce moment même, le point E coïncide avec le point G. Imaginons qu'une pendule sidérale soit réglée de telle sorte qu'elle marque $0^h\ 0^m\ 0^s$, au moment du passage au méridien de l'origine des ascensions droites. Comptons alors le temps qui va s'écouler jusqu'au moment où l'étoile e passera au méridien ; il est clair que nous pourrons déduire l'arc EO de la connaissance de ce temps qui aura été employé par la sphère céleste pour tourner d'un angle précisément égal à l'ascension droite de l'étoile. Nous dirons : En 24 heures sidérales, la sphère céleste tourne de 360° ; donc en 1 heure elle tourne de $\frac{360}{24}$ ou 15° ; en 1 minute, elle tourne de $\frac{15}{60}$ de degré ou de 15′ ; en 1 seconde, elle tourne de $\frac{15}{60}$ de minute ou de 15″. Donc, pour avoir l'ascension droite de l'étoile, il suffit de multiplier par 15 le nombre d'heures, minutes et secondes qui se sont écoulées depuis le passage de l'origine des ascensions droites au méridien jusqu'au passage de l'étoile. Si nous admettons, par exemple, qu'il se soit écoulé $3^h\,18^m\,13^s$ sidérales entre les deux passages des étoiles a et e au méridien, nous trouverons pour l'ascension droite de l'étoile e, $\text{AR} = 49°\,33'\,15''$.

32. Différence en ascension droite de deux étoiles. — Dans la pratique, on a souvent besoin de la différence en ascension droite de deux étoiles qui est évidemment indépendante de l'origine choisie ; il suffit alors que l'ascension droite de l'une des étoiles soit connue pour qu'on puisse en déduire l'autre. Supposons qu'il s'agisse de déterminer la différence en ascension droite des étoiles e et e'.

Admettons que la pendule sidérale ait été réglée au moyen de l'étoile a, c'est-à-dire que l'horloge sidérale ait marqué $0^h\,0^m\,0^s$, au moment du passage de l'étoile a au méridien. Observons les heures de passage des étoiles e et e'; supposons que la pendule marque $5^h\,10^m\,12^s$, au moment du premier passage, et $12^h\,21^m\,7^s$ au moment du second, c'est-à-dire qu'il s'écoule $7^h\,10^m\,55^s$ entre les instants des passages des deux astres. Il est clair que nous obtiendrons l'arc OO′, ou la différence en ascension droite des deux étoiles, en multipliant par 15 le temps qui s'est écoulé entre les deux passages. Nous trouverons ainsi :

$$OO' = 107^\circ\,43'\,45''.$$

La règle est invariable :

On observe, à l'horloge sidérale, les heures des passages des deux étoiles au méridien, et l'on multiplie la différence des temps par 15.

33. Mesure de la déclinaison. — La déclinaison d'une étoile peut aussi être obtenue à l'aide du théodolite. Supposons toujours que le limbe vertical coïncide exactement avec le méridien du lieu d'observation, et soit PEP′E′ l'intersection de son plan prolongé avec la voûte céleste (fig. 18). Soient Z le zénith de l'observateur et PP′ la ligne des pôles dont la direction a été préalablement déterminée, HH′ la méridienne et EE′ la trace du plan de l'équateur céleste sur le méridien.

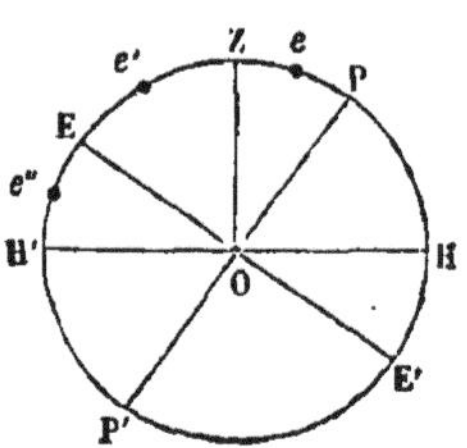

Fig. 18.

Supposons d'abord qu'il s'agisse de déterminer la déclinaison d'une étoile e située au nord du zénith; c'est l'arc eE qu'il s'agit d'évaluer. Or, nous avons :

$$eE = D = eZ + ZE.$$

Mais EZ = PH, hauteur du pôle au-dessus de l'horizon; soit H cette hauteur connue. Si nous représentons par Z la distance zénithale de l'étoile, nous aurons donc :

$$D = H + Z.$$

Supposons maintenant qu'il s'agisse d'une étoile e' située au sud du zénith. Nous aurons

$$D = e' = ZE - e'Z = H - Z.$$

La déclinaison d'une étoile appartenant à l'hémisphère boréal s'obtiendra donc par la formule

$$D = H \pm Z,$$

le signe supérieur servant dans le cas d'une étoile située au nord du zénith de l'observateur, et le signe inférieur dans le cas d'une étoile située au sud du zénith.

Voyons enfin comment nous obtiendrons la déclinaison d'une étoile e'' appartenant à l'hémisphère austral. Nous avons évidemment

$$e''E = Ze'' - ZE = Z - H = -(H - Z)$$

ou

$$D = -(H - Z).$$

La formule $D = H \pm Z$ est donc générale. Il suffit de se rappeler que la déclinaison est australe lorsque $H - Z$ est négatif.

Ainsi, la déclinaison d'une étoile peut être obtenue à l'aide du théodolite. Au moment où l'étoile passe au méridien, on mesure sa distance zénithale qu'on ajoute à la hauteur du pôle au-dessus de l'horizon, ou bien qu'on retranche de cette hauteur, suivant que l'étoile est au nord ou au sud du zénith.

34. Lunette méridienne. — Le théodolite peut servir, comme nous venons de le voir, à déterminer les ascensions droites et les déclinaisons des astres; mais, dans les observations, on a recours, pour cette détermination, à des instruments particuliers et d'une grande dimension qui sont fixés d'une manière invariable. Pour les ascensions droites, on emploie la *lunette méridienne* (fig. 19); pour les déclinaisons, le *cercle mural*.

La lunette méridienne n'est autre chose qu'une grande lunette dont l'axe optique peut prendre toutes les directions dans le plan méridien

Grande lunette méridienne de l'Observatoire de Paris.

du lieu d'observation. A cet effet, la lunette est montée sur un essieu ou axe horizontal autour duquel elle peut tourner librement, sans que son axe optique cesse d'être perpendiculaire à l'axe de rotation. De cette manière, l'axe optique de la lunette décrit un plan vertical qu'on amène préalablement à coïncider avec le méridien.

L'axe de rotation de la lunette est terminé par deux tourillons cylindriques qui reposent dans des coussinets où ils peuvent se mouvoir sans difficulté; ces deux coussinets sont supportés par deux forts piliers en maçonnerie. L'un des coussinets est muni d'une vis qui

Fig. 19. — Lunette méridienne.

permet de le faire glisser dans une rainure verticale, afin qu'on puisse donner à l'axe une direction horizontale. L'autre coussinet est aussi muni d'une vis qui permet de le faire marcher horizontalement dans les deux sens; c'est à l'aide de cette vis qu'on fait coïncider exactement le plan vertical décrit par l'axe optique de la lunette avec le plan méridien.

La lunette méridienne doit remplir trois conditions indispensables; nous allons indiquer successivement comment on peut les réaliser :

1° *L'axe de rotation doit être horizontal.* Au moyen d'un niveau à bulle d'air qu'on adapte à l'essieu, on s'assure que la ligne idéale autour de laquelle s'effectue le mouvement de rotation et qui coïncide avec les axes de figure des deux tourillons est dirigée horizontalement. Pour arriver à ce résultat, il suffit de faire marcher dans un sens convenable la vis qui fait glisser un des coussinets dans la rainure verticale et élève ou abaisse ainsi une des extrémités de l'axe.

2° *L'axe optique de la lunette doit être perpendiculaire à l'axe de rotation.* Pour s'assurer que cette condition est remplie, on fait disposer une mire horizontale à une grande distance de la lunette et l'on vise un point de cette mire. On enlève alors l'essieu des tourillons et l'on fait faire une demi-révolution à l'instrument pour changer les tourillons de coussinet. Si, dans cette nouvelle position, on peut encore apercevoir le même point de la mire avec la lunette, on est certain que l'axe optique est perpendiculaire à l'axe de rotation. Mais généralement on n'obtient pas ce résultat du premier coup (fig. 20). Si, dans la première position, l'axe optique de la lunette était dirigé vers le point *m*, par exemple, il sera, dans le second cas, dirigé vers le point *m'*, disposé de telle sorte que les directions *om* et *om'* de l'axe optique fassent des angles égaux avec la perpendiculaire OM à l'axe de rotation AB. On peut alors marquer sur la mire le point M, milieu de *mm'*, et l'on cherche ensuite à diriger l'axe optique de la lunette vers le point M. Il suffit pour cela que le réticule de la lunette puisse être rendu mobile dans son plan, à l'aide d'une vis. On le déplace alors transversalement dans l'intérieur de la lunette, jusqu'à ce que l'axe optique vienne passer par le point M.

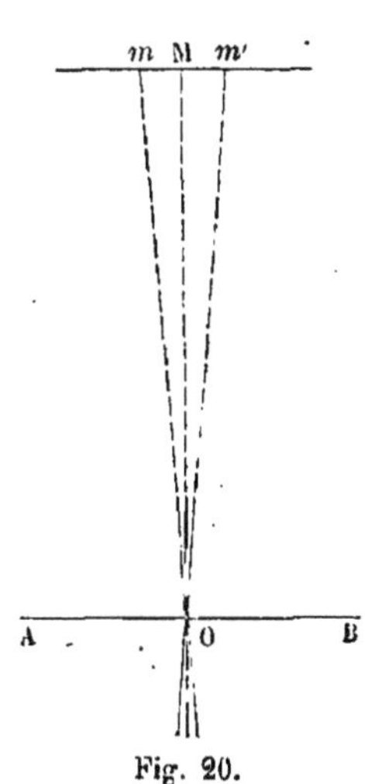

Fig. 20.

3° *Le plan vertical décrit par l'axe optique de la lunette doit coïncider avec le plan méridien.*

L'axe de rotation étant horizontal et l'axe optique de la lunette lui étant perpendiculaire, il en résulte que le plan décrit par l'axe optique de la lunette est un plan vertical. Il reste maintenant à s'assurer que ce plan vertical coïncide avec le plan méridien. Pour cela, on observe avec une pendule sidérale le temps qui s'écoule entre le passage supérieur et le passage inférieur d'une étoile circompolaire dans le plan vertical décrit par l'axe optique de la lunette ; si cet intervalle de temps est égal à un demi-jour sidéral, on en conclut que le plan vertical décrit par l'axe optique de la lunette coïncide avec le plan méridien. Mais si l'on trouve que le temps écoulé entre les deux passages est plus grand ou plus petit qu'un demi-jour sidéral, on en conclut que la coïncidence n'existe pas. On établit alors cette coïncidence en déplaçant horizontalement le coussinet auquel on n'a pas touché dans la première opération.

La lunette méridienne est donc disposée de telle sorte qu'on puisse observer les astres juste au moment de leur passage au méridien. On lui donne même, à cause de cela, le nom d'*instruments des passages*. Pour qu'on soit plus sûr des résultats que fournit cette lunette, son réticule porte deux fils horizontaux disposés de part et d'autre du centre, à des distances égales de ce centre. Comme le fil *mm* ne sort pas du plan méridien, il n'est pas nécessaire en effet que l'image de l'astre vienne se former précisément au point O; il suffit que cette image se forme derrière le fil *mm*. On s'arrange de manière à l'obtenir derrière la portion de ce fil qui se trouve entre les deux fils horizontaux.

Une seule observation de l'étoile, au moment où son image se forme derrière le fil *mm*, pourrait ne pas donner une approximation suffisante dans l'estimation de l'heure de son passage au méridien. Aussi le réticule de la lunette méridienne contient-il quatre autres fils verticaux, disposés symétriquement deux à deux par rapport au fil *mm*. On observe les instants des passages de l'étoile derrière les cinq fils verticaux; soient t l'instant du passage au méridien et $t-\theta$, $t-\theta'$, $t+\theta'$, $t+\theta$ les instants des passages derrière les fils *nn*, *rr*; *r'r'*, *n'n'* (fig. 21). Désignons par ε, ε', ε'', ε''', ε^{IV} les erreurs qu'on a pu commettre dans les cinq observations, soit en plus, soit en moins. En prenant la moyenne de ces cinq quantités, nous aurons pour la valeur approchée de l'heure du passage

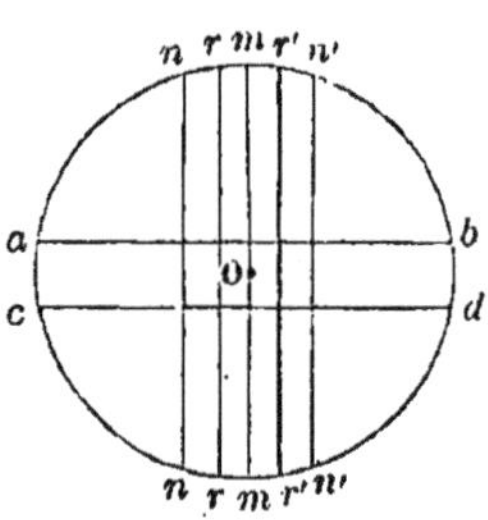

Fig. 21.

$$t+\frac{\varepsilon+\varepsilon'+\varepsilon''+\varepsilon'''+\varepsilon^{\text{IV}}}{5}.$$

De cette façon, l'erreur commise dans l'évaluation du temps sera le cinquième de la somme des erreurs partielles; et, comme il est probable que ces erreurs n'ont pas lieu toutes dans le même sens, on diminuera ainsi l'erreur définitive.

35. Mural. — On mesure la déclinaison des étoiles à l'aide du mural. C'est un cercle ou limbe gradué qu'on dispose le long d'un mur vertical, exactement dans le plan méridien. Le cercle porte une

lunette mobile autour d'un axe perpendiculaire à son plan; l'axe optique de la lunette doit décrire le méridien. Le cercle mural est fixé, une fois pour toutes et d'une manière invariable, contre un mur inébranlable. On se sert de la lunette méridienne pour établir le mural.

Le limbe est gradué de 0° à 180°, à droite et à gauche du point le plus élevé correspondant à la verticale du centre. La distance zénithale de l'étoile s'obtient au moment même où elle passe au méridien, et l'on ajoute ou l'on retranche cette distance zénithale à la hauteur du pôle au-dessus de l'horizon, suivant la position de l'étoile par rapport au zénith.

36. Application de l'équatorial a la détermination des ascensions droites et des déclinaisons. — Il arrive quelquefois qu'on ne peut pas observer un astre lors de son passage au méridien, soit qu'il se trouve trop près du soleil, dont la lumière l'empêche d'être aperçu, soit qu'un nuage obscurcisse le ciel au moment du passage. On a recours alors à l'équatorial à l'aide duquel on peut obtenir les différences d'ascensions droites et de déclinaisons des deux astres voisins, de sorte que si l'on connaît déjà les coordonnées célestes de l'une des étoiles, on en déduit facilement les coordonnées de l'autre.

L'équatorial étant établi de manière que son axe soit dirigé suivant l'axe du monde, faisons-le tourner autour de l'axe, de manière que le plan du cercle supérieur se trouve près des deux astres, mais à l'occident de chacun d'eux. Les deux astres viendront passer successivement dans le plan du cercle, et il suffira de compter le temps qui s'écoulera entre ces deux passages pour obtenir la différence en ascension droite des deux étoiles. D'ailleurs, le déplacement de l'axe optique de la lunette dans le plan du cercle, pour passer de la première observation à la seconde, donnera en même temps la différence de déclinaison des deux astres.

On comprend très-bien que la réfraction atmosphérique et la non-coïncidence parfaite de l'essieu de l'instrument avec l'axe du monde n'aient ici qu'une influence insignifiante, surtout s'il s'agit de deux astres très-rapprochés.

37. Distinction entre les étoiles et les planètes. — Parmi les astres qui paraissent attachés à la voûte céleste dont nous occupons le centre, les uns conservent entre eux la même distance invariable; ce sont les étoiles fixes. D'autres astres, dont le nombre paraît être

assez petit, se déplacent sur la voûte céleste par rapport aux étoiles, c'est-à-dire ont un mouvement propre. On les appelle *planètes*, ou astres errants. Il y a d'autres astres, les *comètes*, dont la marche dans le ciel est toute particulière et qu'on peut d'ailleurs, à cause de leur forme, distinguer des étoiles à la vue simple.

Nous nous occuperons plus tard spécialement des planètes et des comètes. Mais comme les premières pourraient être confondues, au premier abord, avec les étoiles, nous allons indiquer immédiatement les caractères qui servent à les distinguer, indépendamment du mouvement propre des planètes, qu'on ne peut constater que par des observations prolongées.

Ordinairement, la lumière des étoiles ne paraît pas tranquille; elle semble s'éteindre, puis se ranimer tout à coup et jette des éclats diversement colorés, tantôt verts, tantôt rouges; en un mot, la lumière des étoiles est continuellement agitée. C'est ce qu'on exprime en disant que les étoiles *scintillent*. Les planètes sont dépourvues de scintillation, ou du moins n'offrent que de faibles traces de ce phénomène. C'est là un caractère qui permet de distinguer, à la vue simple, les planètes et les étoiles.

A la simple vue, une planète présente à peu près le même éclat qu'une étoile et leurs dimensions paraissent être les mêmes. Mais il n'en est plus ainsi lorsqu'on regarde une planète et une étoile avec une lunette. Si l'instrument qu'on emploie est suffisamment fort, la planète présente un disque de forme arrondie, dont les dimensions augmentent avec le pouvoir grossissant de la lunette. L'étoile, au contraire, ne présente jamais de dimensions appréciables et disparaît pour ainsi dire de plus en plus, à mesure qu'on emploie une lunette dont le pouvoir grossissant est plus fort; les lunettes les plus puissantes ne font jamais voir une étoile que comme un point brillant. Il est facile de comprendre ces résultats. Les étoiles sont incomparablement plus distantes de nous que les planètes. Si l'on emploie une lunette dont le pouvoir grossissant serait représenté par 1000, par exemple, l'effet serait le même, pour la grandeur des dimensions apparentes des astres, que si ils étaient mille fois moins éloignés de nous. Or, qu'on rende la distance d'une étoile à la terre mille fois plus petite, cette étoile pourra être encore regardée comme étant située à une distance infinie relativement à ses dimensions, tandis qu'une planète se trouvera très-rapprochée si l'on rend mille fois plus petite la distance qui la sépare de la terre. Il n'est donc pas étonnant que les dimensions apparentes de la planète augmentent de plus en plus, tandis que l'étoile apparaît toujours comme un point unique.

On peut se demander pourquoi les dimensions apparentes de la planète et de l'étoile sont les mêmes à la vue simple. Cela tient à un phénomène optique connu sous le nom d'*irradiation*. Ce phénomène n'est autre chose qu'une illusion en vertu de laquelle un objet éclairé paraît avoir des dimensions plus grandes qu'un objet obscur de même grandeur. Ainsi, qu'on trace, l'un à côté de l'autre, deux cercles de même rayon, l'un blanc sur un fond noir et l'autre noir sur un fond blanc, le second paraîtra plus petit que le premier (fig. 22). On est soumis à la même illusion quand on regarde une étoile et une planète. La grande quantité de lumière que l'étoile nous envoie occasionne

Fig. 22. — Effet de l'irradiation.

une irradiation considérable qui nous la fait voir sous des dimensions plus grandes, tandis que l'effet de l'irradiation est presque nul pour les planètes. Les lunettes ont la propriété de diminuer l'irradiation avec d'autant plus d'énergie que leur pouvoir est plus fort. Il n'est donc pas étonnant que les dimensions apparentes des étoiles diminuent et que celles des planètes augmentent, lorsqu'on a recours aux lunettes pour les observer.

38. Catalogues d'étoiles. — Toutes les étoiles qui ont été observées sont inscrites dans des recueils auxquels on a donné le nom de *catalogues* d'étoiles. A côté de la désignation ordinaire de chaque étoile, soit par un nom particulier, soit par une lettre ou un numéro, le catalogue contient dans des colonnes spéciales l'ascension droite et la déclinaison de l'étoile. Il est évident que la connaissance de ces

coordonnées suffit pour qu'il n'y ait aucun doute sur l'étoile dont on veut parler. Le plus ancien catalogue est celui que nous a conservé *Ptolémée*, qui florissait vers le IIe siècle de notre ère. Il faut faire honneur de ce catalogue à *Hipparque*, qui vivait à *Rhodes* environ 150 ans avant Jésus-Christ. C'est à l'occasion de ce travail d'Hipparque que *Pline* s'écriait : « Il osa, et c'eût été le comble de l'audace même chez un dieu, transmettre le dénombrement des étoiles à la postérité. »

39. Globe céleste d'Hipparque. — A l'aide d'un catalogue d'étoiles, il est facile de figurer sur un globe les principales étoiles de la sphère céleste. Cette idée de représenter matériellement la sphère étoilée remonte à l'antiquité. Il faut encore en faire honneur à Hipparque, qui s'y était pris de la manière suivante :

Il mesura la distance angulaire de deux étoiles A et B (fig. 23) et plaça à volonté ces deux étoiles sur la sphère, en s'astreignant à cette seule condition, que l'arc de grand cercle AB fût égal à la distance angulaire des deux étoiles. Cela posé, il mesura la distance angulaire de l'étoile A à une troisième étoile, et il décrivit un arc de cercle du point A comme pôle, avec une ouverture de compas égale à la corde sous-tendant la distance angulaire observée. Ayant ensuite mesuré la distance angulaire de l'étoile B à la troisième étoile, il décrivit un nouvel arc de cercle du point B comme pôle avec une ouverture de compas égale à la corde sous-tendant la distance angulaire observée. L'intersection des deux arcs de cercle donnait évidemment la position de la troisième étoile. Il est clair qu'on peut représenter ainsi autant d'étoiles qu'on le veut sur un globe, en rapportant chaque étoile à deux des étoiles déjà fixées sur le globe.

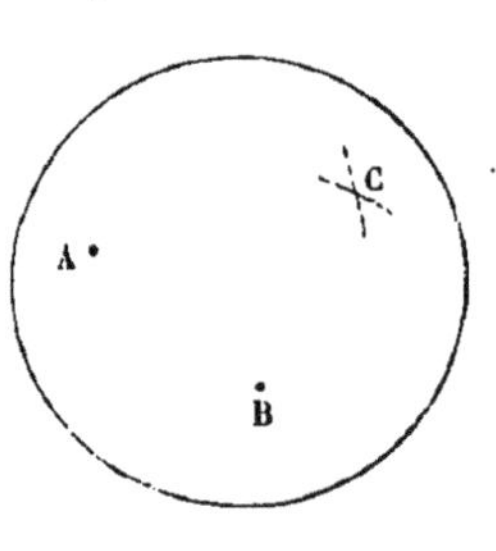

Fig. 23.

40. Globe moderne. — La connaissance de l'ascension droite et de la déclinaison des étoiles permet de placer plus facilement ces étoiles, dans leurs positions relatives, sur un globe matériel (fig. 24). D'un point P pris à volonté sur le globe et avec une ouverture de compas égale à la corde qui sous-tend le quadrant, on décrit un grand cercle. Le point P peut représenter le pôle boréal, par exemple, et alors le grand cercle représente l'équateur céleste. Il est ensuite facile de déterminer le pôle austral; soit P′ ce pôle. Ayant pris, sur la circonférence de l'équateur, un point O pour servir d'origine aux ascensions

droites, on porte à partir de ce point un arc O A égal à l'ascension droite de l'étoile qu'on veut placer sur la sphère. Le grand cercle PAP′ étant ensuite tracé, on porte à partir du point A, dans le sens convenable, un arc A*e* égal à la déclinaison de l'astre; le point *e*, ainsi obtenu, est la représentation de l'astre.

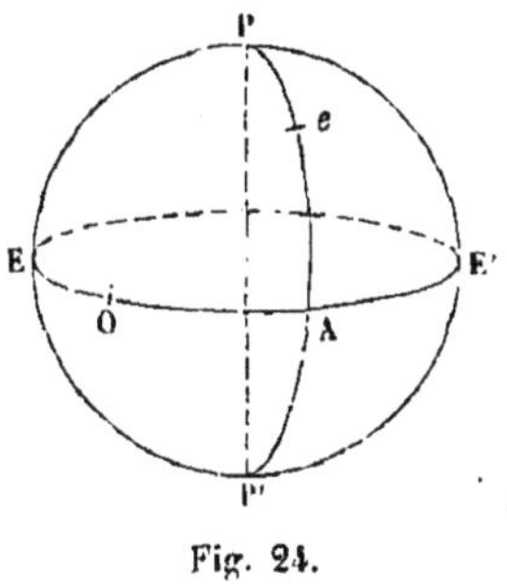

Fig. 24.

Bien souvent on commence par tracer sur la sphère les parallèles et les cercles de déclinaison, de degré en degré, ou seulement de 10° en 10°, suivant la grandeur du globe. Les cercles étant tracés, on place ensuite les étoiles d'après les valeurs de leurs ascensions droites et leurs déclinaisons, sans s'astreindre à tracer les deux arcs de cercle dont l'intersection fixe la position de l'étoile. On n'a, il est vrai, qu'une approximation, mais très-suffisante pour le but qu'on se propose.

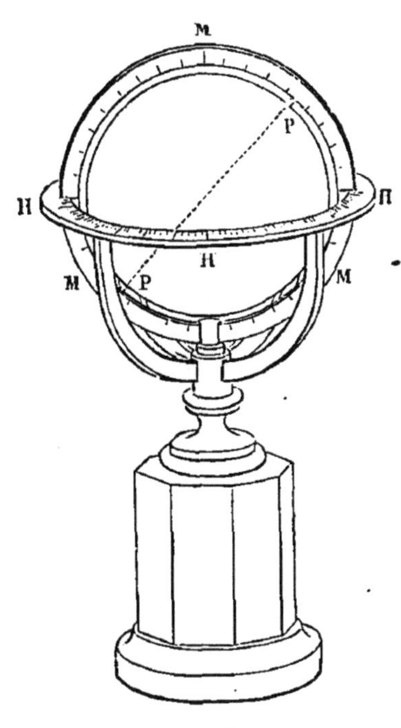

Fig. 25.

Imaginons maintenant qu'un globe, construit comme nous venons de le dire, soit traversé par un axe réel PP′, dont les extrémités pénètrent dans l'épaisseur d'un cercle vertical MM; que le globe soit mobile autour de l'axe et qu'il puisse, avec le cercle, s'adapter sur un pied (fig. 25). Il nous sera alors facile de nous représenter en petit le mouvement diurne. Il suffit, en effet, que le globe soit disposé sur le pied de manière que l'axe PP′ ait précisément la direction de la ligne des pôles, et que le cercle qui lui sert de support coïncide avec le plan méridien du lieu. En faisant tourner le globe autour de son axe en vingt-quatre heures sidérales, l'observateur, placé au centre de la sphère, verrait les étoiles décrire une circonférence de cercle dont le plan serait perpendiculaire à la ligne des pôles, et dont le centre se trouverait sur cette ligne. Le cercle HH′, représentant l'horizon de l'observateur, celui-ci ne verrait les étoiles que pendant qu'elles parcourraient la partie de leur trajectoire supérieure au plan de l'horizon. En supposant, par exemple, que l'axe PP′ soit incliné sur l'horizon de 48° 50′ 49″, nous aurons la représentation exacte des apparences du mouvement diurne pour un observateur placé à Paris, et nous retrouverons ainsi matériellement les principaux phénomènes signalés au nº 24.

Le globe, dans la position que nous avons indiquée, et animé d'un mouvement de rotation convenable, donnerait donc une idée parfaitement exacte du mouvement diurne à un observateur placé en son centre ; mais il n'en peut être ainsi. L'observateur voit les étoiles de l'extérieur ; les groupes formés par ces différentes étoiles sont donc vus à l'envers. Mais ce changement a peu d'importance et n'empêche pas qu'on se fasse une idée assez nette des positions relatives des étoiles.

41. Cartes célestes. — Les globes célestes sont très-convenables lorsqu'on veut prendre une idée des figures que forment entre elles les différentes étoiles; mais ils offrent un grave inconvénient en ce qu'ils ne sont pas facilement transportables. Aussi a-t-on cherché à les remplacer par des figures planes auxquelles on a donné le nom de cartes célestes. Les étoiles y sont représentées dans leurs diverses positions relatives ; mais il y a encore ici un inconvénient. Aucune portion de la surface de la sphère n'est susceptible d'être étendue sur un plan sans qu'il y ait déformation. Il en résulte que certaines dimensions s'agrandissent, tandis que d'autres se raccourcissent. Ainsi, une carte céleste ne donne jamais une représentation exacte de la portion correspondante de la sphère céleste. On emploie d'ailleurs plusieurs procédés dans la construction de ces cartes.

42. Carte représentant une portion de la sphère céleste, dans le voisinage des pôles. — Supposons qu'il s'agisse de représenter la portion de l'hémisphère boréal comprise entre le pôle boréal et le parallèle de 30°. Traçons un cercle pour représenter ce parallèle et projetons orthogonalement le pôle et les différents cercles de déclinaison sur le plan de ce cercle (fig. 26). Soit O l'origine des ascensions droites ; partageons notre cercle en 360 parties égales à partir du point O, pour représenter les degrés d'ascension droite. Les 360 cercles de déclinaison seront alors représentés par des droites passant par le point P et partant des divisions tracées sur la circonférence. Parta-

geons maintenant le rayon OP en 60 parties égales ; puis, du point P comme centre, avec des rayons égaux aux distances du point P aux différents points de division, décrivons des circonférences de cercle ; elles représenteront les parallèles célestes de degré en degré, à partir du parallèle de 30°. Les cercles de déclinaison et les parallèles célestes se trouvant ainsi représentés de degré en degré, il sera facile de placer une étoile quelconque sur cette carte, dès qu'on connaîtra son ascension droite et sa déclinaison.

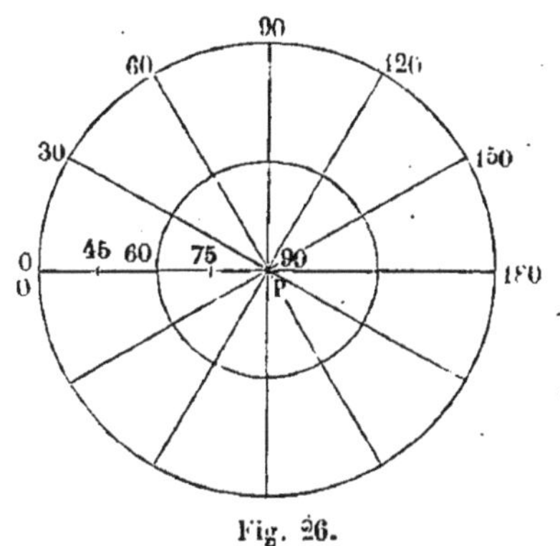

Fig. 26.

On comprend facilement qu'on ne peut avoir de cette manière qu'une représentation inexacte de la sphère étoilée. En effet, nous substituons à un arc de cercle de déclinaison sa projection sur le plan du dessin, ce qui altère nécessairement les dimensions de la portion du cercle considérée. Pour deux étoiles situées dans le voisinage du pôle et peu distantes l'une de l'autre, la différence n'est pas très-sensible ; mais pour deux étoiles situées près du parallèle de 30°, la distance, sur la carte, est notablement diminuée.

43. Carte représentant une zone équatoriale. — Supposons maintenant qu'il s'agisse de représenter la zone sphérique comprise entre les deux parallèles de 30° situés de part et d'autre de l'équateur. Substituons à la zone une surface cylindrique comprise entre les deux parallèles, ayant la circonférence de l'équateur pour directrice, et dont la génératrice serait perpendiculaire au plan de l'équateur. Nous déformons ainsi notre surface en agrandissant les dimensions dans le sens des parallèles extrêmes, qui vont devenir deux cercles égaux à l'équateur (fig. 27).

Ouvrons maintenant cette zone suivant un cercle de déclinaison et développons-la de manière à l'étaler sur un plan. L'équateur et les parallèles vont être représentés par des droites égales, et les cercles de déclinaison par des perpendiculaires aux premières. Soit *bd* le cercle horaire pris pour origine, suivant lequel nous avons ouvert la zone, et OO′ une longueur arbitraire prise pour la représentation de l'équateur. Divisons cette ligne en 360 parties égales qui seront les degrés d'ascension droite, et menons par les points de divisions des perpendiculaires qui figureront les cercles de déclinaison. Portons maintenant sur la ligne *bd*, de part et d'autre du point O, 30 des divisions égales de la ligne OO′, puis menons par les points de divisions des parallèles à OO′; ces parallèles figureront les parallèles célestes.

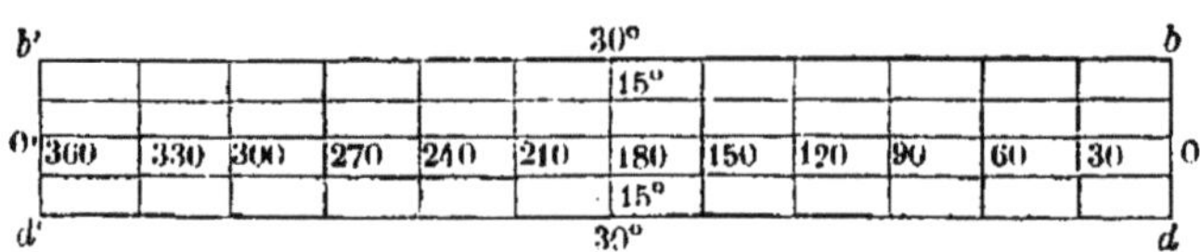

Fig. 27.

Ces constructions faites, il sera facile de placer une étoile quelconque sur la carte, dès qu'on connaîtra son ascension droite et sa déclinaison.

44. Constellations et principales étoiles. — Pour aider la mémoire dans l'étude des étoiles, on les a partagées très-anciennement en groupes distincts portant le nom de *constellations* ou *astérismes*. Les figures de ces groupes sont celles d'êtres vivants ou d'objets inanimés qu'on a imaginé de dessiner sur la sphère céleste. En général, la disposition des étoiles n'a aucun rapport avec le contour de la figure qui les renferme; cependant, dans certains cas, le choix de la figure paraît avoir été déterminé par l'arrangement des étoiles qu'elle contient. Ainsi, les étoiles principales de la constellation du *Taureau* ont une disposition triangulaire qui a quelque ressemblance avec la partie osseuse de la tête de cet animal; le *Scorpion*, la *Couronne*, le *Serpent*, le *Dragon*, sont des constellations dont les principales étoiles ont, par leur disposition, une certaine analogie avec les figures qui servent à les désigner.

L'origine des constellations est fort ancienne. Hésiode, qui vivait près de 900 ans avant Jésus-Christ, cite les Pléiades, le Bouvier, Orion, etc. Homère, dans la description du bouclier d'Achille, parle des Pléiades, des Hyades, d'Orion, et de l'Ourse ou Chariot, *qui seul n'a point sa part des bains de l'Océan*. La trace la plus ancienne des constellations se trouve dans le livre de *Job*, qui remonte au moins à Moïse, mort 1451 ans avant notre ère.

L'indication de la constellation dont une étoile fait partie indique immédiatement la partie du ciel où elle est placée. Pour la désigner complétement, il n'y plus qu'à lui donner un nom qui la distingue des autres étoiles du même groupe. Quelques étoiles placées d'une manière particulière ont reçu un nom qui rappelle leur position spéciale dans la constellation dont elles font partie; ainsi on dit : l'Œil du Taureau, le Cœur du Scorpion, l'Épi de la Vierge, etc. Ce mode de désignation ne peut évidemment être employé qu'exceptionnellement.

Pour désigner les étoiles de chaque constellation, on a recours aux lettres des alphabets grec et romain. En général, les lettres α, β, γ, δ, représentent les quatre principales étoiles de chaque constellation, en sorte qu'en passant d'un astérisme à un autre, ces lettres sont affectées à des étoiles très-différentes par leur éclat. Lorsqu'on a épuisé les lettres des alphabets grec et romain, on désigne les autres étoiles, soit par des chiffres indiquant le rang d'inscription de ces étoiles dans un catalogue connu, soit par les nombres qui fixent leur position sur la voûte céleste.

45. Nombre des constellations. — Ptolémée comptait 48 constellations : 21 au nord, 15 au midi et 12 dans la région intermédiaire, près de l'équateur, dans la zone que le soleil semble parcourir dans sa course annuelle. L'ensemble de ces 48 constellations comprenait un total de 1029 étoiles, savoir : 361 étoiles pour les constellations boréales, 318 pour les constellations australes, et 350 pour les constellations de la région intermédiaire qu'on appelle *constellations zodiacales.*

Les douze constellations zodiacales décrites par Ptolémée ont été considérées comme les maisons successives du soleil dans sa révolution annuelle. Voici les noms de ces constellations :

Le *Bélier*, le *Taureau*, les *Gémeaux*, l'*Écrevisse* ou le *Cancer*, le *Lion*, la *Vierge* ou *Cérès*, la *Balance*, le *Scorpion*, le *Sagittaire*, le *Capricorne*, le *Verseau* ou *Deucalion*, les *Poissons*. Les deux vers latins suivants du poëte *Ausone* donnent ces douze noms dans le même ordre :

Sunt Aries, Taurus, Gemini, Cancer, Leo, Virgo,
Libraque, Scorpius, Arcitenens, Caper, Amphora, Pisces.

Les 21 constellations boréales de Ptolémée sont : La *Petite Ourse* ou le *Petit Chariot*, la *Grande Ourse* ou le *Chariot de David*, le *Dragon*, *Céphée*, le *Bouvier* ou *Gardien de l'Ourse*, la *Couronne boréale*, *Hercule* ou l'*Homme à genoux*, la *Lyre*, le *Cygne*, *Cassiopée* ou la *Chaise*, *Persée*, le *Cocher*, *Ophiucus* ou le *Serpentaire*, le *Serpent*, la *Flèche*, l'*Aigle*, le *Dauphin*, le *Petit Cheval*, *Pégase*, *Andromède*, le *Triangle boréal* ou le *Delta*.

Les 15 constellations australes de Ptolémée sont :

La *Baleine*, *Orion*, le *fleuve Éridan*, le *Lièvre*, le *Grand Chien*, le *Petit Chien*, le *Navire* ou *Argo*, l'*Hydre femelle*, la *Coupe*, le *Corbeau*, l'*Autel*, le *Centaure*, le *Loup*, la *Couronne australe*, le *Poisson austral*.

Comme deux constellations contiguës ne peuvent pas s'emboîter exactement l'une dans l'autre, il y avait dans ciel de Ptolémée beaucoup d'étoiles qui n'appartenaient à aucune des deux constellations entre lesquelles on les voyait briller. Ces étoiles non comprises dans les formes des astérismes avaient été, par cette raison, appelées étoiles *informes*.

Les astronomes ont fait des constellations nouvelles avec ces étoiles informes ; d'ailleurs la découverte du nouveau monde a permis d'ajouter quelques constellations à celles décrites par Ptolémée. Aussi le nombre des constellations s'est-il singulièrement accru ; on admet généralement aujourd'hui qu'il est de 117.

46. Étoiles de diverses grandeurs. — Les étoiles dont se composaient les astérismes connus des anciens avaient été partagées en divers ordres de grandeurs. Les plus brillantes s'appelaient étoiles de première grandeur ; venaient ensuite celles de seconde, celles de troisième, et ainsi de suite ; la sixième grandeur était formée des dernières étoiles visibles à l'œil nu. Mais dans cette série générale où les intensités diminuent par degrés, la classification était évidemment arbitraire. Telle étoile placée la dernière parmi les étoiles de la troisième grandeur, par exemple, aurait pu tout aussi bien être placée la première parmi les étoiles de la quatrième grandeur. Aussi les astronomes ne se sont-ils pas toujours accordés à cet égard.

La division des étoiles en ordre de grandeur a été conservée par les astronomes modernes. Suivant M. *Argelander*, l'hémisphère boréal présente : 9 étoiles de 1re grandeur, 34 de 2e, 96 de 3e, 214 de 4e, 550 de 5e, 1439 de 6e ; la somme est égale à 2342. En supposant l'hémisphère austral aussi riche que l'hémisphère boréal, on aurait un total de 4684 étoiles des six premières grandeurs et comprenant :

18 étoiles de la première grandeur ; 68 de de la seconde ; 192 de la troisième ; 428 de la quatrième ; 1100 de la cinquième ; 2878 de la sixième.

Les cartes les plus accréditées ne donnent aujourd'hui que 17 étoiles de la première grandeur. Ce sont :

Sirius ou α du Grand Chien ; η d'Argo (variable) ; *Canopus* ou α d'Argo ; α du Centaure ; *Arcturus* ou α du Bouvier ; *Rigel* ou β d'Orion ; la *Chèvre* ou α du Cocher ; *Wéga* ou α de la Lyre ; *Procyon* ou α du Petit Chien ; *Bételgeuse* ou α d'Orion ; *Achernard* ou α d'Éridan ; *Aldébaran* ou α du Taureau ; β du Centaure ; α de la Croix ou du Cygne ; *Antarès* ou α du Scorpion ; *Ataïr* ou α de l'Aigle ; l'*Épi* ou α de la Vierge.

Le dessin que nous mettons sous les yeux du lecteur donne une idée des intensités respectives de la lumière émise par les étoiles des six premiers ordres de grandeur (fig. 28) ; celles-ci sont figurées par des disques dont la surface est en raison de leur éclat.

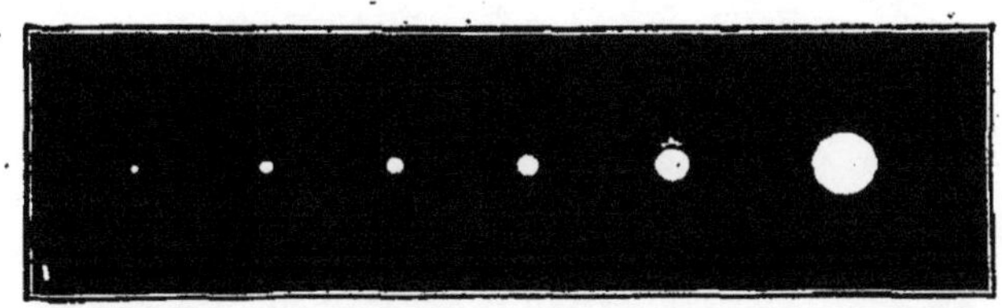

Fig. 28. — Intensité relative des étoiles des six premières grandeurs.

Mais il ne faut pas oublier que les étoiles rangées dans une même classe n'ont pas toutes la même intensité. Ainsi, on admet que la lumière de Sirius est égale à quatre fois celle de l'étoile α du Centaure. Cependant toutes les deux sont classées dans le premier ordre de grandeur.

47. NOMBRE DES ÉTOILES VISIBLES. — Le nombre des étoiles visibles à l'œil nu paraît être très-considérable, mais l'évaluation qu'on pourrait donner à la seule inspection du ciel serait de beaucoup supérieure à celle que fournit une étude plus sérieuse. M. Argelander a encatalogué 3256 étoiles visibles à l'œil nu et répandues sur la voûte céleste entre le pôle boréal et le 36e degré de déclinaison australe. Cette zone comprend environ les huit dixièmes de la surface totale de la sphère. Une proportion donnerait 844 étoiles pour les deux derniers dixièmes, ce qui porterait à 4100 le nombre total des étoiles visibles à l'œil nu.

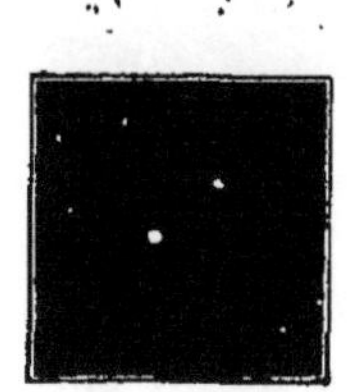

Fig. 29. — Un coin de la constellation des Gémeaux vu à l'œil nu.

Certains observateurs peuvent apercevoir à l'œil nu quelques étoiles de la 7e grandeur. Dans cette hypothèse il faut augmenter d'environ 2000 le nombre 4100 trouvé précédemment, ce qui fournit un total de 6000 étoiles visibles à l'œil nu. Ainsi que nous l'avons fait remarquer, ce nombre est certainement inférieur à l'évaluation qu'on serait tenté de faire au premier abord.

Lorsqu'on se sert de télescopes très-puissants, le nombre des étoiles visibles augmente considérablement. On peut admettre que le quatorzième ordre de grandeur marque la limite extrême de la puissance de ces instruments. L'astronome *Struve*, qui s'était servi d'un télescope de 6m,5 de longueur et de 38 centim. d'ouverture, a fixé à

Fig. 30.

20 400 000 le nombre des étoiles visibles. Les deux dessins que nous plaçons ici peuvent donner une idée de la surprise qu'on éprouve lorsqu'on regarde successivement un même point du ciel, d'abord à l'œil nu (fig. 29), puis à l'aide d'une lunette (fig. 30). Ces deux dessins représentent le même coin de la constellation des Gémeaux. Tandis qu'à l'œil nu on n'aperçoit que six étoiles, un télescope de 27 centimètres d'ouverture permet d'en apercevoir 3205, depuis la troisième jusqu'à la treizième grandeur.

Struve avait remarqué que jusqu'à la sixième grandeur inclusivement, le nombre des étoiles de chaque classe est environ le triple du nombre des étoiles appartenant à la classe précédente. En admettant que cette loi soit vraie jusqu'à la quatorzième grandeur inclusivement, le nombre total des astres qu'on pourra apercevoir avec les instruments les plus parfaits sera la somme des termes d'une progression géométrique dont le premier terme sera 17, la raison 3 et le dernier terme 17×3^{13}. On trouve ainsi : 40 663 728. Mais il est probable que ce résultat pèche par défaut et que la raison de la progression est trop petite. En effet, la loi donne dans l'hémisphère boréal environ 12 000 étoiles pour la septième grandeur, et Struve en a compté directement 14 000.

48. Description du ciel étoilé. — Aucun dessin précis des anciennes constellations ne nous est parvenu ; aussi existe-t-il une grande incertitude sur les véritables positions et dimensions des figures dont les anciens avaient couvert la voûte céleste. D'ailleurs certaines figures

Fig 31.

ont été volontairement déformées par les astronomes, ou du moins quelques étoiles ont été déplacées dans l'intérieur de ces figures. C'est là du reste une question peu importante, la connaissance de l'ascension droite et de la déclinaison d'une étoile ne pouvant laisser aucun doute sur la véritable position de cette étoile.

Un moyen facile pour retrouver les constellations consiste à comparer le ciel à des cartes célestes construites d'après les méthodes précédemment indiquées. Quand on n'a pas de cartes sous la main, on peut, à l'aide de certains points de repère, retrouver par des *alignements* successifs les principaux groupes étoilés. Dans nos climats, le point de départ est la constellation de la Grande Ourse, toujours située au-dessus de notre horizon.

Grande Ourse (fig. 31). La constellation de la Grande Ourse renforme sept étoiles principales, toutes de deuxième grandeur, à l'exception de l'étoile δ qui est de troisième grandeur. Les étoiles ε, ζ, η, forment la queue de la Grande Ourse. On donne aussi quelquefois le nom de *Chariot* à cette constellation, en considérant les étoiles α, β, γ, δ, comme représentant les quatre roues, les trois autres formant le timon. Cette assimilation est évidemment défectueuse. A l'époque de la découverte de l'Amérique, les Iroquois connaissaient la Grande Ourse; ils la désignaient sous le nom de *Okouari*, c'est-à-dire l'Ours. Près de l'étoile ζ de la Grande Ourse se trouve une petite étoile de cinquième à sixième grandeur que les Arabes appelaient *Saidak*, c'est-à-dire épreuve, parce qu'ils s'en servaient pour éprouver la perte de la vue. Cette étoile est appelée aujourd'hui *Alcor*.

Polaire. La ligne $\beta\alpha$ prolongée du côté de α, à une distance égale à $\alpha\eta$, passe près d'une étoile de deuxième à troisième grandeur. Cette étoile est la *Polaire* actuelle qui va nous servir à retrouver toutes les constellations importantes visibles sous le ciel de Paris.

Comme nous l'avons déjà dit, la Polaire tire son nom du voisinage du pôle, dont elle n'est éloignée que de 1 degré $\frac{1}{2}$. Lorsqu'on a trouvé la Polaire, il est facile de s'orienter, c'est-à-dire de trouver les quatre points cardinaux. En effet, en regardant l'étoile polaire, on a devant soi le nord, derrière soi le sud, à droite l'est, à gauche l'ouest.

La Polaire est la troisième étoile du Timon ou de la queue d'une constellation semblable à la Grande Ourse, plus petite qu'elle, placée en sens inverse et qu'on appelle la *Petite Ourse*.

Cassiopée (fig. 31). Joignons δ de la Grande Ourse et la Polaire. En prolongeant cette ligne d'une quantité égale au delà de la Polaire, nous rencontrons *Cassiopée*, qui renferme plusieurs étoiles de troisième grandeur. Cette constellation est toujours opposée à la Grande Ourse, par rapport à la Polaire. Les étoiles les plus apparentes de Cassiopée forment un Y dont la branche verticale serait un peu brisée. On la compare encore à une chaise renversée dont le dossier serait brisé, mais il faut pour cela joindre une étoile de cinquième grandeur aux cinq premières.

Pégase: Andromède (fig. 32). Prolongeons au delà de la Polaire la ligne qui nous a servi à la déterminer; nous rencontrerons la constellation de *Pégase*, dont trois étoiles jointes à l'étoile α d'*Andromède* forment ce qu'on appelle le carré de *Pégase* dont les quatre angles sont occupés par des étoiles de première grandeur. Si l'on joint α de Pégase et α d'Andromède, on trouve les étoiles β et γ d'Andromède qui vont en se rapprochant de la Polaire.

Persée. La ligne β d'Andromède prolongée va passer par l'étoile α, de Persée. Le carré de Pégase, $\beta\gamma$ et d'Andromède et α de Persée forment un groupe dont la figure a de l'analogie avec celle de la Grande Ourse.

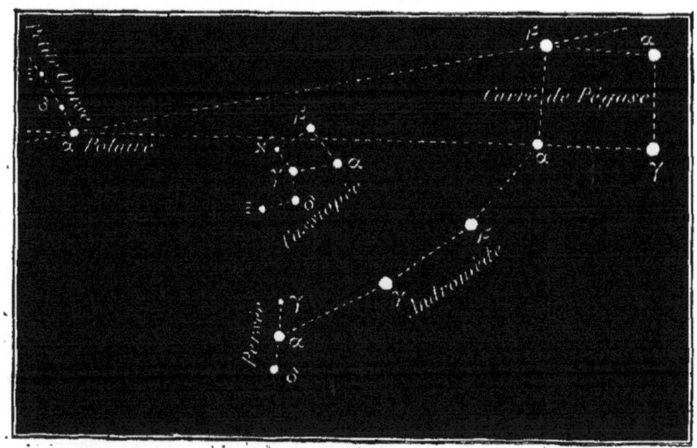

Fig. 32.

Algol. L'étoile α de Persée se trouve encore sur le prolongement de la ligne $\alpha\gamma$ du rectangle de la Grande Ourse. Cette dernière direction

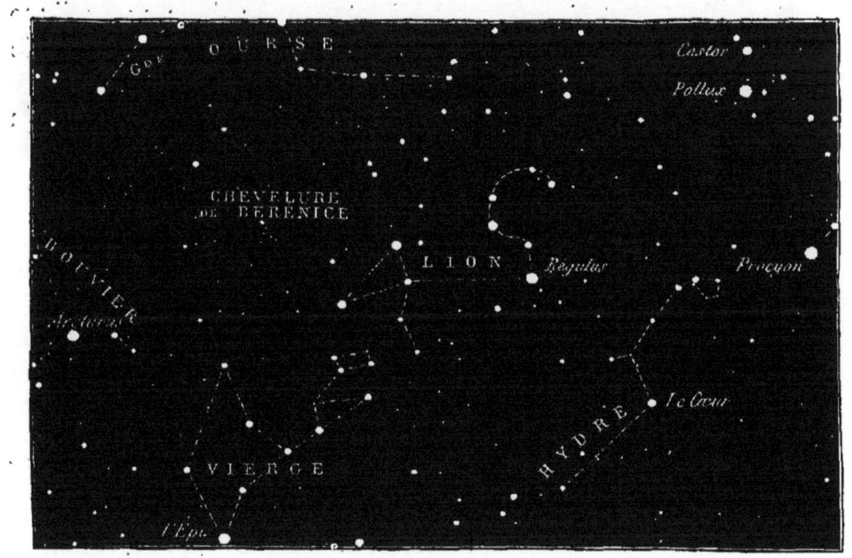

Fig. 33.

prolongée un peu au delà de α rencontre β ou *Algol* de la même constellation, étoile très-remarquable, dont l'éclat varie considérablement

Algol est aussi la plus brillante étoile de la tête de *Méduse* qu'on a placée dans la main de Persée.

Vierge : Épi (fig. 33). Vers le côté opposé de l'hémisphère et à peu près sur le prolongement de la même diagonale du rectangle de la Grande Ourse, se trouve la constellation de la *Vierge*. Elle renferme une étoile de première grandeur qu'on appelle l'*Épi de la Vierge*.

Lion : Régulus. La ligne $\alpha\beta$ de la Grande Ourse prolongée à l'opposite de la Polaire traverse la constellation du *Lion*. L'étoile α de cette

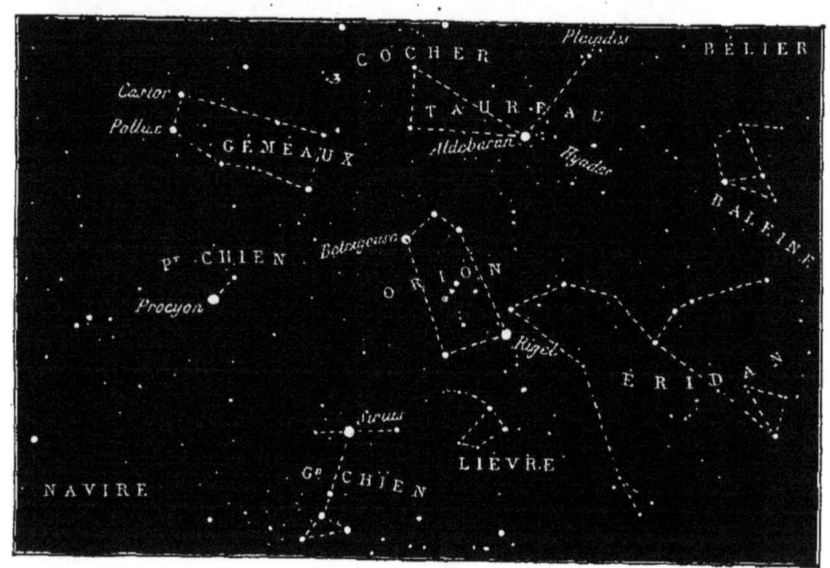

Fig. 34.

constellation est une étoile de première grandeur ; on lui a donné le nom de *Régulus*.

Gémeaux : Castor et Pollux (fig. 34). La seconde diagonale $\beta\delta$ du rectangle de la Grande Ourse prolongée du côté de β fournit plusieurs étoiles remarquables. D'abord, α et β ou *Castor* et *Pollux* appartenant à la constellation des Gémeaux.

Petit Chien : Procyon. Plus loin l'étoile α ou *Procyon* du *Petit Chien* qui se trouve aussi sur la droite formée par la Polaire et l'étoile Castor. Enfin, la ligne $\delta\beta$ fournit encore, au delà de Procyon, l'étoile α ou *Sirius* du *Grand Chien ;* cette étoile est la plus brillante du ciel.

Cocher : la Chèvre (fig. 35). Si l'on prolonge la ligne $\beta\gamma$ d'Andromède au delà de α de Persée, on trouve une étoile de première grandeur ; c'est α du *Cocher* ou de *la Chèvre*.

Taureau : Aldébaran (fig. 34). La direction de δα de la Grande Ourse prolongée au delà du Cocher vient tomber dans la constellation du *Taureau* et passe près d'*Aldébaran* ou l'*œil* du Taureau, étoile de première grandeur. C'est dans la constellation du Taureau que se trouvent les *Pléiades* et les *Hyades*.

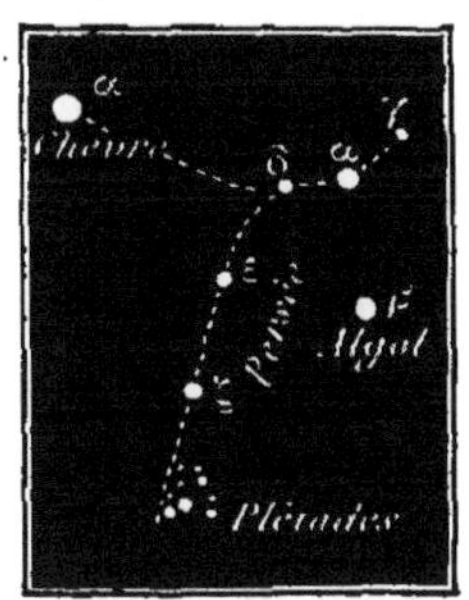

Fig. 35.

Orion : Grand Chien : Sirius. La ligne qui joint la Polaire à la Chèvre, prolongée au delà de la Chèvre, vient rencontrer *Orion*, la plus belle constellation du ciel (fig. 34). Elle renferme sept étoiles principales, dont quatre, disposées en trapèze, contiennent les trois autres qui sont d'un éclat moindre ; ces trois dernières sont en ligne droite et forment ce qu'on appelle le *Baudrier* d'Orion ou le *Rateau*. Deux des sommets du trapèze sont formés par des étoiles de première grandeur. Ce sont : α ou *Béteigneuse* et β ou *Rigel*. La ligne du Baudrier prolongée rencontre l'étoile *Sirius* du *Grand Chien* que

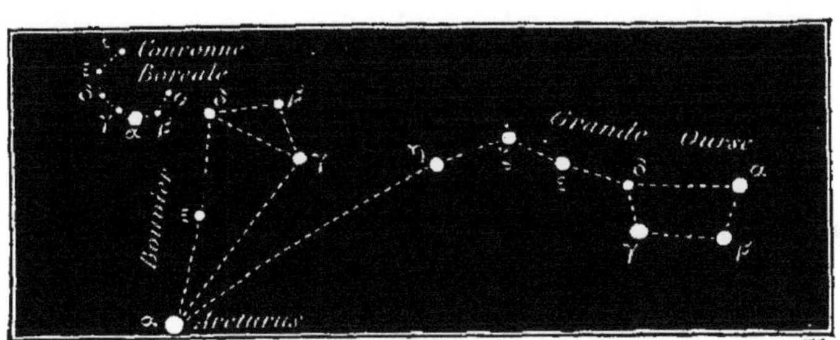

Fig. 36.

nous avons déjà trouvée par un autre alignement. Béteigneuse s'appelle aussi l'épaule droite d'Orion et Rigel son pied.

Bouvier : Arcturus (fig. 36). La queue de la Grande Ourse prolongée passe près d'une étoile de la première grandeur qui appartient à la constellation du *Bouvier ;* c'est *Arcturus*, l'étoile la plus brillante du ciel après Sirius.

La Lyre : Wéga. La ligne qui joint l'Épi de la Vierge et Arcturus passe dans la constellation de la *Lyre* près de l'étoile primaire appelée α de la Lyre ou *Wéga*.

Cygne. A côte de la Lyre, on rencontre la constellation du *Cygne*, composée de cinq étoiles formant une croix. L'étoile α de cette constellation est de première grandeur.

Équinoxe du printemps. Sur le prolongement de la droite passant par δ de la Grande Ourse, α de la Petite Ourse et α d'Andromède se trouve, sur l'équateur, l'*équinoxe du printemps.*

Aldébaran du Taureau, Antarès du Scorpion, Régulus du Lion et *Fomalhaut* du Poisson austral, partagent le ciel en quatre parties égales. Ces quatre étoiles, surnommées *royales*, étaient sans doute les quatre *gardiens* du ciel des Perses, 3000 ans avant Jésus-Christ. Alors Aldébaran était dans l'équinoxe du printemps et gardien de l'est ; Antarès se trouvait précisément dans l'équinoxe d'automne et était gardien de l'ouest ; enfin, Régulus n'était qu'à une petite distance du solstice d'été et Fomalhaut à une petite distance du solstice d'hiver, de manière à désigner pour les Perses le midi et le nord. On voit ainsi combien changera, dans les siècles futurs, le point que nous avons désigné comme étant aujourd'hui l'équinoxe du printemps. Nous ferons connaître plus loin les causes de ce changement.

Nous bornerons là cette description sommaire du ciel de Paris, nous réservant de donner, dans un chapitre spécial, des notions plus complètes d'astronomie sidérale.

LIVRE II

LA TERRE

CHAPITRE PREMIER

LONGITUDE ET LATITUDE GÉOGRAPHIQUES

49. Isolement de la terre dans l'espace. — Preuves de sa rondeur. — La simple observation du mouvement apparent des étoiles nous a permis de conclure que la terre est isolée de toutes parts. Ce fait est d'ailleurs confirmé par les voyages autour du monde. On sait que le premier fut entrepris par *Magellan*. Parti du Portugal le 20 septembre 1519, il se dirigea vers l'ouest et rencontra l'Amérique, découverte en 1492 par Christophe Colomb. Pour continuer sa route vers l'ouest, Magellan fut obligé de longer l'Amérique du Sud, puis il entra dans l'océan Pacifique par le détroit auquel il a donné son nom. Il passa ensuite entre les Marquises et l'archipel dangereux de *Bougainville*, mais il n'eut pas le bonheur d'achever son voyage; il fut tué dans l'île de Zébu par les naturels. *Sébastien del Cano* continua l'entreprise de son chef, revint par le cap de Bonne-Espérance et aborda en Europe trois ans après son départ, le 6 septembre 1522.

Il nous reste maintenant à nous occuper de la forme de la terre. Les preuves de sa *rondeur* sont assez évidentes pour avoir frappé depuis longtemps les esprits. En quelque lieu que l'on se place, à quelque hauteur que l'on s'élève au-dessus du sol, l'horizon est toujours terminé circulairement, si des accidents du terrain n'en masquent aucune partie à l'observateur, et celui-ci se croit toujours au centre de ce cercle. Or, il n'y a que deux manières d'expliquer ce fait. Il faut admettre que l'horizon est borné par la faiblesse de notre vue qui ne nous permet pas d'apercevoir les objets placés au delà d'une certaine distance, ou bien il faut supposer que l'horizon n'est autre chose que la ligne de séparation entre les parties visibles et les parties invisibles sur un globe parfaitement convexe (fig. 37). Cette ligne de séparation s'obtiendrait d'ailleurs en imaginant un cône dont le sommet serait à l'œil de l'observateur et dont les génératrices seraient tangentes à la surface du globe. L'horizon serait précisément la courbe de contact de ce globe et du cône.

Un fait bien facile à constater prouve que la seconde hypothèse

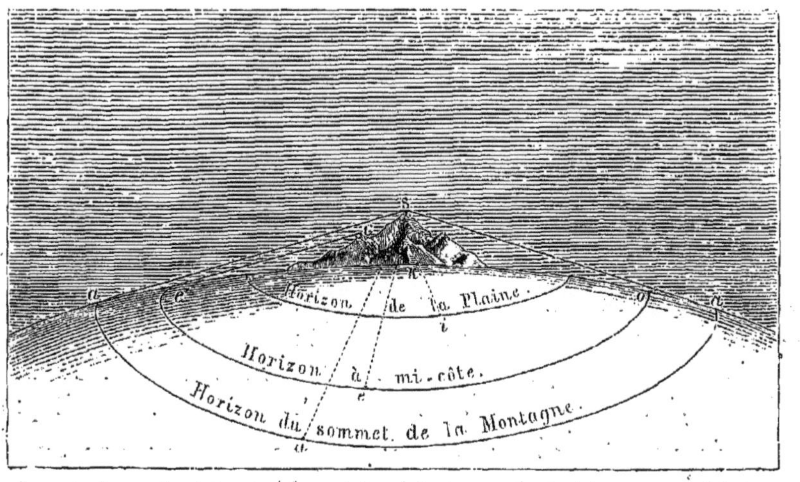

Fig. 37. — Courbure des continents.

est la seule admissible, du moins en ce qui concerne la surface des mers. Nous voulons parler de ce qui se passe lorsqu'un observateur placé sur le rivage de la mer regarde un vaisseau qui s'approche de la côte. Tout le monde sait en effet que lorsque le vaisseau s'éloigne du rivage, c'est d'abord la coque du navire qui disparaît, puis les basses voiles, enfin les hautes voiles (fig. 38). Ce n'est pas la faiblesse de la vue qui produit ces résultats, car la même chose arrive lorsqu'on s'aide d'une forte lunette. Au contraire, qu'un vaisseau s'approche du rivage, on aperçoit d'abord les hautes voiles, puis les basses voiles, puis la coque. Admettons que tout se passe sur un globe convexe et ces différentes phases vont être parfaitement expliquées. Lorsque le vaisseau est au point où le rayon visuel de l'observateur est tangent à la surface, il paraît suspendu entre la terre et le ciel. A partir de ce moment, la partie du vaisseau qui se trouve au-dessous du rayon visuel tangent à la surface de la mer disparaît pour l'observateur, et les voiles, qu'on aperçoit les dernières, finissent elles-mêmes par disparaître. Si à ce moment l'observateur s'élève rapidement, il pourra revoir une partie plus ou moins grande du vaisseau qui redeviendra

Fig. 38. — Courbure des mers.

plus tard encore invisible pour lui. Ainsi, le vaisseau reste visible pendant un temps d'autant plus long que l'horizon est plus élargi, c'est-à-dire que l'observateur est en une station plus élevée. C'est ainsi

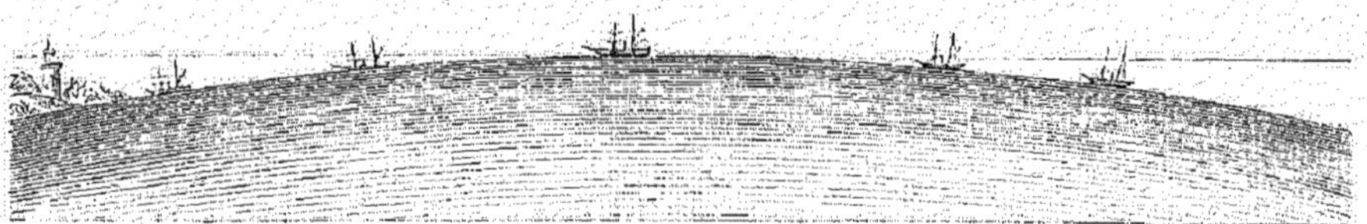

Fig. 39. — Aspect qu'offre un navire qui s'approche de la côte.

qu'une vigie placée en haut des mâts d'un vaisseau voit les navires ou les rivages éloignés lorsqu'ils sont encore au-dessous de l'horizon pour les marins placés sur le tillac (fig. 39).

Les faits que nous venons de citer établissent donc d'une manière certaine la convexité de la mer et la forme toujours circulaire de l'horizon nous conduit à supposer la surface sphérique, car la sphère est le seul corps qui soit vu sous une forme circulaire, de quelque côté qu'on le regarde.

Il n'est pas plus difficile de prouver que la surface des continents est convexe. En effet si la terre était plane, les horizons de deux stations situées l'une vers le nord et l'autre vers le sud se confondraient ; on devrait donc apercevoir les mêmes étoiles de ces deux stations. Or, il n'en est pas ainsi ; on aperçoit de chacune d'elles des étoiles qui ne se montrent pas au-dessus de l'horizon de l'autre, ce qui prouve que le plan de l'horizon s'incline du nord au sud et par conséquent que la terre est convexe dans le même sens. Si nous supposons maintenant un observateur se dirigeant de l'est à l'ouest, il lui sera facile de constater que l'heure du passage d'une même étoile au méridien de ses différentes stations n'est pas la même pour toutes les stations, ce qui prouve que le méridien s'incline de l'est à l'ouest et par suite le plan de l'horizon qui lui est perpendiculaire.

D'ailleurs on peut évidemment regarder la surface des continents et la surface des mers comme formant une seule et même surface. Il suffit, pour s'en convaincre, de remarquer que nulle part les bords des continents ne s'élèvent beaucoup au-dessus du niveau des mers voisines et que les fleuves ou les rivières qui traversent les continents se rendent à la mer par une pente toujours extrêmement faible, de sorte que la surface de l'eau peut y être regardée comme parallèle à la surface des mers prolongée.

50. Première mesure de la terre par la dépression de l'horizon. — Nous venons de prouver que la terre est convexe et nous avons remarqué que l'horizon s'élargit à mesure qu'on s'élève davantage.

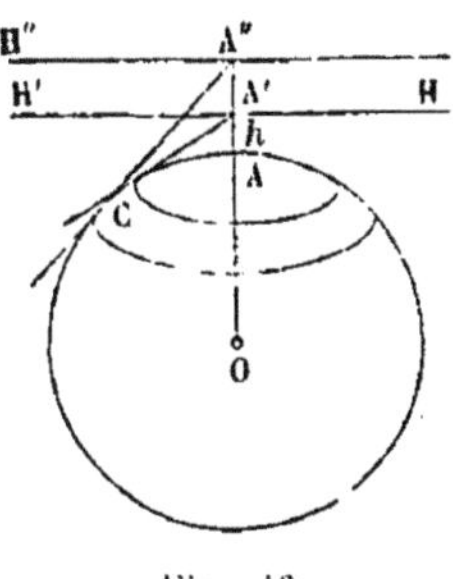

Fig. 40.

Supposons un observateur placé à une certaine hauteur $AA' = h$ au-dessus de la surface du sol, et soit HH' son horizon rationnel (fig. 40). Menons par le point A' un rayon visuel tangent à la surface de la terre ; il est clair que l'angle H'A'C sera d'autant plus grand que le point A' sera plus élevé au-dessus du point A ; cet angle H'A'C est ce qu'on appelle la dépression de l'horizon apparent ; c'est la quantité angulaire dont le rayon visuel A'C qui détermine un point de l'horizon sensible se trouve déprimé par rapport à l'horizon A'H.

La dépression de l'horizon se mesure à l'aide d'un instrument qu'on appelle secteur de dépression. Il consiste en une portion de cercle ou limbe gradué portant deux alidades mobiles autour du centre. Le plan du limbe étant disposé dans un vertical, il suffit de diriger l'une des alidades suivant A'H' et l'autre suivant A' C'. On lit alors sur le limbe la valeur de l'angle de dépression.

Connaissant cette valeur on en déduit facilement par le calcul la grandeur du rayon de la terre en la supposant sphérique. Les élèves de l'école de Brest ont effectué ce calcul et ont trouvé 7 400 000 mètres environ pour la grandeur du rayon terrestre, soit 1850 lieues métriques. La station était à 75 m. au-dessus du niveau de la mer et l'angle de dépression de 15′ 30″. Le nombre que nous venons d'indiquer est trop fort de $\frac{1}{6}$ environ. On comprend en effet que ce moyen de mesure n'est pas susceptible d'une grande précision, puisqu'il fait dépendre le rayon de la valeur de *h*, nécessairement très-petite par rapport au rayon.

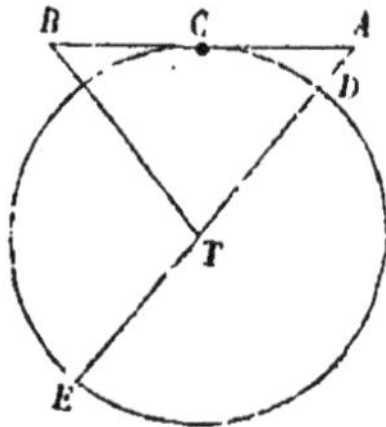

Fig. 41.

51. Deuxième valeur approchée du rayon terrestre. — En supposant que la terre soit parfaitement sphérique, on peut encore obtenir une valeur approchée de son rayon en se fondant sur la remarque suivante : Deux points élevés de $1^m,50$ au-dessus de la surface de la mer deviennent invisibles lorsqu'ils sont éloignés de 8888 m (fig. 41). Or, soit T la terre et A et B les deux points en question, la ligne AB est tangente à la surface. Une proposition de géométrie nous donne

$$\frac{AE}{AC} = \frac{AC}{AD}.$$

Mais

$$\frac{AC}{AD} = \frac{4444}{1,5}$$

ou 2963 environ. Donc AE = 4444 × 2963 = 13 167 572 mètres, ce qui donnerait pour le rayon de la terre : 6 583 786 mètres. Ce nombre est trop fort, la vraie valeur est 6 366 000 mètres.

52. Des montagnes et des mers. — La forme toujours circulaire de l'horizon nous a amenés à supposer la terre sphérique. Mais les inégalités que nous apercevons à la surface de la terre nous permettent-

elles d'admettre cette hypothèse? Il suffit de quelques mots pour prouver que les plus hautes montagnes n'ont aucune influence sensible sur la forme générale de la terre; elles produisent tout au plus le même effet que les rugosités de la peau d'une orange. En effet, la plus haute montagne du globe n'a pas 8500 mètres d'élévation; ce n'est pas la 750e partie du rayon de la terre. Il en résulte que sur un globe de 7^{dm},5 de diamètre, la plus haute montagne s'élèverait à moins de *un demi*-millimètre au-dessus de la surface; elle ne produirait donc aucun effet sur la vue, ou du moins ne déformerait pas sensiblement le globe. Quant aux mers, elles seraient représentées sur un globe de 7^{dm},5 de diamètre pour une mince couche d'eau mise avec un pin-

Fig. 42. — Hauteurs comparées de l'atmosphère et des montagnes. Profondeur des mers. Épaisseur de la croûte terrestre.

ceau. La figure 42 donne une idée assez exacte des hauteurs relatives des montagnes et de l'atmosphère comparées à la profondeur de l'océan et à l'épaisseur probable de l'écorce terrestre (fig. 42). Pour obtenir ces dimensions, il faudrait donner au globe terrestre un diamètre de 12^m,75.

53. Cercles de la sphère terrestre. — Nous avons vu comment la position des étoiles est fixée sur la sphère céleste à l'aide de cercles tracés sur cette sphère. De même, on a imaginé sur la surface de la terre deux séries de cercles destinés à faciliter l'indication des divers lieux.

Si l'on mène par le centre de la terre une parallèle à l'axe du monde, on aura l'axe de rotation de la terre qui percera sa surface en deux points opposés qu'on appelle les *pôles* de la terre. Celui qui est situé du côté du pôle boréal de la sphère céleste porte aussi le nom de pôle boréal ; l'autre est le pôle austral (fig. 43). Si l'on imagine par le centre de la terre un plan perpendiculaire à l'axe, ce plan coupera la sphère suivant un grand cercle qu'on appelle l'*équateur terrestre*, et qui partage la terre en deux parties égales ou hémisphères, chacun d'eux prenant le nom du pôle qu'il contient.

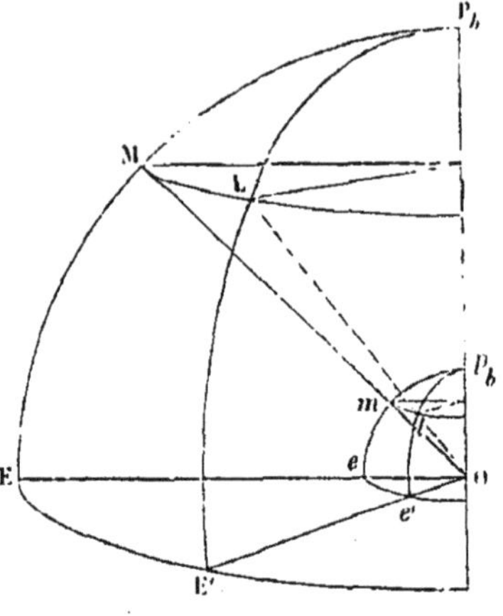

Fig. 43.

Tout plan parallèle à celui de l'équateur coupe la sphère terrestre suivant un petit cercle qu'on appelle *parallèle terrestre*.

Tout plan mené par la ligne des pôles coupe la terre suivant un grand cercle qu'on appelle méridien terrestre ou tout simplement méridien.

Les plans des méridiens terrestres coïncident avec les plans des cercles de déclinaison. Les parallèles terrestres correspondent aux parallèles célestes : si l'on imagine un cône ayant son sommet au centre de la terre et passant par un parallèle céleste, l'intersection de ce cône avec la surface de la terre sera précisément un parallèle terrestre. La figure que nous avons tracée indique suffisamment ces correspondances. P_b est le pôle boréal de la sphère céleste, et p_b le pôle boréal de la sphère terrestre. EE' est l'équateur céleste ; *ee'* l'équateur terrestre. Deux plans menés par l'axe du monde déterminent les deux cercles de déclinaison PME, PLE', auxquels correspondent les deux méridiens terrestres *pme*, *ple'*. Si nous imaginons le parallèle céleste LMN, le cône qui a pour sommet le point O et qui a pour base ce parallèle coupe la surface de la terre suivant un petit cercle *mln* qui est le parallèle terrestre correspondant au parallèle céleste.

54. Coordonnées géographiques ; longitude et latitude. — De même que la position des astres sur la voûte céleste se détermine par leur ascension droite et leur déclinaison, de même la position d'un point sur la terre peut être fixée à l'aide de deux coordonnées que l'on appelle coordonnées géographiques ; ce sont la *latitude* et la *longitude*.

Soit A le lieu dont il s'agit (fig. 44) ; menons le méridien PAP'. L'arc d'équateur OB compris entre un point fixe O pris à volonté sur l'équateur et le point B où le méridien du lieu coupe l'équateur, se nomme la longitude géographique ou tout simplement la longitude du point A. L'arc du méridien AB, ou la distance du point considéré à l'équateur comptée sur le méridien de ce point, se nomme la latitude géographique ou tout simplement la latitude du point A. Les deux coordonnées géographiques s'estiment comme les coordonnées célestes en degrés, minutes et secondes. On a l'habitude de désigner les longitudes par la lettre L et les latitudes par la lettre grecque λ.

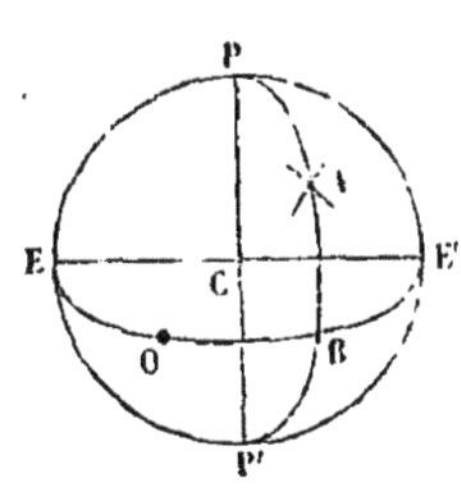

Fig. 44.

Les latitudes se comptent, comme les déclinaisons, de 0° à 90° ; elles sont boréales ou australes, ou encore positives ou négatives suivant que le point dont il s'agit appartient à l'hémisphère boréal ou à l'hémisphère austral.

Les longitudes se comptent de 0° à 180°. Elles sont *orientales* ou *occidentales*, suivant que le lieu dont il s'agit est situé à l'est ou à l'ouest du méridien du point pris pour origine. Il faut remarquer que le méridien d'un lieu ne comprend pas le cercle entier de la sphère passant par le lieu et la ligne des pôles, mais seulement le demi-cercle qui, passant par le lieu, s'arrête aux deux pôles terrestres.

Tous les astronomes s'accordent à prendre un même point du ciel pour origine des ascensions droites, mais tous les peuples n'ont pas adopté le même méridien pour origine des longitudes. Ainsi, les Français prennent pour point de départ le méridien de l'Observatoire de Paris, tandis que les Anglais comptent les longitudes à partir du méridien de l'Observatoire de Greenwich.

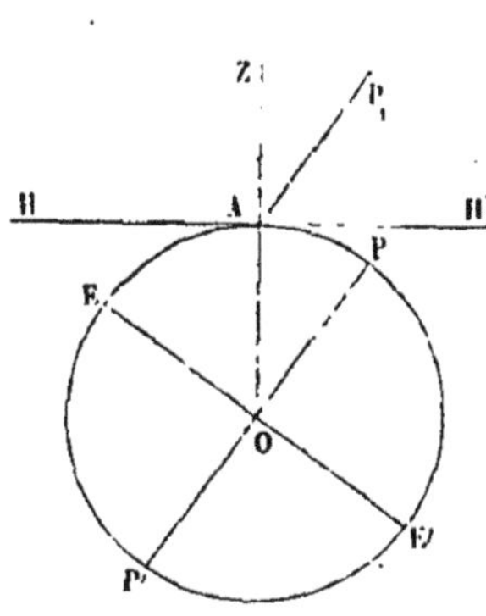

Fig. 45.

55. Mesure des latitudes géographiques. — La détermination des latitudes n'offre aucune difficulté. En effet, il est facile de démontrer que la latitude d'un lieu est égale à la hauteur du pôle au-dessus de l'horizon de ce lieu. Or, nous savons comment on peut, en chaque lieu, déterminer la hauteur du pôle au-dessus de l'horizon. (Voir p. 14)

Soit A le lieu dont il s'agit, AZ sa verticale, et AP_1 une parallèle à la ligne des pôles (fig. 45). Soit PEP' l'intersection du méridien terrestre du lieu A avec la surface de la terre, HH' la trace de l'horizon et EE' celle de l'équateur. L'arc AE ou l'angle AOE est précisément la latitude du lieu A. Or, la figure indique immédiatement que les angles AOE et P_1AH' sont égaux comme étant respectivement complémentaires des angles égaux AOP, ZAP_1.

Quand on peut se servir du théodolite, ou du cercle mural, ou de la lunette méridienne, la détermination des latitudes se fait très-simplement, puisqu'on sait qu'on obtient la hauteur du pôle en prenant le complément de la demi-somme des distances zénithales d'une étoile circompolaire au moment de ses passages supérieur et inférieur. Mais on ne peut pas toujours se servir de ces instruments. Dans ce cas, on peut obtenir la latitude d'un lieu par une observation unique d'une étoile, pourvu qu'on connaisse déjà la déclinaison de cette étoile (fig. 46). En effet, supposons qu'on observe une étoile L au moment de son passage au méridien et qu'on prenne la distance zénithale $ZL = \delta$. On a $ZE = LE + ZL$ ou $\lambda = D + \delta$, D représentant la déclinaison de l'astre que nous supposons connue. Si l'étoile passait au méridien en L', au nord du zénith, on aurait au contraire $ZE = L'E - ZL'$ et, par suite, $\lambda = D - \delta$. Ainsi, pourvu que la déclinaison soit connue, on aura la latitude par l'observation de la distance zénithale ; il suffira d'ajouter ou de retrancher cette distance zénithale, suivant que l'étoile passera au méridien au sud ou au nord du zénith.

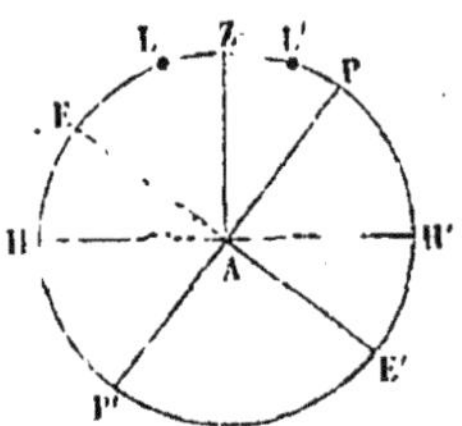

Fig. 46.

56. Usage du sextant pour la mesure des latitudes en mer. — En mer, on mesure la distance zénithale de l'astre, ou, ce qui revient au même, sa hauteur méridienne, à l'aide d'un instrument à réflexion connu sous le nom de *sextant*, qui présente le double avantage de pouvoir être employé sans qu'on ait besoin de le placer sur un support fixe, et qui permet de mesurer un angle au moyen d'une seule visée. Sans connaître d'une manière très-précise la direction du plan méridien, l'observateur peut suivre l'astre dans le voisinage de ce plan et estimer la hauteur maximum qui conserve la même valeur dans les environs du passage, l'astre décrivant alors un arc sensiblement parallèle à l'horizon.

Donnons d'abord le principe du sextant :

Deux miroirs AB et CD sont fixés perpendiculairement au plan d'un secteur circulaire (fig. 47). L'un d'eux CD est immobile et étamé seulement à sa partie supérieure, de sorte que l'observateur peut, à l'aide d'une lunette placée en O, viser un astre quelconque S à travers sa partie transparente. Le miroir AB, qui est porté par une alidade mobile, reçoit les rayons qui émanent du même astre et les réfléchit sur le miroir CD. Il résulte de cette disposition que si les deux miroirs AB et CD sont exactement parallèles, l'image directe de l'astre et l'image formée par les rayons réfléchis successivement à la surface des deux miroirs seront en coïncidence parfaite.

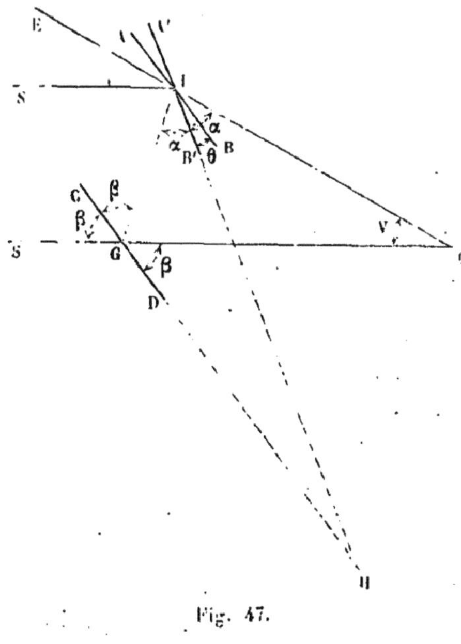

Fig. 47.

Supposons maintenant qu'on déplace le miroir AB et qu'on le fasse tourner d'un angle θ pour l'amener dans la position A'B'. L'image réfléchie de S cessera de coïncider avec l'image directe; mais pour une position particulière du miroir AB, l'image par double réflexion d'un autre axe E viendra coïncider avec l'image directe de S. Dans cette position, désignons par V l'angle formé par les directions des deux astres E et S et cherchons la relation qui lie les angles V et θ.

L'angle β extérieur au triangle GIH donne

$$\beta = \alpha + \theta;$$

d'un autre côté, l'angle SGI ou 2β extérieur au triangle GIO donne

$$2\beta = V + 2\alpha.$$

Combinant ces deux égalités, il vient $V = 2\theta$.

Ainsi, l'angle formé par les deux directions est double de l'angle dont on a fait tourner le miroir.

Voici maintenant comment on a profité de ce principe dans la construction de l'appareil :

Un limbe gradué formant la sixième partie d'un cercle entier (d'où le nom de *sextant*) porte les deux miroirs qui sont fixés perpendiculairement à son plan. Une lunette L adaptée à l'un des bords permet de visiter directement les astres à travers la partie supérieure du miroir immobile et de recevoir leur image après une double réflexion sur les deux miroirs (fig. 48). Le second miroir peut tourner autour du centre du limbe avec une alidade qui lui sert de support. Cette alidade est munie d'un index qui correspond au zéro de la graduation du limbe lorsque les deux miroirs sont parallèles. Afin de pouvoir lire immédiatement l'angle cherché sur le limbe, celui-ci a été divisé en parties deux fois plus petites qu'un cercle ordinaire, ces parties conservant d'ailleurs les dénominations habituelles ; ainsi, l'arc total du sextant qui comprend réellement 60° est gradué comme s'il en comprenait 120. Une poignée placée au-dessous de l'instrument permet de le maintenir pendant l'observation.

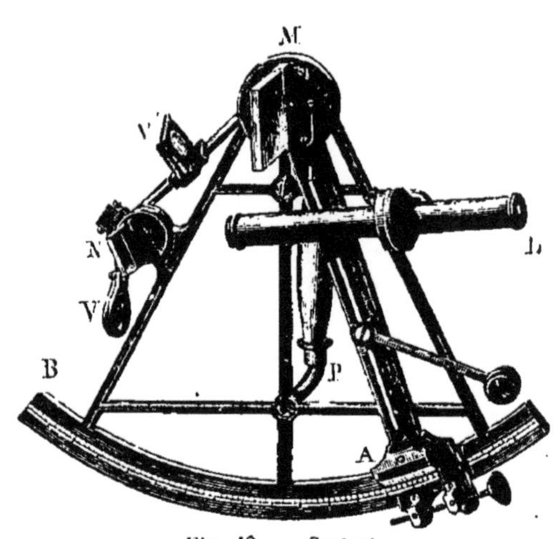

Fig. 48. — Sextant.

Les détails dans lesquels nous venons d'entrer indiquent suffisamment comment on peut prendre la distance angulaire de deux astres avec le sextant. Il nous reste maintenant à expliquer comment cet instrument permet aux marins de prendre la hauteur méridienne d'un astre.

L'opérateur saisissant l'instrument par la poignée dispose le plan du limbe suivant le vertical de l'astre et pointe la lunette tangentiellement à la surface de la mer; il déplace ensuite l'alidade, en la faisant tourner autour du centre du limbe, jusqu'à ce que l'image de l'astre dont il veut mesurer la hauteur méridienne vienne, après une double réflexion, se former sur l'axe optique de la lunette. A ce moment, l'angle lu sur le limbe est la hauteur cherchée; il reste seulement à faire une petite correction relative à la dépression apparente de l'horizon.

57. Principe servant a la mesure des longitudes. — La détermination des longitudes repose sur le principe suivant : *La différence des*

longitudes de deux lieux est égale à la différence des temps de ces lieux, multipliée par 15. Voici la démonstration de ce principe.

La sphère céleste tourne d'un mouvement uniforme autour de la ligne des pôles en 24 heures sidérales. Supposons qu'en tous les points de la terre les horloges soient réglées sur le passage d'un même astre à leurs méridiens respectifs ; l'étoile, dans sa révolution diurne, traverse successivement tous les méridiens, et son cercle de déclinaison ou *cercle horaire* parcourt les 360° de l'équateur terrestre à raison de 15° par heure, 15′ par minute, et 15″ par seconde ; il en résulte que si un lieu est à 15° de longitude orientale d'un autre lieu, l'étoile passera dans le méridien de ce dernier lieu *une heure* après avoir traversé le méridien du premier ; si l'horloge du premier lieu marque 9 heures, par exemple, l'horloge du second ne marquera que 8 heures. Pour une distance de 15° en longitude, il y aura donc une différence de *une heure* dans les temps. Il est évident de même que pour une différence en longitude de *quinze* minutes ou de *quinze* secondes, il y aura une différence de *une* minute ou de *une* seconde dans les temps. Donc la différence en longitudes de deux lieux s'obtiendra en multipliant par 15 la différence des temps de ces lieux exprimés en heures, minutes et secondes sidérales.

58. Difficulté qui se présente dans la mesure des longitudes. — Au premier abord, le problème de la détermination des longitudes ne paraît pas présenter plus de difficultés que celui de la détermination des ascensions droites. En effet, l'ascension droite d'un astre se détermine au moyen du temps qui s'écoule entre le passage au méridien du lieu du point fixe pris pour origine et le passage de l'astre au même méridien. De même la différence en longitude s'estime par une différence de temps. Mais, quand il s'agit des ascensions droites, c'est le même observateur qui opère avec la même horloge. Au contraire, quand il s'agit des longitudes, il faut nécessairement deux observateurs au moins et deux horloges différentes. Il faut donc être certain de l'accord des horloges, ou du moins il faut savoir de combien l'une d'elles avance ou retarde sur l'autre. Or, c'est précisément la comparaison des horloges qui présente une grande difficulté, car les stations sont souvent fort éloignées l'une de l'autre. Nous allons indiquer successivement les diverses méthodes qu'on a suivies jusqu'ici pour comparer les heures des lieux dont il faut avoir la différence en longitude.

59. Méthode des signaux de feu. — Supposons qu'il s'agisse d'avoir la différence en longitude de deux lieux A et B assez rapprochés l'un

de l'autre pour que de chacun d'eux on puisse apercevoir une fusée lancée d'un point intermédiaire C. Les observateurs placés en A et en B verront le signal au même instant (fig. 49). Il leur suffira donc de noter, *en ce même instant*, les heures marquées par leurs horloges. De la comparaison de ces heures, on déduira facilement la différence en longitude des deux lieux A et B.

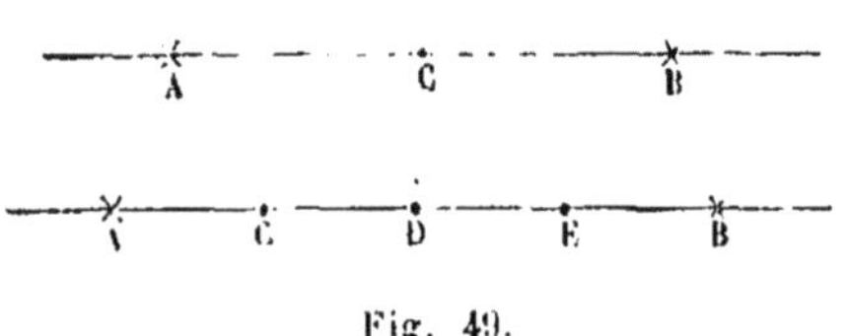

Fig. 49.

Mais il peut arriver que les deux lieux A et B soient trop éloignés pour qu'on aperçoive de chacun d'eux un signal fait en un point intermédiaire. Alors, on choisit entre les deux points diverses stations où s'installent des observateurs munis d'horloges. Une fusée lancée entre les deux points A et C fait connaître la différence des heures de ces lieux; de même, un signal aperçu au même instant par les deux observateurs placés en C et en D, signal fait en un point intermédiaire, fait connaître la différence des heures des deux lieux C et D. En opérant ainsi de proche en proche, on pourra donc connaître l'avance ou le retard de l'horloge placée en A sur l'horloge placée en B. Nous savons comment on en déduira ensuite la différence en longitude des deux lieux A et B.

60. Détermination des longitudes par le télégraphe électrique.— Lorsque deux lieux sont reliés par une ligne télégraphique, la comparaison des heures simultanées marquées par les horloges de ces lieux n'offre aucune difficulté. En effet, l'électricité ayant une vitesse qui dépasse 25 000 lieues par seconde, on peut admettre qu'elle se transmet instantanément d'un point à l'autre. Cela posé, imaginons que deux observateurs soient placés aux deux lieux dont il s'agit, qu'ils aient des horloges convenablement réglées et que l'un d'eux attende le signal de l'autre. Au moment, où celui-ci transmettra son signal, il notera l'heure marquée par son horloge. Mais le premier recevra le signal *au moment même* où il aura été produit. L'heure marquée par l'horloge au moment même de la réception du signal, comparée à l'heure marquée par l'autre horloge au moment même de l'émission du signal, donnera donc la différence des heures des deux lieux.

61. Détermination des longitudes a l'aide des chronomètres. — Imaginons qu'un excellent chronomètre, sur l'exactitude duquel il est permis de compter, soit réglé sur l'heure d'un lieu A. Le transport de

ce chronomètre à un second lieu B permettra de comparer les heures de ces deux lieux, si une horloge convenablement réglée a été préalablement installée au lieu B. Mais on peut se passer de cette horloge. En effet, il suffit de déterminer à l'aide du chronomètre l'heure du passage d'une certaine étoile au méridien du lieu B. En comparant cette heure à celle à laquelle on sait que la même étoile traverse le méridien du lieu A, on aura tout ce qui sera nécessaire pour la détermination de la différence en longitude des lieux A et B.

L'amirauté anglaise a fait employer, en 1824, la méthode des chronomètres pour déterminer la longitude d'*Altona* rapportée au méridien de Greenwich. 35 chronomètres réglés avec une grande exactitude sur le méridien de Greenwich furent transportés à Altona afin de comparer les heures de ces lieux. On comprend facilement pourquoi on prend un grand nombre de chronomètres. Pendant le trajet, on peut comparer constamment leur marche, et si l'accord existe entre tous les instruments, il est clair que l'on peut compter sur leurs indications, tout aussi bien que sur celles d'une horloge fixe. D'ailleurs, on ne se contenta pas d'un seul voyage. Les 35 chronomètres traversèrent six fois la mer du Nord, de manière que les opérateurs obtinrent trois évaluations distinctes de la longitude cherchée. La moyenne des trois résultats a évidemment fourni la véritable valeur de la longitude.

En 1843, l'empereur de Russie fit de même déterminer la longitude de son nouvel observatoire de *Pulkowa*, près de *Saint-Pétersbourg*, par rapport à celui de Greenwich, au moyen de 68 chronomètres que l'on transporta d'un lieu à l'autre et qui restèrent toujours parfaitement d'accord.

62. Détermination des longitudes par les phénomènes célestes; distances lunaires. — Il se produit dans les espaces célestes certains phénomènes remarquables sur le retour desquels on peut compter d'avance; ces phénomènes servent à la détermination des longitudes tout aussi bien que les signaux faits à la surface de la terre. Laissons de côté les détails relatifs aux phénomènes spéciaux que nous invoquons ici et contentons-nous d'indiquer la solution générale du problème, en prenant pour type la méthode des distances lunaires. Nous empruntons le principe de cette méthode à l'*Astronomie élémentaire* de M. Ch. Delaunay; il nous eût été, en effet, impossible de le présenter d'une manière plus saisissante. « Supposons qu'on soit en un lieu quelconque de la terre, et qu'on veuille trouver la longitude de ce lieu, comptée à partir du méridien de Paris; on pourra régler un

chronomètre sur le temps solaire du lieu où l'on est placé; il n'y aura plus alors qu'à déterminer la quantité dont ce chronomètre avance ou retarde sur une horloge qui serait réglée sur le temps solaire de Paris, pour en conclure tout de suite la longitude cherchée. S'il était possible d'installer dans le ciel une horloge dont le cadran fût visible de tous les points de la terre, comme les étoiles, et qui marquât constamment l'heure de Paris, il suffirait évidemment de regarder ce cadran, et de comparer l'heure qu'y marque l'aiguille à celle que marque en même temps le chronomètre réglé sur le temps du lieu où l'on se trouve. Or, les astronomes sont parvenus à réaliser cette idée, qui paraît si singulière au premier abord. Ce cadran placé dans le ciel et dont l'aiguille se meut de manière à marquer le temps solaire de Paris, est formé par la sphère céleste tout entière; les étoiles remplacent les divisions qu'on trace ordinairement sur le contour d'un cadran, et la lune qui se meut à travers les étoiles tient lieu de l'aiguille. Il ne manque plus que les chiffres destinés à indiquer l'heure qu'il est, lorsque l'aiguille, c'est-à-dire la lune, occupe telle ou telle place parmi les divisions du cadran représentées par les étoiles : au lieu de les tracer dans le ciel, ce qui ne pourrait se faire, les astronomes de Paris les inscrivent dans la *Connaissance des temps*, et à l'aide de la table qui les contient, un observateur placé n'importe où sur le globe peut dire tout de suite quelle heure il est à Paris, d'après la position qu'il voit occuper à la lune parmi les étoiles. »

CHAPITRE II

FORME ET DIMENSIONS DU SPHÉROÏDE TERRESTRE. ATMOSPHÈRE

63. Raisons qui font repousser l'hypothèse de la sphéricité de la terre. — Après avoir mis en évidence la convexité de la terre, nous avons supposé qu'elle était sphérique et nous avons calculé son rayon dans cette hypothèse. Mais une pareille approximation ne saurait satisfaire notre esprit et nous devons pousser plus loin nos investigations. Si la terre était immobile et exclusivement composée d'un liquide homogène, ou bien encore formée d'un noyau sphérique solide et homogène, recouvert d'une couche très-mince de liquide, il est évident que la surface du liquide aurait pris peu à peu, et conservé ensuite indéfiniment, une forme telle que la direction de la pesanteur lui fût en chaque point perpendiculaire. Mais nous avons prouvé précédemment que notre globe est animé d'un mouvement de rotation autour de la ligne des pôles. Or, il est impossible que la surface du liquide reste sphérique avec ce mouvement de rotation. Qu'on prenne en effet un globe formé d'une matière imparfaitement rigide et qu'on lui imprime un mouvement de rotation autour d'un de ses diamètres : on verra le globe s'aplatir vers les pôles et se renfler vers l'équateur, l'aplatissement augmentant avec la rapidité du mouvement. Tout le monde connaît cet appareil composé de deux ou trois lames de ressort très-flexibles, recourbées suivant des circonférences de cercle et disposées dans des plans verticaux (fig. 50). Une tige de fer dirigée suivant le diamètre vertical commun aux cercles est fixée à chacun d'eux, à sa partie inférieure, tandis que la partie supérieure des lames peut glisser le long de ce diamètre qui les traverse. La tige de fer peut recevoir un mouvement de rotation sur elle-même, à l'aide

d'une manivelle et d'une corde sans fin. Le mouvement de rotation donne naissance à la force centrifuge sous l'action de laquelle on voit les lames se déformer. Le diamètre vertical diminue et le diamètre horizontal augmente, la déformation étant d'ailleurs d'autant plus sensible que le mouvement de rotation est plus rapide.

Tout porte à croire que la terre était primitivement à l'état fluide. Elle a donc dû prendre, sous l'influence de la gravité et de la force

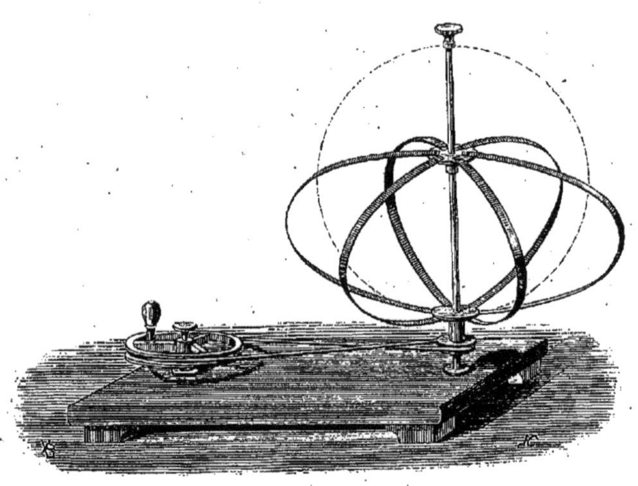

Fig. 50.

centrifuge née du mouvement de rotation, la forme d'un ellipsoïde de révolution légèrement aplati vers les pôles. Le refroidissement postérieur a opéré la solidification de la croûte terrestre dont la forme est demeurée alors invariable, et le même effet a dû se produire sur l'ensemble des molécules liquides qui sont dépourvues de cohésion mutuelle et ne sont retenues à la surface de la terre que par l'action de la pesanteur.

Telle est la conséquence de la théorie mathématique du mouvement de rotation. Nous allons voir maintenant comment l'observation des faits a pleinement confirmé l'exactitude de ces résultats purement théoriques. Mais nous devons d'abord rectifier la définition des coordonnées géographiques que nous avons établie en supposant la terre sphérique.

64. Définition des coordonnées géographiques, indépendamment de toute hypothèse. — 1° *Latitude.* Nous avons appelé latitude d'un lieu

la distance de ce lieu à l'équateur comptée sur un méridien et évaluée en degrés, minutes et secondes. Mais cet arc mesure l'angle que fait la verticale du lieu avec le plan de l'équateur céleste, et nous avons fait voir que cet angle est égal à la hauteur du pôle au-dessus de l'horizon du lieu. Or, quelle que soit l'hypothèse que l'on fasse sur la forme de la terre, cet énoncé peut subsister, car il est indépendant de la forme de la surface. Nous appellerons donc latitude d'un lieu l'angle que fait la verticale de ce lieu avec l'équateur céleste, ou encore la hauteur du pôle au-dessus de l'horizon. Quelle que soit la forme de la terre, la latitude s'obtiendra toujours de la même manière.

2° *Longitude*. Nous avons appelé longitude d'un lieu la portion de l'équateur terrestre comprise entre le méridien de ce lieu et un point fixe de l'équateur pris pour origine. Dans l'hypothèse de la sphéricité de la terre, l'arc d'équateur mesure l'angle que fait le plan méridien du lieu avec le plan méridien du point fixe. Adoptons cette dernière définition et appelons longitude d'un lieu l'angle que fait le plan méridien de ce lieu avec un plan méridien choisi arbitrairement et pris pour origine. Ce dernier énoncé est indépendant de la forme de la terre; il subsistera donc dans toute hypothèse, de sorte que ce que nous avons dit relativement à la mesure des longitudes est encore vrai en dehors de l'hypothèse de la sphéricité de notre globe.

65. Équateur, parallèles, méridiens dans l'hypothèse où la terre n'est pas sphérique. — Si la terre n'est pas une sphère parfaite, la propriété fondamentale de la sphère disparaît, les verticales ne sont plus des rayons, et les cercles que nous avons imaginés précédemment deviennent impossibles. Cependant on a conservé à certaines lignes tracées sur la surface des dénominations analogues à celles que nous avons employées précédemment.

On appelle *équateur terrestre* l'ensemble des points dont la latitude est zéro. Un parallèle *terrestre* est une ligne qui passe par tous les points ayant même latitude. Les *pôles* de la terre sont les deux points dont la latitude est de 90°.

Qu'on imagine maintenant une ligne passant par tous les points qui ont même longitude, on aura ce qu'on appelle une *méridienne*. Les plans méridiens des divers lieux appartenant à une méridienne ne forment pas nécessairement un seul et même plan, comme cela arrive dans l'hypothèse de la sphéricité parfaite de la terre ; mais, pour tous les points d'une même méridienne, les différents plans méridiens sont tous parallèles entre eux, car ils sont tous parallèles à l'axe de rotation de la terre et font le même angle avec le même plan méridien pris pour origine.

66. Hypothèse d'une surface de révolution. — Nous avons dit comment *Newton* et *Huyghens* avaient été conduits par des considérations théoriques à assimiler le globe terrestre à un ellipsoïde de révolution autour de la ligne des pôles. Admettons que ce soit là la véritable forme de la terre et voyons ce que deviennent, dans cette hypothèse, les parallèles terrestres et les méridiennes (fig. 51).

Soit PP' la ligne des pôles et PEP' la demi-ellipse génératrice. Un point quelconque M de la courbe décrit une circonférence de cercle dont le plan est perpendiculaire à l'axe et dont le centre I se trouve sur l'axe. La normale menée à l'ellipse au point M est emportée dans le mouvement de rotation et ne cesse pas d'être normale à la surface engendrée, quel que soit le point de la courbe. Les verticales des différents points de la circonférence MM' faisant un angle constant avec la ligne des pôles, on en conclut que tous ses points ont même latitude ; la courbe MM' est donc un parallèle terrestre. L'équateur terrestre est engendré par le point E, extrémité du grand axe de l'ellipse génératrice. En effet, pour tous les points de ce parallèle, la verticale est perpendiculaire à la ligne des pôles ; tous ces points ont donc pour latitude zéro. Ainsi, dans notre dernière hypothèse, comme dans celle de la sphéricité de la terre, l'équateur et les parallèles terrestres sont déterminés par des plans perpendiculaires à l'axe ; ce sont des circonférences de cercle.

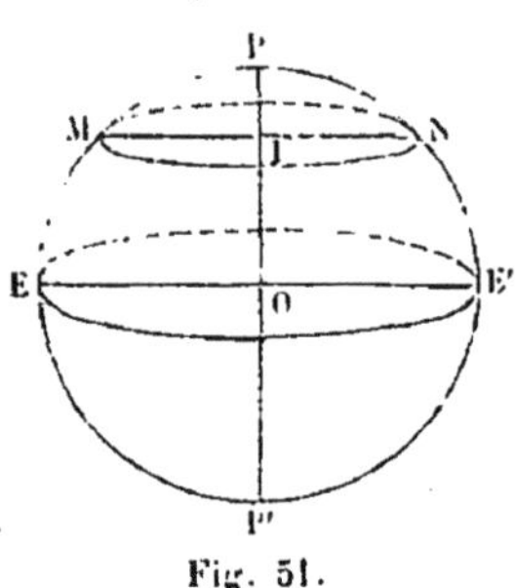

Fig. 51.

Il n'est pas plus difficile de montrer que la courbe PEP' engendre les différentes méridiennes. En effet, dans quelque position qu'on prenne la courbe, les plans méridiens de ses différents points se confondent tous avec le plan de la courbe, puisque celui-ci contient la ligne des pôles et la verticale d'un point quelconque. La longitude est donc la même pour tous les points de la courbe ; c'est donc une méridienne, d'après la définition que nous avons donnée de cette ligne.

67. Marche a suivre pour déterminer la vraie figure de la terre. — Nous nous trouvons ainsi placés entre deux hypothèses : ou la terre est sphérique, ou sa surface est celle d'un ellipsoïde de révolution, ou peut-

être même une surface plus compliquée. Comment choisir entre ces deux hypothèses? La marche à suivre est toute naturelle. Elle consiste à mesurer des arcs de méridienne à différentes latitudes et à comparer entre eux les résultats obtenus. Si la longueur de l'arc de 1° reste la même à toutes les latitudes, c'est que la méridienne est circulaire, et par conséquent la terre est sphérique. Si, au contraire, la longueur obtenue par l'arc de 1° présente des différences sensibles aux différentes latitudes, c'est que la terre n'est pas sphérique. Il nous resterait alors, dans ce dernier cas, à chercher la forme exacte d'une méridienne.

68. Évaluation du nombre de degrés contenus dans un arc de méridienne. — La mesure d'un arc de méridienne se compose de deux parties : 1° l'évaluation du nombre de degrés contenus dans cet arc ; 2° l'évaluation de sa longueur; occupons-nous d'abord de la graduation.

Si la méridienne était circulaire, l'angle des verticales menées aux extrémités de l'arc donnerait sa graduation, mais nous ne pouvons raisonner dans cette hypothèse, puisque ce serait supposer le problème résolu.

Soit AB l'arc de méridienne dont nous voulons évaluer la graduation (fig. 52). Par les deux points A et B que nous supposons suffisamment rapprochés et un troisième point intermédiaire C faisons passer un arc de cercle ; nous pouvons admettre que cet arc de cercle se confond avec l'arc AB. Soit O le centre de l'arc de cercle, OA et OB les rayons menés aux extrémités. Les deux arcs se confondant, les tangentes et les normales sont les mêmes ; il en résulte que OA et OB sont les normales menées aux extrémités de l'arc AB de la méridienne ; on aura donc la graduation de l'arc en le regardant comme un arc de cercle dont le centre est au point de rencontre des normales menées aux deux extrémités. Nous supposons ici que les normales se rencontrent, ce qui veut dire implicitement que l'arc AB appartient à une courbe plane. Cette supposition est permise, indépendamment de toute idée sur la forme de la terre. En effet, quelle que soit la distance des points A et B, leurs plans méridiens sont parallèles et l'on peut admettre que ces deux plans se confondent si les deux points A et B sont assez rapprochés.

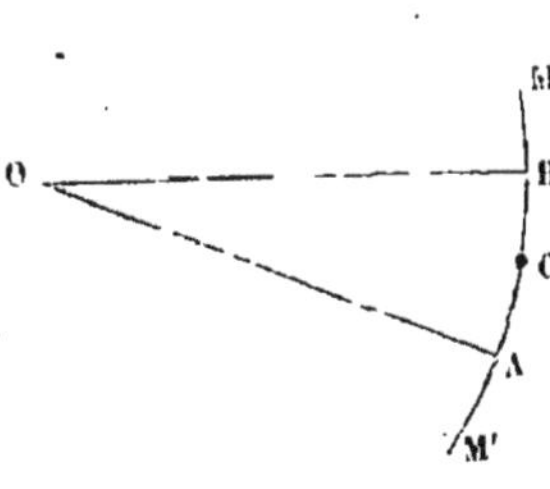

Fig. 52.

Cela posé, il est facile de voir que l'angle des verticales est égal à la différence des latitudes des deux points A et B (fig. 53). Puisque nous admettons que les plans méridiens de ces deux points se confondent, les deux verticales AO et BO déterminent ce plan, lequel contient la ligne des pôles ; soit OP cette ligne. La perpendiculaire OE menée par le point O à la ligne OP fournit la trace de l'équateur sur le plan du méridien astronomique: AOE et BOE sont donc les latitudes respectives des deux points A et B ; par suite, l'angle AOB des normales est égal à la différence des latitudes de ces deux points.

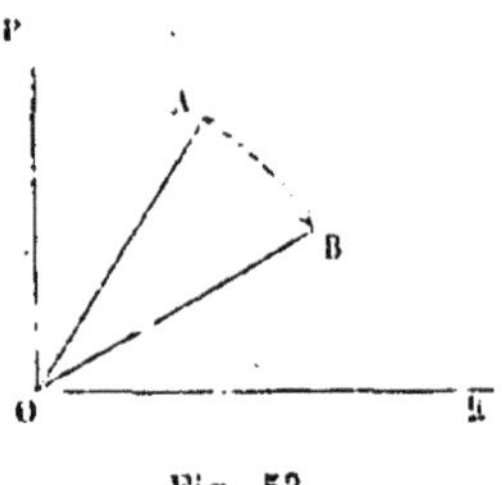

Fig. 53.

Quand bien même la distance des deux points A et B serait trop grande pour qu'on pût admettre que les méridiens astronomiques de ces deux points se confondent, l'angle des verticales n'en resterait pas moins égal à la différence des latitudes des deux points extrêmes.

Soient AZ la verticale du point A, AP une parallèle à la ligne des pôles, et AE la trace du plan de l'équateur sur le plan méridien du point A (fig. 54). Soient BZ′ la verticale du point B, BP′ la parallèle à l'axe du monde, et BE′ la trace du plan de l'équateur sur le méridien astronomique du point B. Les plans des méridiens étant parallèles, puisque les points A et B appartiennent à la même méridienne, si nous menons BZ_1 parallèle à AZ, cette parallèle sera tout entière dans le plan P′BE′ ; or, nous avons : $Z_1BZ' = Z_1BE' - Z'BE'$. Mais Z_1BZ' est l'angle des verticales des deux points A et B ; Z_1BE' est la latitude du point A et $Z'BE'$ celle du point B ; notre théorème se trouve donc encore démontré dans ce cas.

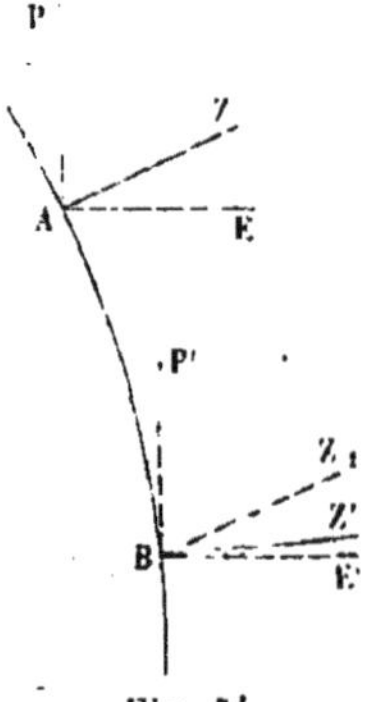

Fig. 54.

Ainsi, quelle que soit la forme de la surface, on évaluera le nombre des degrés contenus dans un arc de méridienne en prenant la différence des latitudes des extrémités de cet arc.

69. Mesure de la longueur d'un arc de méridienne. — Il nous reste maintenant à indiquer comment on peut obtenir la longueur d'un arc de méridienne dont on connaît la graduation. Soit AB la portion de méridienne à mesurer (fig. 55). Si le terrain est uni dans les environs du point A, on jalonne une base AC que l'on mesure avec le plus grand soin; puis on choisit,

de part et d'autre de l'arc AB, des stations D, E, F, G telles que de chacune d'elles on puisse apercevoir les stations voisines. Supposons ces différents points reliés entre eux par des arcs de manière à former ce qu'on appelle un *réseau* de triangles.

L'opérateur placé en A a mesuré avec le théodolite les angles CAD et CAM ; se transportant ensuite en C, il a mesuré les angles ACD et DCE ; en D, il a mesuré les angles CDE et EDF ; en E, les angles DEF et GEF, etc.

Cela posé, on connaîtra dans le triangle CAD le côté CA et les deux angles adjacents ; on pourra donc *résoudre* ce triangle et calculer le côté CD. Mais dans le triangle CAM on connaîtra aussi le côté CA et les deux angles adjacents ; on pourra donc calculer la partie AM de la méridienne, en même temps que le côté CM et l'angle CMA. CD et CM étant connus, leur différence donnera MD ; par suite on pourra résoudre le triangle MDN dans lequel on connaîtra le côté MD et les deux angles adjacents. On obtiendra ainsi la deuxième partie MN de la méridienne et l'on aura soin de calculer DN et l'angle MND. On résoudra ensuite le triangle CDE dont on connaît le côté CD et les deux angles adjacents, et l'on calculera le côté DE de ce triangle. Par suite, on connaîtra NE = DE — DN ; on pourra donc résoudre le triangle NEP et calculer la troisième partie NP de la méridienne. En procédant ainsi, de proche en proche, on arrivera à calculer par parties la longueur de la méridienne AB.

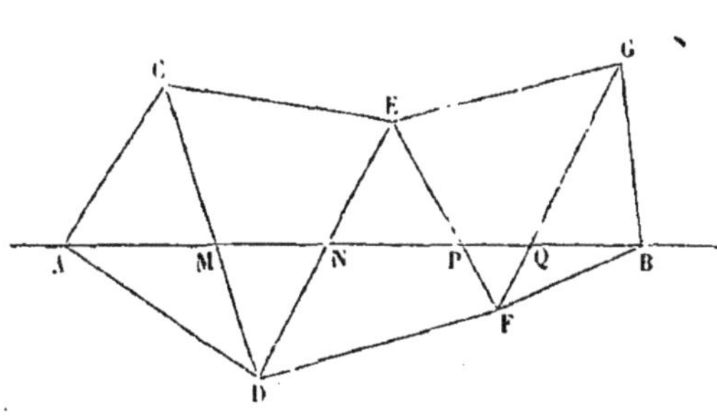

Fig. 55.

S'il n'était pas possible de mesurer directement la base AC, on en mesurerait une autre dans le voisinage du point A ; mais alors il faudrait relier cette dernière au réseau principal par un réseau auxiliaire, dont on calculerait les éléments par la méthode que nous venons d'indiquer.

70. Calcul du rayon de l'arc de méridienne. — Nous avons supposé que l'arc de méridienne se confondait avec un arc de cercle ; maintenant que nous savons déterminer la graduation et la longueur de l'arc, il est facile de calculer le rayon du cercle auquel il appartient. Représentons par l la longueur de l'arc et par n sa graduation, expri-

mée par un nombre entier ou fractionnaire de degrés. La longueur de l'arc de 1° est égale à $\frac{l}{n}$; or, si nous appelons r le rayon cherché, nous aurons aussi $\frac{\pi r}{180}$ pour l'expression de l'arc de 1°. Donc $\frac{\pi r}{180} = \frac{l}{n}$, et par suite

$$r = \frac{180.l}{\pi.n}.$$

Si la méridienne était rigoureusement circulaire, r conserverait partout la même valeur. On a trouvé, au contraire, que r variait avec la latitude. L'hypothèse de la sphéricité parfaite de la terre doit donc être définitivement rejetée.

71. Valeur de l'arc de 1° a différentes latitudes. — En suivant les méthodes que nous venons d'exposer, on a pu obtenir les longueurs de l'arc de 1° à des latitudes croissantes, c'est-à-dire à des distances de plus en plus grandes de l'équateur. Voici quelques-uns des résultats obtenus :

Lieux où les degrés ont été mesurés.	Latitudes moyennes.	Longueurs de l'arc de 1°.
—	—	—
Pérou.	1° 31′ 1″	56 736ᵀ,81
Inde.	12° 32′ 21″	56 762 ,30
France et Espagne. .	46° 8′ 6″	57 024 ,64
Angleterre.	52° 2′ 20″	57 066 ,06
Laponie.	66° 20′ 10″	57 196 ,16

On voit, en consultant ce tableau, que la longueur de l'arc de 1° croît à mesure qu'on se rapproche du pôle. Sans doute les différences sont petites, mais leur constance ne permet pas de douter de l'aplatissement de la terre.

72. Vérification de l'hypothèse du méridien elliptique. — La longueur de l'arc de 1° allant en augmentant à mesure qu'on s'éloigne de l'équateur pour se rapprocher du pôle, on en conclut que le rayon de l'arc de cercle, que nous supposons être confondu avec celui de la méridienne, va aussi en augmentant dans le même sens, car on sait que la longueur des arcs semblables, c'est-à-dire de même graduation, varie proportionnellement au rayon. On peut d'ailleurs calculer ces différents rayons avec les formules. Nous allons maintenant faire voir

qu'il est possible de déduire des mesures effectuées le tracé exact de la courbe méridienne.

Prenons, en effet, une longueur arbitraire OA$=r$ pour représenter le rayon connu de l'équateur; du point O comme centre, avec ce rayon, décrivons un arc de cercle sur lequel nous porterons un certain nombre de degrés, n par exemple; soit AA' cet arc (fig. 56). Nous pouvons calculer le rayon de l'arc suivant A'A'', qui aurait la même graduation n, puisque la longueur de cet arc a été mesurée; le nouveau rayon sera donné par la proportion

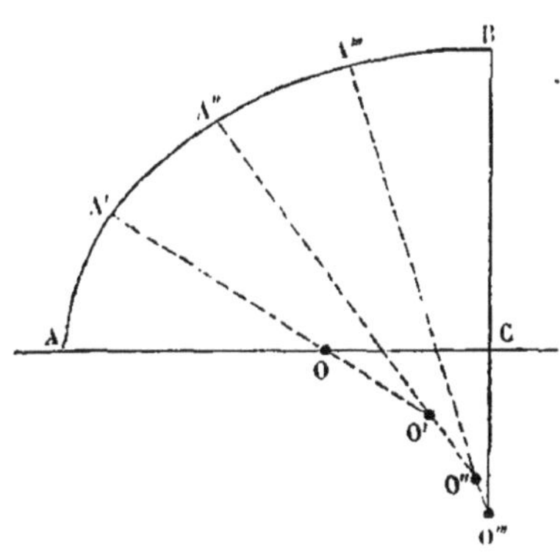

Fig. 56.

$$\frac{r'}{r}=\frac{\text{A'A''}}{\text{AA'}}.$$

Prenons alors sur A'O une longueur A'O' égale au nouveau rayon, et du point O' comme centre, avec O'A' pour rayon, décrivons un nouvel arc de cercle A''A''' sur lequel nous porterons n degrés. Calculons de même le rayon de l'arc suivant, et ainsi de suite, jusqu'à ce que nous ayons tracé le quart de la méridienne. Il sera facile de voir que la ligne AB se confond sensiblement avec un quart d'ellipse qui aurait CA pour demi grand axe et CB pour demi petit axe. Notre figure indique seulement la marche à suivre; il est évident que les constructions devraient être multipliées, si l'on voulait obtenir un tracé plus exact de la courbe méridienne.

Nous arrivons donc à cette conclusion, que la méridienne est une ellipse; par suite, nous pouvons admettre que si la terre n'est pas rigoureusement un ellipsoïde de révolution, la différence n'est pas sensible. L'hypothèse qui a suivi les conceptions théoriques de Newton et de Huyghens présente donc l'accord le plus satisfaisant avec les faits.

73. Longueur du mètre. — Lorsque le gouvernement français décida, en 1792, de réformer le système des poids et mesures, on voulut rattacher l'unité fondamentale aux dimensions du globe terrestre. La commission scientifique chargée de la réforme, jugeant que les mesures précédemment exécutées étaient insuffisantes, confia à *Delambre* et à *Méchain* le soin de mesurer l'arc de la méridienne qui traverse la France de *Dunkerque* à *Barcelone*. Cette nouvelle mesure, combinée

avec celle du Pérou effectuée en 1736 par *Gaudin*, *Bouguer* et *la Condamine*, et celle de la Laponie, effectuée par *Maupertuis*, *Camus*, *Lemonnier* et *Outhier*, donna 5 130 740 toises pour la longueur du quart du méridien. La dix-millionième partie de cette longueur fut choisie pour constituer la nouvelle unité de longueur, à laquelle on donna le nom de *mètre*, dont la valeur fut ainsi fixée à $0^{T},513074$ ou 3 pieds, 0 pouce, 11 lignes, 296.

74. Éléments de l'ellipsoïde terrestre ; aplatissement. — On appelle aplatissement le rapport de la différence entre le rayon équatorial et le rayon polaire au rayon équatorial. Dans le principe, on avait supposé que cet aplatissement était égal à $\frac{1}{334}$. Mais de nouvelles mesures ont été exécutées dans notre siècle. *Biot* et *Arago* ont prolongé la méridienne de France jusqu'à Formentera, une des Baléares. D'autres savants ont opéré des triangulations en Angleterre, en Russie, en Allemagne, aux Indes. La combinaison de ces travaux a permis de déterminer avec une grande précision la forme et les dimensions de la terre. L'astronome allemand *Bessel* en a déduit les résultats suivants, qu'on peut regarder comme les plus exacts que l'on possède aujourd'hui.

La longueur du quart du méridien est de $5\,131\,180^{T}$, avec une incertitude de 256^{T} en plus ou moins ; cette valeur est supérieure à celle qui avait été adoptée par la commission des poids et mesures. Le mètre légal est donc trop faible de $0^{l},038$ environ ; cette erreur n'ôte évidemment aucun avantage au système métrique ; seulement, notre unité linéaire n'est pas rigoureusement égale à la dix-millionième partie du quart du méridien terrestre.

Le demi-axe équatorial $a = 3\,272\,077$ toises ou 6 377 398 mètres.

Le demi-axe polaire $b = 3\,261\,139$ toises ou 6 356 080 mètres.

On en conclut pour l'aplatissement :

$$\frac{a-b}{a} = \frac{1}{299}.$$

Ainsi, la différence des deux demi-axes est environ la 300e partie du plus grand.

Pour nous représenter l'effet que cet aplatissement produirait sur la vue, figurons-nous la terre sous la forme d'un globe dont le rayon équatorial aurait 299 millimètres ; ce globe aurait 298 millimètres de rayon aux pôles, différence complétement insensible à la vue.

Nous pouvons donc, dans la plupart des cas, regarder approximativement la terre comme une sphère parfaite, prendre 10000000 de mètres pour la valeur du quart du méridien terrestre, et supposer le rayon de la terre égal à 6366 kilomètres. Ajoutons que, quand les astronomes prennent le rayon de la terre pour unité de longueur, il s'agit toujours du rayon équatorial, lequel est, ainsi que nous l'avons dit plus haut, égal à 6377398 mètres.

75. Surface, volume et poids de la terre. — Nous dirons quelques mots sur la forme et les dimensions de la terre; nous les empruntons à l'excellent ouvrage de M. *Amédée Guillemin.*

« On se fera une idée de la courbure de la surface du globe sur une étendue limitée de pays, par les résultats suivants : un voyageur qui part d'un point donné et s'en éloigne, s'abaisse en réalité de plus en plus au-dessous de l'horizon de ce point. Quand il aura parcouru 111 kilomètres, longueur d'un degré, il se trouvera à 971 mètres au-dessous du point de départ, abstraction faite des différences de niveau provenant de la pente ou des inégalités de terrain. L'horizon de Paris, prolongé jusqu'à Marseille, planerait au-dessus de cette ville à une hauteur de plus de 30080 mètres, ou de 7 lieues et demie.

» En raison de l'aplatissement des pôles, la circonférence d'un méridien est plus courte que celle de l'équateur d'environ 67 kilomètres. La première mesure 40003414 mètres, la seconde 40070376 mètres.

» Il résulte des nombres qui précèdent, que la surface de la terre entière est d'environ 510 millions de kilomètres carrés. Comme celle de la France est de 53 millions d'hectares, elle n'est guère plus de la millième partie de la surface totale. De cette immense étendue, les mers réunies embrassent plus des trois quarts, l'autre quart comprend les terres : les continents et les îles. Or, il est curieux de voir que tout un hémisphère du globe terrestre renferme les terres, tandis que l'autre hémisphère est presque tout entier occupé par les eaux. Prenez un globe, placez-le de manière qu'il se présente à vous, avec Paris pour point central, et éloignez-vous à distance. Vous apercevrez sur l'hémisphère tourné vers vous, l'Europe, l'Asie et l'Afrique entière, l'Amérique du Nord et une partie de l'Amérique du Sud. Placez-vous au contraire à l'opposé, en face des antipodes de Paris, et sauf la Nouvelle-Hollande et la pointe inférieure de l'Amérique méridionale, vous verrez un hémisphère presque entièrement couvert par l'Océan çà et là parsemé de petites îles.

» Si de l'évaluation de la surface du globe, on passe à celle du volume et du poids, on arrive à des nombres dont il est difficile de se

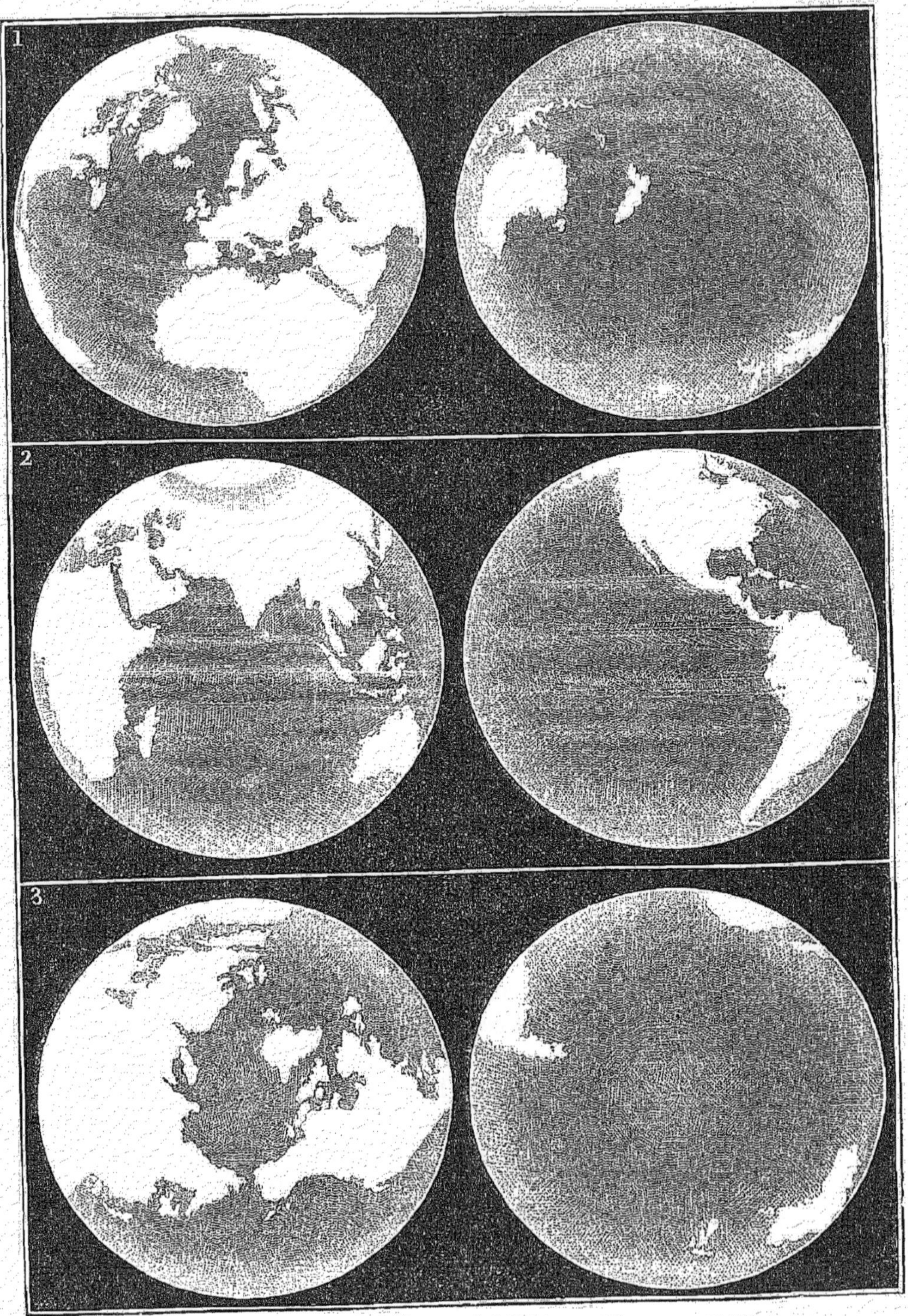

LA TERRE VUE DE L'ESPACE.

1. Hémisphère terrestre et hémisphère aqueux. — 2. La terre vue en face de l'équateur. — 3. Hémisphères vus en face des pôles.

faire une idée juste, tant ils s'élèvent au-dessus de nos appréciations habituelles.

» Concevons un volume cubique de 1000 mètres en longueur, largeur et hauteur; c'est ce qu'on nomme un kilomètre cube. Le sphéroïde terrestre contient plus de mille milliards de volumes pareils! Des expériences et des calculs dans lesquels il serait trop long d'entrer ont établi la densité moyenne de la matière qui forme la terre; nous disons la densité moyenne, parce que les différentes couches sont spécifiquement d'autant plus lourdes que de la surface elles approchent plus du centre. Cette densité est telle, qu'à égalité de volume la matière terrestre pèse près de cinq fois et demie autant que l'eau. On évalue au double la densité des parties centrales.

» De là, pour le poids de la terre entière, le nombre énorme de 5875000000000000000000 tonnes de 1000 kilogrammes.

» Telles sont les dimensions, telle est la masse de la planète qui nous sert de demeure. Que sont en comparaison, et considérées sous l'unique point de vue de la matière, les œuvres du travail humain, individuel et collectif? Bien peu de chose, on en conviendra.

» Cependant cette sphère qui nous paraît si colossale n'est qu'une des moyennes planètes du système solaire, n'est qu'un grain de sable vis-à-vis de notre étoile centrale, un point perdu dans l'espace où se meut le monde qui les comprend tous. Quelle idée devrons-nous donc nous faire de la profondeur des espaces célestes, lorsque, nous élançant plus tard hors de notre groupe, nous verrons que ce vaste ensemble n'est lui-même qu'un atome au sein de l'univers visible? »

76. Atmosphère; sa constitution et son poids. — La terre est entourée de toutes parts d'un gaz indispensable à notre existence. A quelque hauteur que l'on se soit élevé, on a toujours trouvé de l'air, mais il est certain que cet air ne s'étend pas indéfiniment dans l'espace; il ne forme autour de nous qu'une couche à laquelle on a donné le nom d'*atmosphère*. Elle fait corps avec le globe terrestre, c'est-à-dire qu'elle est entraînée avec lui et participe à tous ses mouvements.

La composition de l'air paraît être constante dans toutes les régions et à toutes les hauteurs. C'est un mélange d'*oxygène* et d'*azote* dans la proportion de 20,80 volumes d'oxygène pour 79,20 d'azote, et en poids de 23 parties d'oxygène pour 77 d'azote. Il contient en outre de la vapeur d'eau et quelques traces d'acide carbonique.

L'atmosphère jouit de toutes les propriétés des gaz. Son élasticité et sa densité diminuent à mesure qu'on s'élève davantage. Cela s'explique facilement : comme tous les gaz, l'air est un corps pesant, par suite les couches inférieures doivent être plus denses et plus fortement comprimées que les couches supérieures dont elles supportent le poids. A mesure qu'on s'approche des limites de l'atmosphère, on doit rencontrer des couches excessivement dilatées et dont l'élasticité est très-faible. S'il en était autrement, elles se dissiperaient dans l'espace, malgré l'influence de la pesanteur. La température des couches atmosphériques diminue de 1° par 150^m ou 200^m d'élévation, jusqu'à 7000^m environ de hauteur. On suppose que la décroissance est ensuite moins rapide et que les dernières couches ont une température qui ne descend pas au-dessous de — 60°.

Le poids de l'atmosphère peut être déterminé approximativement par les considérations suivantes : la pression atmosphérique est équilibrée par une colonne de mercure de 76^c de hauteur, ou, ce qui revient au même, par une colonne d'eau de 10^m,334. Par conséquent, la pression totale exercée sur la surface de la terre, c'est-à-dire le poids de l'atmosphère, égale celui d'une colonne d'eau qui aurait pour base la surface de la terre et pour hauteur 10^m,335. r désignant le rayon de la terre égal à 6 366 198^m, nous aurons donc pour l'expression du poids de l'atmosphère en tonnes : $4\pi r^2 \times 10,334$, ce qui fait environ 5 263 000 000 000 000, nombre tellement grand qu'il nous est impossible de nous en faire une idée; ce serait le poids de 585 000 cubes de cuivre ayant chacun 1 kilomètre de côté. C'est à peu près la millionième partie du poids de la terre solide et liquide.

77. Lumière diffuse. — L'air nécessaire à notre respiration a encore un autre rôle excessivement important. C'est grâce à lui que nous sommes éclairés pendant le jour, lorsque le soleil ne nous envoie pas directement ses rayons. En effet, les molécules de l'air réfléchissent dans tous les sens les rayons lumineux qui tombent sur leur surface, que cette lumière leur vienne directement du soleil, ou qu'elle provienne de réflexions antérieures; c'est ce qu'on appelle la *lumière diffuse*.

Si nous n'avions pas d'atmosphère, tous les points de la terre qui ne seraient pas directement éclairés par le soleil, ou qui ne recevraient pas les rayons réfléchis par le sol, seraient plongés dans une obscurité complète. La couleur bleue du ciel, qui n'est autre chose que la couleur de l'air vu sous une grande épaisseur, disparaîtrait et le ciel serait complétement noir; on pourrait alors, en plein midi, apercevoir les étoiles et les planètes. Enfin, on passerait brusquement du jour à la nuit immédiatement après le coucher du soleil, de même que le jour succéderait sans transition à la nuit aussitôt que le soleil reparaîtrait à l'horizon.

78. Hauteur de l'atmosphère. — Si l'atmosphère était homogène, il serait facile de calculer sa hauteur. En effet, l'air étant 10460 fois plus léger que le mercure, l'épaisseur de la couche d'air équilibrée par une colonne de mercure de 76c serait évidemment : 76×10460, ou 7050 mètres environ. Mais ce n'est là évidemment qu'une limite inférieure, puisque la densité de l'air va en diminuant à mesure qu'on s'éloigne de la surface de la terre. Les calculs de Biot fondés sur les observations de Gay-Lussac, de Humboldt et de Boussingault assignent à l'atmosphère une épaisseur de 48 000 mètres ; c'est à peu près la cent trentième partie du rayon terrestre. Aussi a-t-on pu dire avec raison que le duvet qui recouvre une pêche a une épaisseur proportionnellement plus grande que l'atmosphère qui entoure notre globe.

79. Extinction de la lumière par l'atmosphère. — Forme surbaissée de la voute céleste. — Si l'atmosphère était parfaitement transparente, les rayons lumineux qui la traversent ne subiraient aucune extinction quelle que fût leur direction, mais il n'en est pas ainsi. L'air éteint en partie les rayons qui le traversent : et cette extinction va naturellement en croissant avec l'épaisseur de la couche d'air. Un rayon qui vient de l'horizon traverse une couche d'air 16 fois plus épaisse qu'un rayon qui vient du zénith ; voilà pourquoi nous pouvons, sans aucun danger pour notre vue, supporter l'éclat du soleil lorsqu'il est à l'horizon. Ajoutons que la lumière est encore affaiblie par les vapeurs opaques qui existent toujours dans les parties inférieures de l'atmosphère. D'après *Bouguer*, l'éclat du soleil est 1350 fois moindre à l'horizon qu'au zénith.

La lumière qui nous vient des objets terrestres situés à l'horizon ou des astres, au moment de leur lever, éprouvant un affaiblissement plus grand que celle qui nous est envoyée par des astres situés dans le voisinage du zénith, nous sommes disposés à croire que les derniers sont plus rapprochés de nous que les premiers. C'est à la différence des affaiblissements subis par la lumière qu'il faut attribuer la forme surbaissée que nous présente la voûte céleste. On a essayé d'expliquer cette forme en disant que dans le sens horizontal l'observateur trouve dans les objets terrestres des termes de comparaison qui lui permettent d'apprécier les distances, tandis que les termes de comparaison lui manquent dans le sens vertical. Mais cette explication ne saurait être admise, car l'illusion subsiste encore lorsque l'observateur ne peut apercevoir aucun objet terrestre dans la direction horizontale.

80. Réfraction atmosphérique. — La lumière se propage en ligne droite dans un milieu homogène, mais lorsqu'un rayon lumineux rencontre la surface de séparation de deux milieux dans une direction oblique, il éprouve en général une déviation à laquelle on a donné le nom de *réfraction*. Si l'on mène une *normale* à la surface de séparation de deux milieux au point où vient frapper le rayon incident, cette normale et le rayon déterminent un plan qu'on appelle *plan d'incidence*. Au lieu de continuer sa route en ligne droite, la lumière subit une déviation, et le rayon lumineux réfracté se rapproche ou s'éloigne de la normale, mais sans sortir du plan d'incidence. Il se rapproche de la normale si le passage a lieu d'une couche d'air dans une autre plus dense; il s'en éloigne dans le cas contraire.

Cela posé, on peut admettre que l'atmosphère est formée de couches concentriques dont la densité va en diminuant à mesure qu'on s'éloigne de la surface de la terre; soient S,S',S'',S''' les surfaces de séparation de ces différentes couches (fig. 57). Un rayon lumineux arrivant dans la direction LM se rapprochera de la normale en pénétrant dans la couche S'''S'' et suivra, par exemple, la direction MN. En N, il éprouvera une nouvelle déviation et suivra la direction NP dans la couche S''S'; enfin, il sera encore dévié en P et suivra la direction PO dans l'intérieur de la couche S'S, de sorte que l'observateur placé en O verra l'objet dans la direction OL'. En réalité, la lumière ne suit pas une ligne brisée, mais bien une ligne courbe, car les densités des couches d'air vont en augmentant par degré insensible, et l'observateur voit l'objet lumineux L dans la direction de la tangente en O à la trajectoire curviligne. L'image de l'astre ou sa position apparente n'indique donc plus sa position réelle. Pour l'observateur, la hauteur apparente de l'astre au-dessus de l'horizon est plus grande que la hauteur réelle.

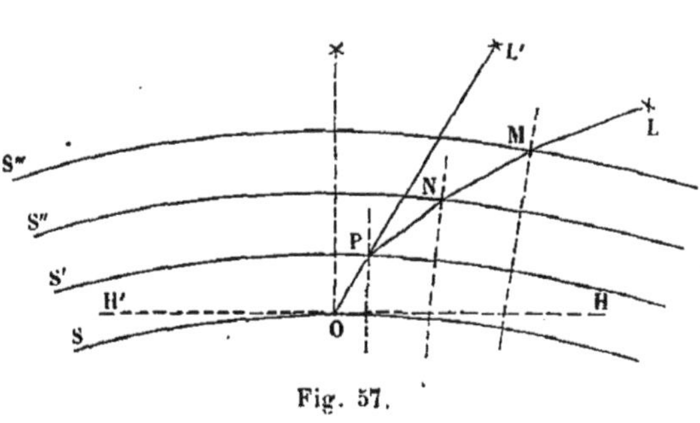

Fig. 57.

Tel est le phénomène auquel on a donné le nom de réfraction atmosphérique. Tous les astres se trouvent ainsi déplacés, et comme l'erreur est d'autant plus considérable que les couches traversées sont plus épaisses et se présentent plus obliquement au rayon lumineux, il en résulte que les astres se trouvent inégalement relevés.

Plusieurs géomètres, parmi lesquels il faut citer *Laplace*, se sont occupés de la réfraction atmosphérique. Leurs travaux ont permis de construire une table qui présente un degré suffisant d'exactitude et qui donne les valeurs de la réfraction moyenne pour toutes les hauteurs apparentes. Nous donnons ici quelques-uns des nombres consignés dans cette table :

Hauteur apparente.	Réfraction.	Hauteur apparente.	Réfraction.
0°	33′ 47″,9	40°	1′ 9″,4
5°	9′ 54″,9	60°	33″,7
10°	5′ 20″,0	80°	10″,3
20°	2′ 38″,9	90°	0″,0

Si la hauteur apparente d'un astre est de 40°, par exemple, il faut de la hauteur observée retrancher la réfraction correspondante, c'est-à-dire 1′ 9″, 4. Ce qui donne 39° 58′ 50″, 6 pour la hauteur vraie.

81. Vérification des valeurs assignées aux réfractions. — Si le phénomène de la réfraction déplace les astres, il ne faut pas oublier qu'il ne change rien à la position du vertical dans lequel ils se trouvent. Par conséquent, la réfraction ne peut altérer ni l'azimut de l'astre, ni l'heure de son passage au méridien, ni son ascension droite. Au contraire, il faut corriger la déclinaison et la distance polaire qui dépendent de la hauteur méridienne de l'astre. On peut déduire de cette remarque une vérification de l'exactitude des tables de réfraction. En effet, si l'on cherche à déterminer la hauteur du pôle par l'observation de la Polaire, on trouve pour les hauteurs apparentes aux moments du passage supérieur et du passage inférieur :

Passage supérieur.	50° 20′ 7″,
Passage inférieur.	47° 22′ 1″.

Les tables de réfraction indiquent pour la première une correction de 48″ et pour la seconde une correction de 54″, ce qui fournit pour les hauteurs vraies :

Passage supérieur.	50° 19′ 19″,
Passage inférieur.	47° 21′ 7″,

et par suite pour la hauteur du pôle au-dessus de l'horizon : 48° 50′ 18″.

Prenons maintenant une autre étoile, α de la Grande Ourse par exemple.

Les hauteurs apparentes sont :

Passage supérieur.	76° 17′ 12″.
Passage inférieur	21° 25′ 56″.

Les tables de réfraction indiquent pour la première une correction de 14″ et pour la seconde une correction de 2′ 28″, de sorte que les hauteurs vraies sont :

Passage supérieur.	76° 16′ 58″,
Passage inférieur.	21° 23′ 28″,

ce qui donne encore pour la hauteur du pôle au-dessus de l'horizon 48° 50′ 13″. Il est bien évident que les résultats auraient été en désaccord si les tables de réfraction avaient indiqué des corrections inexactes.

Fig. 58. — Aplatissement du disque du soleil par la réfraction.

82. Aplatissement du disque du soleil par la réfraction atmosphérique. — Lorsque le soleil ou la lune se trouvent à l'horizon, les

rayons lumineux qui partent du bord inférieur subissent une réfraction plus forte que ceux qui partent du bord supérieur; les parties inférieures du disque lumineux sont donc plus fortement relevées. Il en résulte que l'astre, déjà aplati dans sa moitié supérieure, l'est plus encore dans sa moitié inférieure (fig. 58). Notre figure reproduit ce phénomène facile à observer au moment du lever et du coucher de la lune et du soleil.

CHAPITRE III

CARTES GÉOGRAPHIQUES

83. Globes terrestres. — L'étude que nous avons faite précédemment de la forme de la terre nous a permis de conclure que si l'on voulait représenter notre sphéroïde par un ellipsoïde de révolution, celui-ci produirait sur l'œil le même effet qu'une sphère. Aussi, est-ce cette dernière forme qu'on donne habituellement aux globes terrestres. Ceux-ci sont montés de la même manière que les globes célestes, afin que l'observateur les fasse tourner à volonté autour de la ligne des pôles, de manière à pouvoir examiner successivement les différentes parties. La construction est aussi la même que pour les globes célestes; on commence par tracer les méridiens et les parallèles terrestres qui correspondent aux cercles de déclinaison et aux parallèles célestes. Une fois ce canevas tracé, on place facilement les différents points à l'aide des longitudes et des latitudes.

84. Cartes géographiques. — Les globes terrestres ont l'avantage de montrer la terre telle qu'elle est, mais ils ne sont pas facilement transportables, et comme on ne peut leur donner que de faibles dimensions, ils ne conviennent que lorsqu'on veut tracer les grandes divisions du globe. Il a donc fallu chercher à représenter sur des surfaces planes des portions plus ou moins étendues de la surface de la terre; tel est le but des *cartes géographiques*. Une partie quelconque de la sphère ne pouvant être développée sur un plan sans déchirures ni duplicatures, il en résulte qu'on ne peut obtenir une représentation exacte. On a, pour diminuer autant que possible les déformations, imaginé plusieurs systèmes; les uns et les autres ont leurs inconvé-

nients. Nous exposerons d'abord les systèmes orthographique et stéréographique en les appliquant à la construction des *mappemondes.* On appelle ainsi une carte destinée à représenter un hémisphère entier; ordinairement, on place l'un à côté de l'autre les dessins qui représentent les deux hémisphères. Nous dirons ensuite quelques mots du système adopté pour la carte de France et du développement des cartes marines.

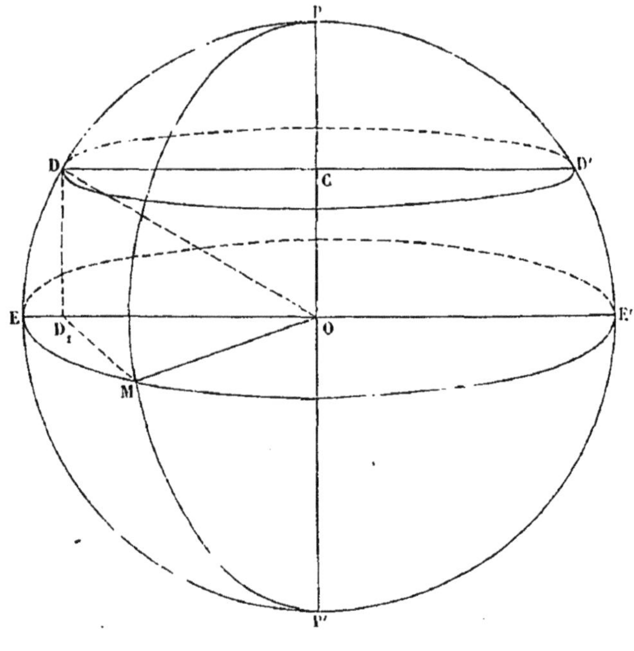

Fig. 59.

85. PROJECTIONS ORTHOGRAPHIQUES. — On appelle projection *orthographique* d'un point de la surface de la terre le pied de la perpendiculaire abaissée de ce point sur le plan d'un grand cercle auquel on donne le nom de *plan de projection.* Le plus souvent, on choisit pour plan de projection celui de l'équateur ou celui d'un méridien : nous examinerons successivement ces deux cas.

1° *Projection orthographique sur l'équateur.* Soit PP' la ligne des pôles, EME' l'équateur, et PEP' le méridien pris pour origine. Les méridiens passant par une droite perpendiculaire au plan de projection sont tous perpendiculaires à ce plan; par suite, ils seront représentés par des droites. Quant aux parallèles, ils se projetteront en vraie grandeur, puisque leurs plans sont parallèles au plan de projection (fig. 59).

Cela posé, la construction du canevas, c'est-à-dire des projections des parallèles et des méridiens, n'offre plus aucune difficulté. Traçons en effet une circonférence de cercle avec un rayon arbitraire; ce sera l'équateur, et proposons-nous de projeter orthographiquement l'hémisphère boréal sur le plan de l'équateur. Le pôle boréal se projet-

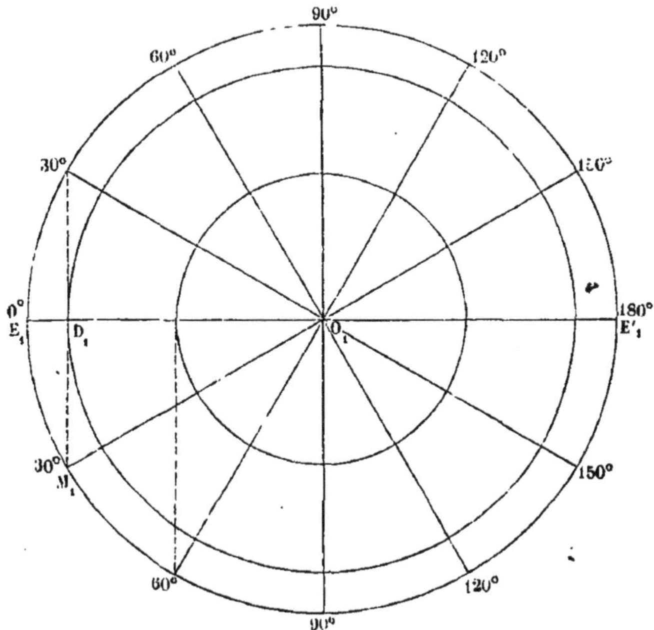

Fig. 60.

tera en O_1 au centre du cercle, et nous pourrons tracer une droite quelconque O_1E_1 pour représenter le méridien pris pour origine. Cette droite ne représente que le demi-méridien, l'autre moitié appartenant à l'hémisphère inférieur. Le demi-méridien perpendiculaire au méridien PEP' aura pour projection une droite perpendiculaire à O_1E_1 ; il sera ensuite facile, en partageant chaque demi-circonférence en un certain nombre de parties égales, à partir de $E_1E'_1$, d'obtenir autant de méridiens qu'on le voudra (fig. 60). Afin de ne pas charger la figure, nous les avons tracés seulement de 30 en 30 degrés.

Procédons maintenant au tracé des parallèles. La méthode étant générale, nous nous contenterons de projeter le parallèle de 30°. Ainsi que nous l'avons fait remarquer, le rayon CD se projette en vraie grandeur suivant OD_1; sa projection est le côté de l'angle droit du triangle rectangle ayant pour hypoténuse le rayon de la terre et dont l'angle D_1OD est égal à la latitude du parallèle; ce triangle est donc facile à construire. On peut encore expliquer la détermination du point D_1 sur la carte, en ayant recours à un mouvement de rotation facile à concevoir.

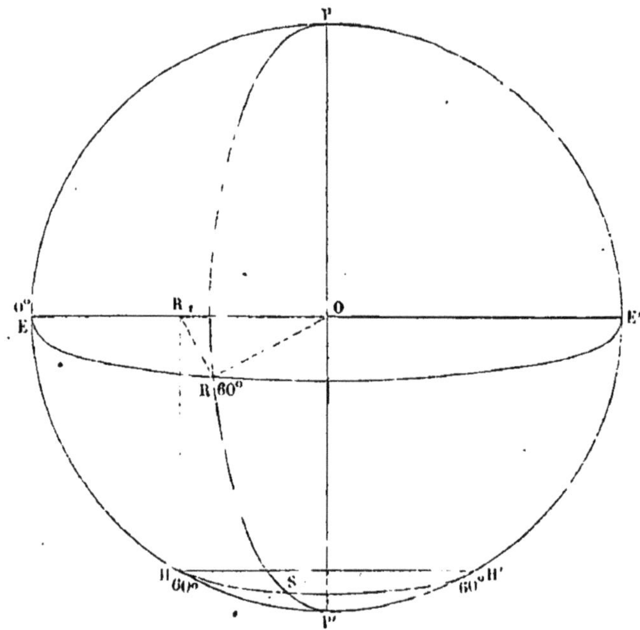

Fig. 61.

Supposons en effet que le plan du demi-méridien PE tourne autour de EO comme charnière, d'arrière en avant, jusqu'à ce qu'il soit rabattu sur le plan de l'équateur. Le pied D_1 de la perpendiculaire qui se trouve sur la charnière demeurera invariable et le point D viendra en M sur la circonférence de l'équateur à 30° du point E, de sorte qu'on n'aura plus qu'à abaisser la perpendiculaire MD_1 sur le diamètre EE' pour avoir le point cherché. Le point D_1 s'obtiendra donc sur la carte avec la plus grande facilité, puisqu'il suffira d'abaisser du point M_1, projection du point M, la perpendiculaire M_1D_1 à la droite O_1E_1. Une fois le point D_1 obtenu, on aura le parallèle en décrivant un cercle du point O_1 comme centre avec le rayon O_1D_1.

Tous les parallèles s'obtiendront de la même manière; une fois le réseau achevé, chaque point de la surface se placera ensuite au moyen de sa longitude et de sa latitude. Si les deux lignes dont l'intersection doit déterminer le point dont il s'agit ne font pas partie du réseau, on procède par voie d'interpolation.

2° *Projection orthographique sur le méridien de Paris.* Soit PEP′ le

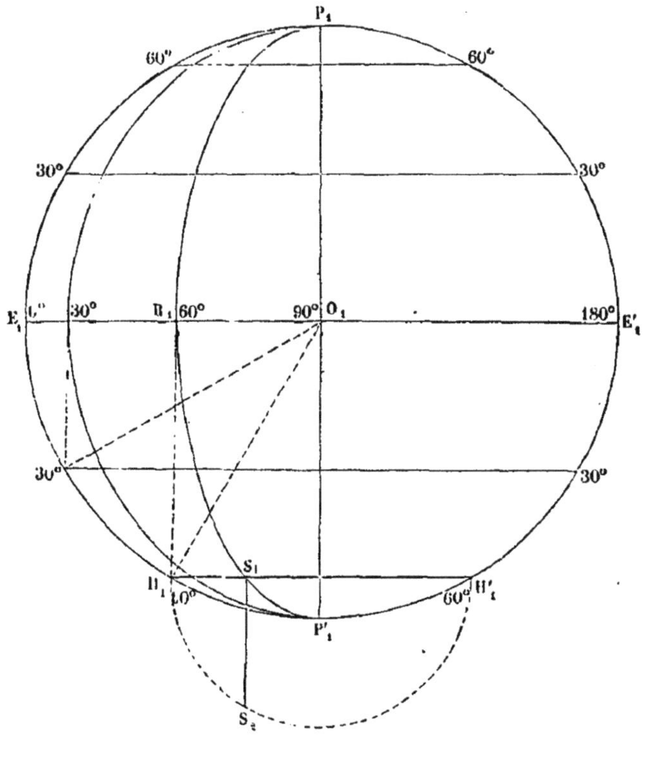

Fig. 62.

méridien de Paris. Supposons qu'on veuille projeter sur ce méridien l'hémisphère correspondant à la partie ERE′ de l'équateur (fig. 61). Ici, l'équateur et les parallèles sont perpendiculaires au plan de projection; ils se projetteront donc sur ce plan suivant des droites parallèles; les méridiens dont le plan est incliné par rapport au plan de projection se projetteront suivant des demi-ellipses. On exécutera alors le réseau de la manière suivante :

Soit $P_1E_1P_1'E_1'$ le plan de projection sur lequel on a tracé un cercle avec un rayon arbitraire; la circonférence représente les deux méridiens dont les plans coïncident et dont la différence en longitude est de 180°. P_1P_1' représentant la ligne des pôles, l'équateur aura pour projection la perpendiculaire E_1E_1'. Nous avons tracé seulement les parallèles de 30° en 30° appartenant à chaque hémisphère (fig. 62).

Le méridien dont le plan est perpendiculaire au méridien de Paris se confond avec la ligne des pôles. Projetons maintenant un méridien quelconque, celui de 60° par exemple. Nous avons déjà dit que ce méridien se projetait suivant une demi-ellipse, et comme on sait construire une ellipse lorsque l'on connaît ses axes, il nous suffira de les déterminer pour que le problème soit regardé comme résolu. Or, nous connaissons déjà le grand axe PP'; reste donc à déterminer le petit. Abaissons pour cela du point R la perpendiculaire RR_1 au plan de projection; cette perpendiculaire sera tout entière dans le plan ERE'; l'inconnue est OR_1. Or, c'est le côté de l'angle droit d'un triangle rectangle dont l'hypoténuse est le rayon de la terre et dont l'angle ROR_1 est égal à la longitude du point R. Par conséquent, nous obtiendrons sur la carte le point R_1 en menant par le point O_1 une droite faisant avec la ligne O_1E_1 un angle de 60° et en abaissant du point H_1 ainsi obtenu la perpendiculaire H_1R_1 sur E_1E_1'. Cette méthode, tout à fait générale, donnera les projections d'autant de méridiens qu'on le voudra. On pourrait encore avoir recours à un mouvement de rotation pour déterminer le point R_1. Supposons qu'on fasse tourner le plan de l'équateur autour de EE' comme charnière, jusqu'à ce que la partie extérieure soit rabattue sur EP'E'; le point R viendra en H et la perpendiculaire RR_1 prendra la position HR_1; il suffira donc, pour obtenir le point R_1 sur la carte, d'abaisser du point H_1, situé à 60° du point E_1, la perpendiculaire H_1R_1 sur E_1O; c'est précisément le résultat auquel nous avons été conduit précédemment.

La courbe $P_1R_1P_1'$ pourrait aussi se construire par points; ainsi, la position du point S_1, projection de S, s'obtiendra de la manière suivante : Le point S se trouve sur la demi-circonférence antérieure du parallèle HH', à 60° du point H, et sa projection n'est autre que le pied de la perpendiculaire abaissée de S sur l'intersection du plan du parallèle et du plan du dessin. Faisons tourner le plan du parallèle autour de HH' comme charnière, jusqu'à ce qu'il soit rabattu sur le plan du dessin. Le pied de la perpendiculaire sera invariable et le point S viendra se rabattre en S_2, à 60° du point H_1. Nous aurons donc S_1 en abaissant de S_2 la perpendiculaire S_2S_1 à H_1H_1'. Ce procédé étant évidemment général, quelle que soit la latitude du parallèle auquel appartient le point dont on cherche la projection, on pourra avoir ainsi autant de points qu'on le voudra de la demi-ellipse qui représente sur la carte le méridien dont la longitude est donnée.

86. Remarques sur les projections orthographiques. — Lorsque nous regardons le soleil ou la lune, c'est sous la forme d'une carte orthographique que nous voyons leur disque. En effet, à cause de la distance, les rayons visuels dirigés vers les différentes parties de l'astre peuvent être supposés parallèles et perpendiculaires au plan du cercle qui en détermine le contour apparent.

Ce système de projection a l'avantage d'offrir une représentation à peu près exacte des parties de l'hémisphère auxquelles correspondent les parties centrales de la carte; mais, dans le voisinage des bords, il y a nécessairement rétrécissement et déformation. Si l'on projette sur l'équateur, par exemple, on voit que la partie A (fig. 63) située dans le voisinage du pôle se projette à peu près en vraie grandeur, tandis que la partie B a une projection B′ beaucoup plus petite.

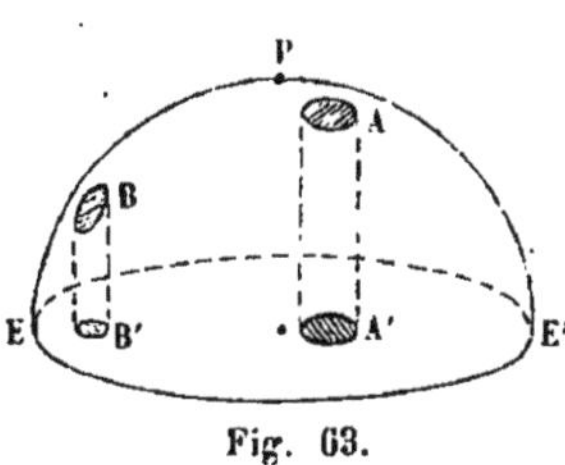

Fig. 63.

87. Projections stéréographiques. — Définissons d'abord la perspective d'un point sur un plan. Soient V la position de l'œil de l'observateur ou point de vue, T le plan du tableau et M le point dont on veut avoir la perspective. Joignons VM; le point m où la droite VM rencontre le plan T est dit la perspective du point M. Si l'on détermine les perspectives des différents points d'une figure, on aura la perspective de cette figure. Il résulte de ces définitions que la perspective d'une ligne droite ou d'une portion de figure plane dont le plan contient le point de vue est une ligne droite. On démontrerait aussi très-aisément que si une courbe et une droite sont tangentes dans l'espace, leurs projections stéréographiques sont tangentes; il suffit pour cela de regarder la tangente comme la limite des positions d'une sécante qu'on fait tourner autour d'un des points de section jusqu'à ce qu'ils se confondent.

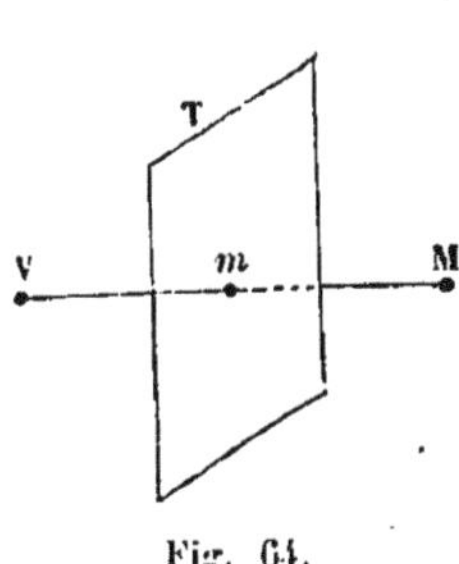

Fig. 64.

S'il s'agit de représenter, dans ce système, une partie quelconque A de la surface de la terre, on prendra pour plan du tableau un grand

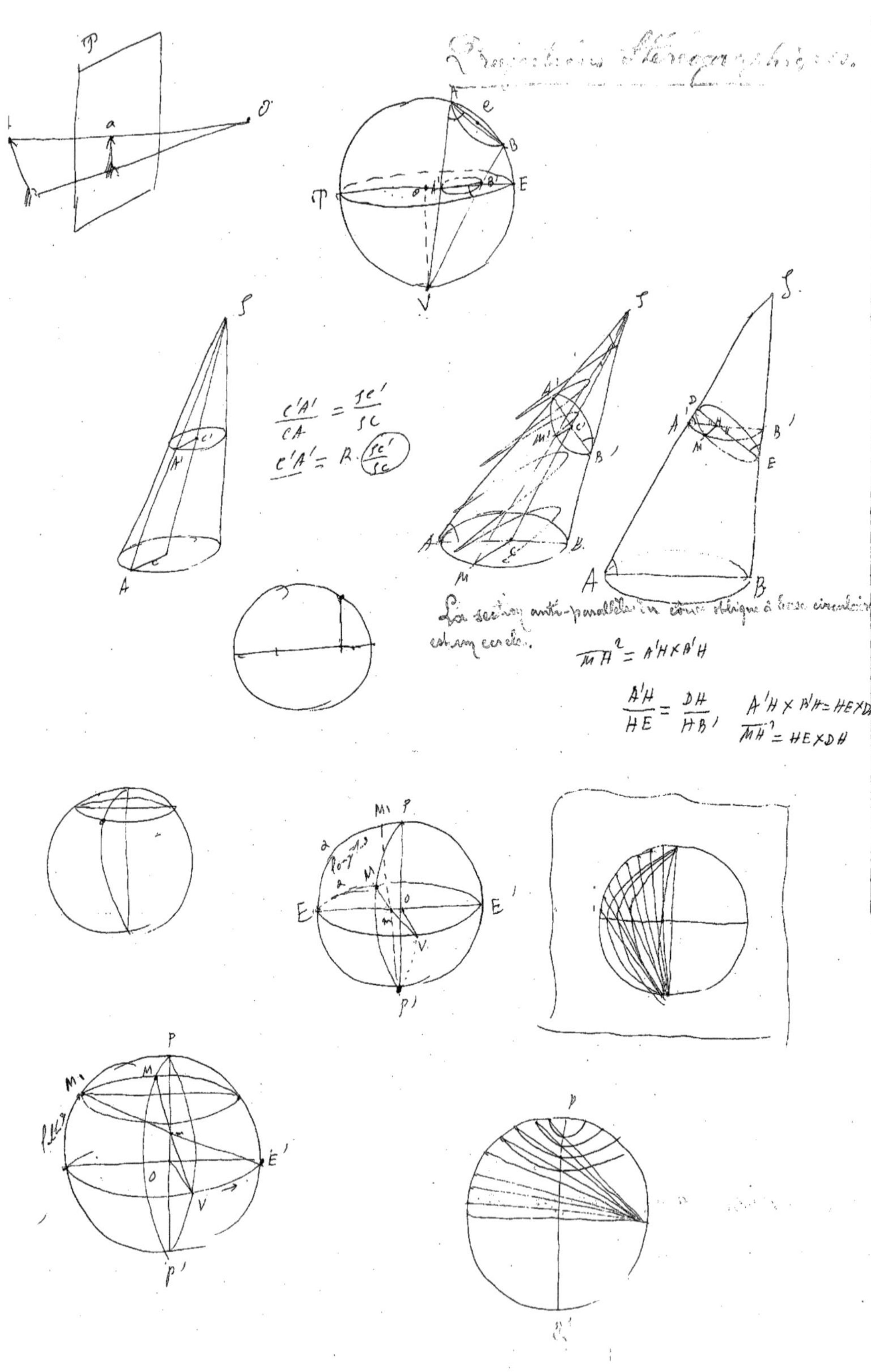
Projections stéréographiques.
C'A' / CA = SC' / SC
C'A' = R · SC' / SC
La section anti-parallèle du cône oblique à base circulaire est un cercle.
MH² = A'H × B'H
A'H / HE = DH / HB'
A'H × B'H = HE × DH
MH² = HE × DH

cercle TT′ de la sphère et pour point de vue l'extrémité V du rayon perpendiculaire à ce plan. Imaginons maintenant un cône ayant pour sommet le point V et pour base le contour de la partie superficielle A, l'intersection du plan TT′ et de la surface conique est ce qu'on appelle la *projection stéréographique* de la portion de surface considérée.

Quand on veut construire une mappemonde, on projette successivement chaque hémisphère sur le plan d'un grand cercle arbitrairement choisi. Nous allons indiquer la marche à suivre en prenant pour plan du tableau, soit le plan de l'équateur, soit le plan d'un méridien. Nous établirons auparavant deux propriétés remarquables des projections stéréographiques auxquelles nous aurons recours dans ce qui va suivre :

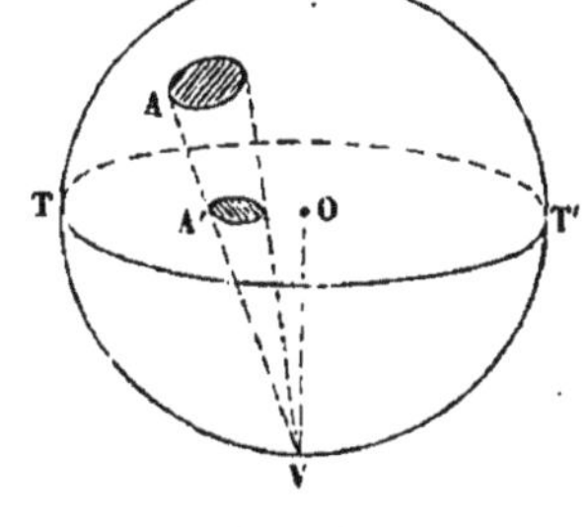

Fig. 65.

1° *Tout cercle de la sphère a pour projection stéréographique un cercle.*

2° *L'angle de deux lignes courbes tracées sur la sphère est égal à l'angle de leurs projections.*

Démonstration de la première proposition : Tout cercle de la sphère a pour projection stéréographique un cercle.

Rappelons d'abord la démonstration de ce théorème : *La section antiparallèle du cône oblique à base circulaire est un cercle* (fig. 66).

Soit S le sommet du cône et AGB le cercle de base. Si par l'axe SI et la perpendiculaire IH au plan de la base nous conduisons un plan, ce plan coupera la surface du cône suivant deux génératrices SA et SB; c'est la *section principale* du cône oblique. Imaginons maintenant par une droite CD dirigée de telle sorte qu'on ait : angle CDS = angle SAB, un plan perpendiculaire à la section principale, c'est la *section antiparallèle.* Nous allons démontrer qu'elle est circulaire.

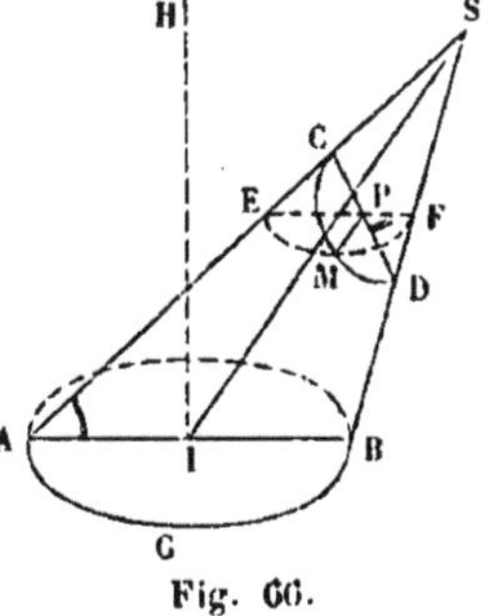

Fig. 66.

Pour cela, prenons un point quelconque M sur la courbe et abaissons la perpendiculaire MP à CD. Il nous suffira de faire voir qu'on a

$$MP^2 = CP \times PD;$$

or, par MP perpendiculaire au plan de la section principale, menons un plan parallèle à la base. Ce plan détermine une section semblable à la base, c'est-à-dire circulaire. Nous aurons donc

$$MP^2 = PE \times PF.$$

Mais les deux triangles semblables CPE, FPD donnent

$$\frac{CP}{PF} = \frac{PE}{PD},$$

d'où

$$CP \times PD = PE \times PF.$$

Donc

$$MP^2 = CP \times PD.$$

C. q. f. d.

Cela posé, il va nous être facile de démontrer la première propriété des projections stéréographiques (fig. 67).

Le point de vue, le centre de la sphère et le centre du cercle à projeter déterminent un plan qui coupe la sphère suivant un grand cercle.

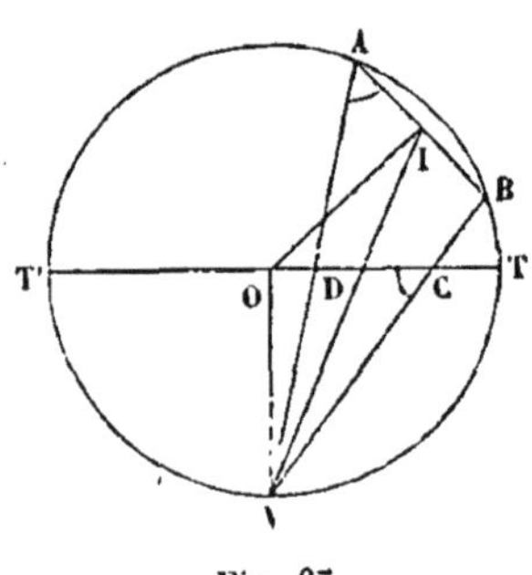

Fig. 67.

Prenons ce plan pour plan du dessin; le cercle à projeter est représenté par son diamètre AB et le plan du tableau par la droite T'T, perpendiculaire à OV. Les droites menées du point de vue aux différents points de la circonférence AB engendrent la surface d'un cône oblique à base circulaire, et la projection stéréographique de la circonférence de base n'est autre chose que la section de la surface conique par le plan du tableau. Mais AVB est la section principale du cône oblique; il nous reste donc à faire voir, pour démontrer notre proposition, que la section du cône par le plan du tableau TT' est précisément la section antiparallèle. Or, cela est évident, car le plan du tableau est perpendiculaire au plan du dessin, c'est-à-dire au plan de la section principale, et les deux angles DCV et BAV sont égaux comme ayant même mesure.

Démonstration de la deuxième proposition : L'angle de deux lignes courbes tracées sur la sphère est égal à l'angle de leurs projections.

Nous savons que l'angle de deux courbes n'est autre que l'angle formé par les tangentes à ces courbes menées à leur point d'intersection. Soient donc MR et MS les tangentes aux deux courbes qui se coupent en M sur la sphère, T'T le plan du tableau et HH' le plan tangent à la sphère mené par le point de vue V; ce plan est parallèle au plan du tableau (fig. 68). La droite MV et les deux droites MR et MS percent le plan T'T aux points *m*, *r* et *s*. Les deux tangentes ont donc pour projections les droites *mr* et *ms*, et tout sera démontré lorsque nous aurons prouvé l'égalité des angles RMS et *rms*. Joignons au point V les deux points R et S où les tangentes percent le plan tangent à la sphère, et menons la droite RS. Les quatre droites RV, SV, *rm* et *sm* sont parallèles deux à deux comme intersection de deux plans parallèles par un troisième; les angles RVS et *rms* sont donc égaux. D'ailleurs, les deux

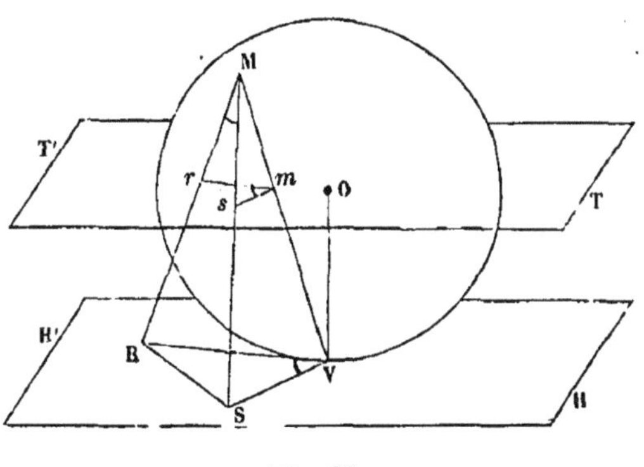

Fig. 68.

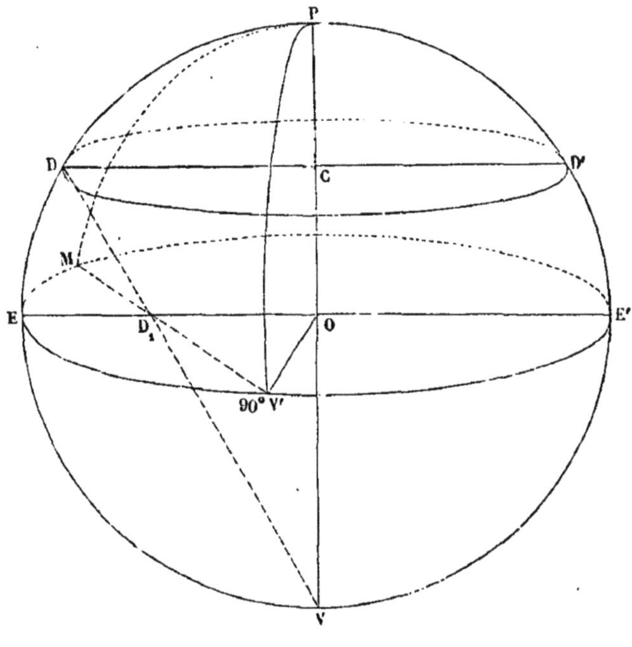

Fig. 69.

triangles RVS et RMS sont égaux, comme ayant les trois côtés égaux chacun à chacun, savoir : RS commun, RV = RM et SV = SM comme tangentes à la sphère issues d'un même point extérieur; donc : angle RVS=RMS et, par suite, angle RMS = angle *rms*.

C. q. f. d.

88. Projection stéréographique d'un hémisphère sur le plan de l'équateur. — Remarquons d'abord que les méridiens ont pour diamètre commun la ligne des pôles à l'extrémité de laquelle se trouve le point de vue; les demi-méridiens se projetteront donc suivant des rayons. Quant aux parallèles, leurs projections seront évidemment des cercles ayant pour centre commun le centre même de l'équateur (fig. 69).

Traçons donc la circonférence de l'équateur avec un rayon arbitraire, et soit O_1E_1 le rayon qui représente le demi-méridien pris pour ori-

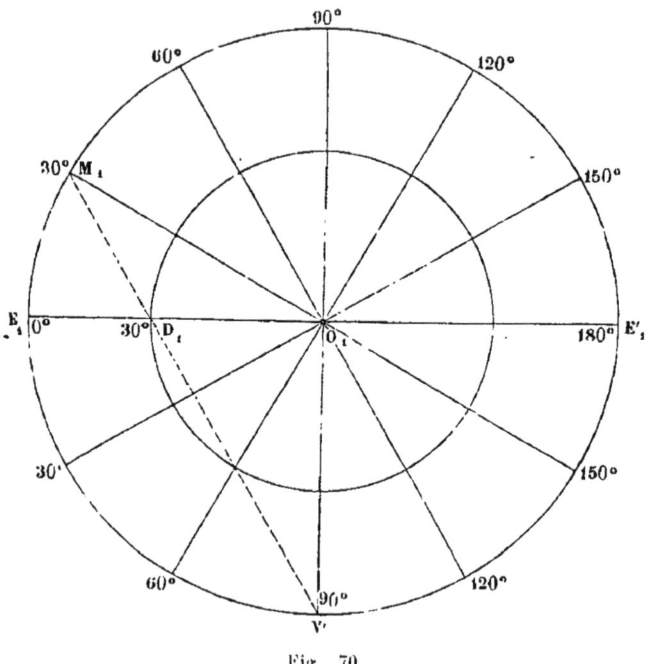

Fig. 70.

gine; O_1E_1', prolongement de E_1O_1, sera la projection du demi-méridien dont la longitude est 180°, et nous obtiendrons ensuite les projections des autres demi-méridiens, de 30° en 30°, par exemple, en partageant chaque demi-circonférence en six parties égales à partir du point E_1 (fig. 70).

Il nous reste à indiquer comment on peut obtenir la projection d'un parallèle; supposons qu'il s'agisse du parallèle de 30°. Nous savons déjà que le centre de ce parallèle se projette en O_1; il nous suffira donc de déterminer la projection d'un des points de sa circonférence; cherchons la projection du point D. Faisons tourner le plan du demi-méridien PE autour de EO comme charnière, d'avant en arrière, jusqu'à ce qu'il soit rabattu sur le plan de l'équateur. Le point de vue V se rabattra en V' à 90° du point E, et le point D en M sur l'autre demi-circonférence à 30° du point E; ces deux points s'obtiennent sur la

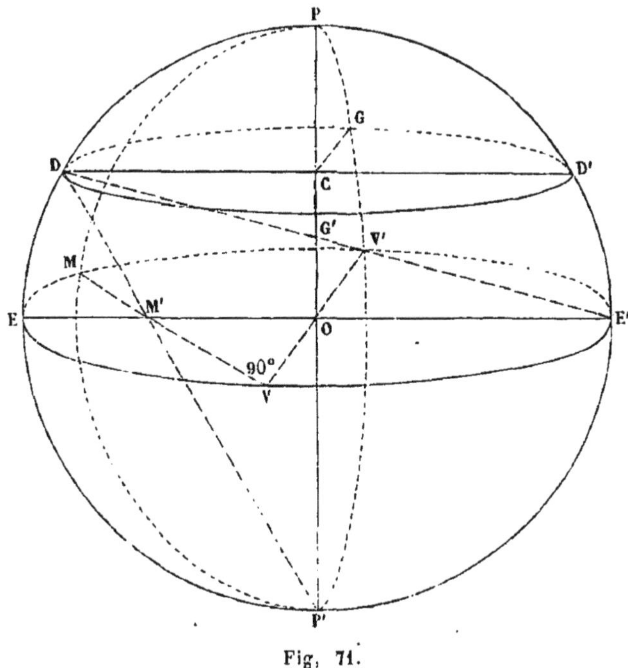

Fig. 71.

carte avec la plus grande facilité. Pendant ce mouvement, le point D_1 qui se trouve sur la charnière est demeuré invariable; on obtiendra donc ce point sur la carte en joignant les deux points V' et M_1. Nous n'aurons plus alors qu'à décrire une circonférence du point O_1 comme centre avec O_1D_1 pour rayon. Cette construction est évidemment applicable à tous les parallèles, quelle que soit leur latitude.

89. Projection stéréographique sur le méridien de Paris. — Supposons maintenant qu'on prenne le plan d'un méridien pour plan du tableau et que ce méridien soit celui de Paris. Le point de vue se trouve alors sur la circonférence de l'équateur à 90° du méridien de Paris. La ligne des pôles est elle-même sa projection stéréographique, et elle est en même temps la projection du méridien dont le plan est

perpendiculaire à celui de Paris. Soit PEP'E' le plan du tableau, PEP' le méridien de Paris, PE'P' le méridien dont la longitude est 180°, PP' la ligne des pôles et EE' l'équateur (fig. 71 et 72).

Dans notre hypothèse, les méridiens et les parallèles se projetteront suivant des circonférences de cercle. Occupons-nous d'abord du tracé des méridiens. Leurs différentes projections ont pour corde commune la droite PP'; il nous reste donc à déterminer un point de chacune

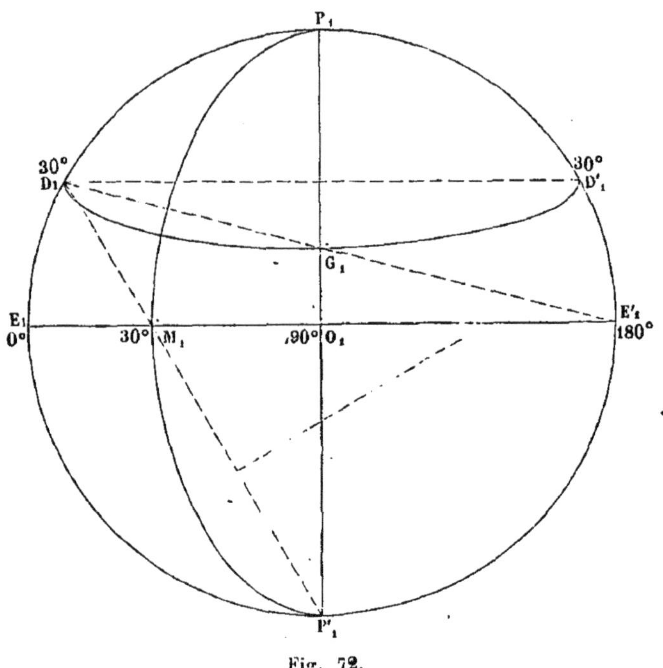

Fig. 72.

d'elles. Pour plus de simplicité, nous choisirons celui qui se trouve sur E_1E_1'. Supposons, pour fixer les idées, qu'il s'agisse du méridien de 30°. Le point dont nous cherchons la projection est le point M et le point de vue est en V. Relevons le plan de l'équateur, d'arrière en avant, et faisons-le tourner autour de EE' jusqu'à ce qu'il coïncide avec le plan du tableau. Le point M viendra en D, tandis que le point de vue se rabattra en P'. Le point cherché se trouvera donc en M', à l'intersection des droites EE' et DP', car le plan du tableau a tourné de 90°. Les deux points D et P' sont représentés sur la carte en D_1 et P_1', de sorte que la droite qui joint ces deux points donne le point cherché M_1, par son intersection avec la droite E_1E_1'.

Indiquons enfin le tracé des parallèles et prenons par exemple celui dont la latitude est 30°. Son diamètre DD′ se projette suivant la corde D_1D_1', de sorte qu'il nous suffira de connaître la projection d'un troisième point de sa circonférence, le point G par exemple, situé à 90° du point D. Faisons tourner pour cela le plan du cercle PGV′P′, jusqu'à ce que son plan coïncide avec le plan du tableau, en rabattant le point de vue vers la droite. Celui-ci prendra la position E′, tandis que le point G se rabattra en D. Nous aurons donc en G′ la projection stéréographique du point G, le plan du tableau ayant tourné de 90°. Les points D et E′ se trouvent sur la carte en D_1 et E_1'; l'intersection des droites $D_1E'_1$ et $P_1P'_1$ donnera le point cherché G_1.

90. Remarques sur les projections stéréographiques. — Nous avons énoncé deux propriétés des projections stéréographiques. La première a été appliquée à la détermination des projections des parallèles et des méridiens. Il résulte de la seconde que toute figure de petites dimensions tracée sur la sphère a pour projection sur la carte une figure semblable. En effet, une portion très-petite de la surface sphérique est assimilable à une figure plane et on peut la supposer décomposée en triangles. Les projections de ces différents triangles sont des triangles respectivement semblables aux premiers, comme ayant les mêmes angles, de sorte que la figure dans l'espace et sa projection sur la carte se composent d'un même nombre de triangles semblables et semblablement placés; la surface et sa projection sont donc deux figures semblables.

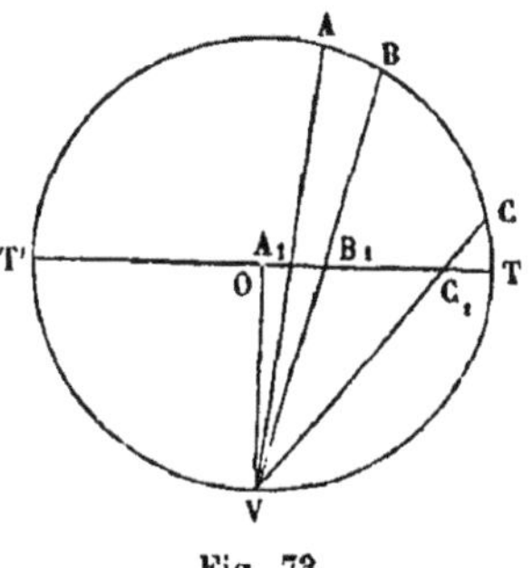

Fig. 73.

Telle est la propriété la plus importante des projections stéréographiques. Il faut ajouter que ce système a un inconvénient assez grave, contraire à celui du système orthographique. Un élément tel que AB qui se projette en A_1B_1 vers le centre de la carte est réduit de moitié, tandis qu'un élément CT qui se projette en C_1T sur le bord de la carte, est représenté à peu près en vraie grandeur. En effet, les deux triangles semblables A_1B_1V, ABV donnent

$$\frac{A_1B_1}{AB} = \frac{VA_1}{VA} = \frac{1}{2}.$$

D'un autre côté, OC_1 étant sensiblement égal à OV, le triangle CTC_1, rectangle en T, peut être assimilé à un triangle isocèle, puisque l'angle C_1 est très-voisin de 45°.

91. Carte de France. — Tout le monde connaît la magnifique carte de France dressée par les officiers du corps d'état-major; nous allons exposer sommairement le système adopté dans la construction de cette carte. Il s'agissait de représenter la portion de la surface du globe comprise entre les deux parallèles de 40° et de 50° (latitude boréale) et les deux méridiens de 6° (longitudes occidentale et orientale). Voici la méthode qui a été suivie (fig. 74 et 75).

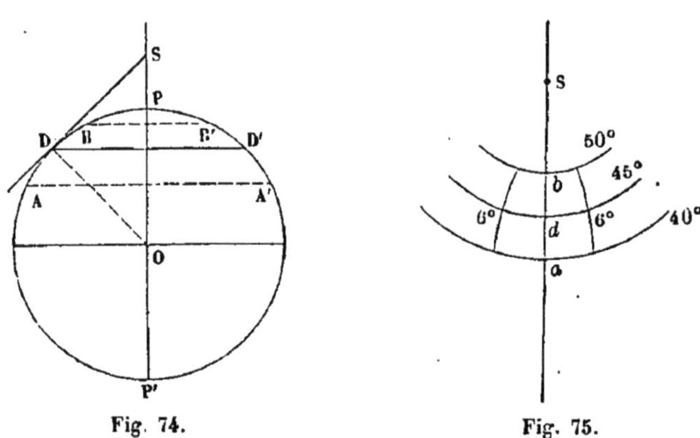

Fig. 74. Fig. 75.

Imaginons un cône circonscrit à la terre le long du parallèle moyen de 45°, et supposons ensuite ce cône ouvert et développé sur un plan de part et d'autre de la génératrice SD, tangente au méridien de Paris. Le méridien moyen, celui de Paris, sera alors représenté par la droite Sd, et le parallèle moyen par un arc de cercle décrit du point S comme centre avec un rayon Sd = SD = R (rayon de la terre).

Pour les autres parallèles tels que AA' et BB', par exemple, on ne suppose pas leurs plans prolongés jusqu'à la surface conique, mais on porte sur la droite SD des longueurs exactement égales aux arcs DB et DA, de sorte que, pour avoir les positions des points a et b sur la carte, il suffit de porter sur le méridien moyen, de part et d'autre du point d, des longueurs égales à l'arc de 5°, longueurs qu'on peut facilement calculer à l'aide de la formule

$$l = \frac{\pi R n}{180}.$$

En décrivant ensuite deux arcs de cercle du point S comme centre avec les rayons Sa et Sb, on a les deux parallèles qui limitent la portion de surface à représenter, dans le sens de la latitude.

Procédons maintenant au tracé des méridiens, de degré en degré. Pour cela, calculons la longueur de l'arc de 1° sur le parallèle moyen et ensuite sur les autres parallèles, puis portons ces longueurs sur les différents parallèles, de part et d'autre du méridien moyen. Nous obtenons ainsi, pour chaque méridien, un certain nombre de points; en unissant tous ces points par un trait continu, nous avons la représentation du méridien; nous n'avons tracé sur la figure que les méridiens limites.

Il résulte de ce mode de construction que les lignes courbes qui représentent les méridiens sur la carte sont sensiblement perpendiculaires aux parallèles, comme cela a réellement lieu sur la sphère.

Ce système offre aussi l'avantage de ne pas altérer les surfaces. L'aire MNGL sur la sphère et l'aire *mngl* qui la représente sur la carte ont la même valeur. En effet, on peut assimiler la figure MNGL à un trapèze rectiligne; l'aire de cette figure est donc exprimée par

$$\left[\frac{\mathrm{MN}+\mathrm{GL}}{2}\right]\mathrm{EF}.\ (\text{fig. 76 et 77}).$$

D'un autre côté, l'aire *mngl* est égale à

$$\left(\frac{mn+gl}{2}\right)ef.$$

Or, $ef=\mathrm{EF}$ et les longueurs *mn*, *gl* sont respectivement égales à MN

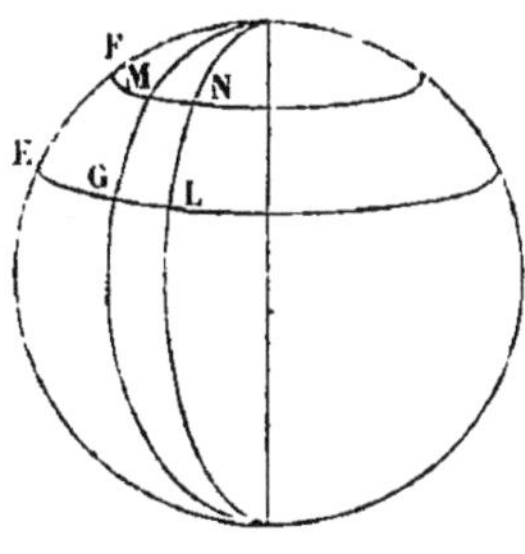

Fig. 76.

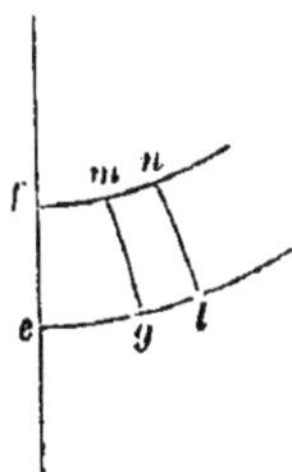

Fig. 77.

et GL. Les deux aires sont donc égales.

92. Cartes marines. — Les cartes marines sont généralement construites d'après le système de *Mercator*. Imaginons un cylindre cir-

conscrit à la sphère terrestre le long de l'équateur, et supposons les plans des divers méridiens prolongés jusqu'à la surface cylindrique qu'ils couperont suivant des génératrices. Développons maintenant le cylindre sur le plan tangent à la sphère, de part et d'autre du méridien pris pour origine. Les méridiens seront représentés sur ce plan par des droites parallèles perpendiculaires à l'équateur. Si l'on représente les méridiens de degré en degré, on aura autant de parallèles équidistantes.

Les parallèles sont aussi représentés par des droites toutes parallèles à l'équateur, mais ce ne sont plus leurs latitudes qui mesurent leurs distances à l'équateur. En effet, l'avantage de ce développement consiste en ce que deux lignes quelconques tracées sur la carte se coupent sous le même angle que les courbes correspondantes tracées sur la sphère. Or, on ne peut arriver à ce résultat qu'en faisant croître les distances des différents parallèles à l'équateur plus rapidement que leurs latitudes; ces distances se calculent à l'aide d'une formule particulière.

Il est assez facile de faire ressortir l'importance de la conservation des angles. Le plus court chemin d'un point à un autre sur la surface de la sphère est l'arc du grand cercle qui joint ces deux points. Mais, en mer, lorsqu'on veut aller d'un point à un autre, il n'est pas facile de se diriger suivant l'arc de grand cercle qui joint le point de départ au point d'arrivée. En effet, la boussole donnant la direction du méridien du lieu où l'on se trouve, c'est aux méridiens qu'on doit traverser successivement qu'il faut rapporter la route à suivre pour atteindre le but du voyage. Mais l'arc de grand cercle fait avec les différents méridiens des angles variables; il faudrait donc calculer d'avance ces différents angles pour pouvoir guider le vaisseau suivant l'arc de cercle qui joint les deux points extrêmes. Qu'un accident quelconque fasse dévier le vaisseau de sa route, de nouveaux calculs deviendront nécessaires! Ces inconvénients disparaissent lorsque les marins, au lieu de suivre l'arc de grand cercle, se dirigent suivant la courbe qui coupe tous les méridiens sous le même angle. Dans le développement de Mercator, les méridiens étant figurés par des droites

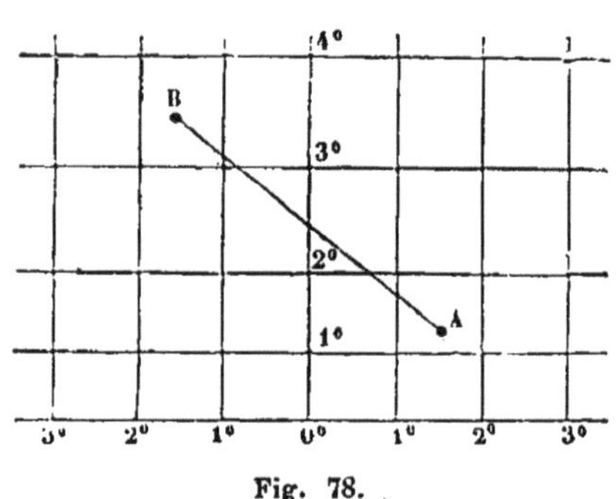

Fig. 78.

parallèles, la courbe à suivre est représentée sur la carte par une droite. On mesure l'angle que fait cette droite avec les méridiens, et l'on indique sa valeur au pilote chargé du soin de diriger le navire (fig. 78). Celui-ci peut alors, en se guidant sur sa boussole, traverser sous cet angle constant les méridiens successifs. Si une cause quelconque vient jeter le navire en dehors de sa route, on vérifie la nouvelle position, puis joignant le point où l'on se trouve au point d'arrivée, on obtient le nouvel angle sous lequel le navire doit désormais traverser les méridiens successifs.

LIVRE III

LE SOLEIL

CHAPITRE PREMIER

MOUVEMENT APPARENT DU SOLEIL

93. Étude particulière du soleil. — Le soleil participe, comme tous les astres, au mouvement diurne. Chaque matin, il se lève à l'orient, monte dans le ciel, atteint son point culminant en traversant le méridien et redescend bientôt pour disparaître à l'occident. C'est là un phénomène bien connu dont on peut suivre les phases successives avec la machine parallactique par exemple. Mais une étude plus attentive et la comparaison des observations faites pendant plusieurs jours consécutifs permettent bientôt de constater que le soleil se déplace parmi les étoiles. Tandis que celles-ci se lèvent et se couchent toujours à la même place, le point de l'horizon où le soleil se lève oscille de part et d'autre d'un point fixe; enfin, la hauteur méridienne est variable d'un jour à l'autre. Il faut donc que le soleil ait un *mouvement propre* sur la voûte céleste. Nous allons montrer comment des observations convenablement conduites mettent ce mouvement en évidence, puis nous déterminerons ensuite la *trajectoire apparente* du soleil sur la voûte étoilée. Pour plus de clarté, nous constaterons séparément le mouvement en déclinaison et le mouvement en ascension droite.

94. Mouvement du soleil en déclinaison. — Soient C la position de l'observateur, CZ sa verticale, HH' son horizon et PEP'E' le plan méri-

dien (fig. 79). Représentons la ligne des pôles par PP' et l'équateur par EE'. Le plan de l'équateur et celui de l'horizon se coupent suivant la ligne *eo* perpendiculaire à *ns*, et les quatre points *n*, *e*, *s*, *o* sont les quatre points cardinaux. (La flèche indique le sens du mouvement diurne apparent des étoiles.)

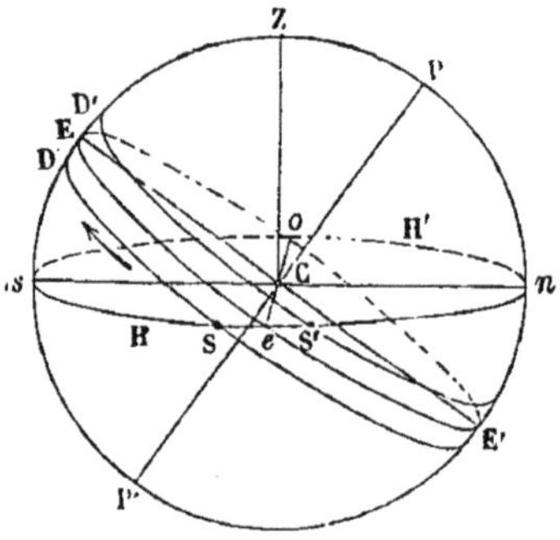

Fig. 79.

Supposons que la position de l'observateur soit telle que le soleil se lève en *e* le 21 mars. Les jours suivants, le point de lever ira en s'éloignant du point *e*; vers le 22 juin, l'astre se lèvera en S' au nord du point *e*, puis il y aura rétrogradation. Le soleil se lèvera de nouveau en *e* vers le 21 septembre; puis, les jours suivants, le point de lever ira en s'éloignant du point *e*, vers le sud. Supposons qu'il atteigne le point S vers le 22 décembre; à partir de cette époque, le point de lever se rapprochera du point *e* qu'il atteindra de nouveau le 21 mars et ainsi de suite, de sorte que le point où le soleil se lève oscillera continuellement entre S et S'. Il en résulte que la hauteur méridienne du soleil et par conséquent sa déclinaison sont variables. Tant que le lever est compris entre les deux points S et *e*, la déclinaison est australe et varie depuis la valeur de l'arc DE jusqu'à zéro; elle devient ensuite boréale et varie entre zéro et la valeur de l'arc D'E, de sorte que la variation totale de la déclinaison est égale à l'arc DD'.

95. Mouvement en ascension droite. — Le mouvement en ascension droite n'est pas plus difficile à constater. Il suffirait presque pour se convaincre que ce mouvement a lieu, du moins en apparence, de remarquer le changement continuel d'aspect que le ciel étoilé présente pendant la nuit dans l'intervalle d'une année. Supposons, pour fixer les idées, qu'on observe le lever du soleil plusieurs jours de suite vers le commencement de mai. A cette époque de l'année, la constellation du *Taureau* se lève un peu avant le soleil ; la différence entre les instants précis des levers va en augmentant, et bientôt, un mois après environ, le lever des *Gémeaux* précède de peu d'instants celui du soleil. Ce dernier écart augmente à son tour et la constellation du *Cancer* succède à celle des Gémeaux, et ainsi de suite, de sorte que toutes les constellations du zodiaque précèdent successivement, à un mois d'intervalle, le lever du soleil. Or, les étoiles qui composent ces

différents groupes conservent entre elles les mêmes distances ; elles se lèvent et se couchent toujours aux mêmes points de l'horizon. Le soleil, au contraire, se lève et se couche en des points différents, ainsi que nous l'avons constaté plus haut. La soleil a donc un mouvement apparent en ascension droite, et ce mouvement est dirigé en sens inverse du mouvement diurne.

96. Coordonnées du soleil. — Telles sont les conséquences auxquelles conduisent des observations suivies, quand bien même elles auraient été faites avec des instruments susceptibles de peu de précision. Entrons maintenant plus avant dans la question, et voyons comment on peut déterminer chaque jour la position exacte du soleil à l'aide de son ascension droite et de sa déclinaison. Le soleil ayant des dimensions appréciables, c'est le mouvement de son centre que nous devons étudier, et par conséquent ce sont les coordonnées du centre qu'il s'agit d'obtenir. Occupons-nous d'abord de la déclinaison.

Au moment où l'astre passe au méridien, on mesure avec le mural la distance zénithale du bord supérieur, puis celle du bord inférieur ; dans chacune de ces observations, le fil horizontal de la lunette doit être tangent intérieurement au bord du disque. Si l'on corrige alors de la réfraction les distances zénithales apparentes des deux bords, leur moyenne donne la distance zénithale du centre, et par suite sa déclinaison. En effet, soient $2r$ le diamètre du fil de la lunette et d et d' les résultats obtenus après la correction. La distance zénithale du bord supérieur est $d-r$ et celle du bord inférieur $d+r$; on a donc pour la distance zénithale du centre

$$\frac{d+d'}{2}.$$

(Il reste encore à lui faire subir une correction dont nous ne pouvons nous occuper ici.)

Quant à l'ascension droite du centre du soleil, on l'obtient par un procédé analogue. Lorsque le soleil traverse le méridien, les deux bords de son image viennent passer successivement devant le fil vertical central de la lunette méridienne. Comme précédemment, on amène ce fil à être tangent intérieurement à chaque bord. On note alors l'heure sidérale de chaque contact et leur demi-somme est l'heure sidérale du passage du centre au méridien. On n'a plus qu'à convertir ce temps en degrés d'après la règle connue.

97. Table des déclinaisons et des ascensions droites du soleil. —

Il est donc facile de dresser une table des coordonnées du centre du soleil pour chaque jour de l'année. Cette table se compose de trois colonnes. La première indique les dates, la seconde les ascensions droites, la troisième les déclinaisons. Voici, par exemple, les résultats obtenus de mois en mois pour l'année 1851 :

Dates (année 1851).	Ɽ (ascension droite).	D (déclinaison).
21 janvier.	303° 8′ 33″	— 19° 58′ 3″
21 février.	334° 17′ 38″	— 10° 39′ 33″
21 mars.	0° 16′ 2″	+ 0° 6′ 58″
21 avril.	28° 38′ 9″	+ 11° 44′ 52″
21 mai.	57° 35′ 26″	+ 20° 7′ 11″
21 juin.	90° 26′ 23″	+ 23° 27′ 24″
21 juillet.	121° 9′ 36″	+ 20° 22′ 16″
21 août.	150° 53′ 23″	+ 11° 55′ 13″
21 septembre.	179° 50′ 43″	+ 0° 4′ 2″
21 octobre.	207° 24′ 40″	— 11° 17′ 50″
21 novembre.	237° 24′ 59″	— 20° 51′ 3″
21 décembre.	268° 59′ 47″	— 23° 27′ 16″

98. Représentation de la marche du soleil sur un globe céleste. — La table des ascensions droites et des déclinaisons du centre du soleil une fois construite, nous pouvons fixer sur un globe céleste la position du soleil aux différents jours de l'année et unir ensuite par un trait continu les points ainsi obtenus. Or, si l'on fait passer un grand cercle par deux points quelconques de cette courbe, on constate que la circonférence de ce grand cercle contient tous les autres points de la courbe, ce qui prouve qu'elle est plane ; ce grand cercle est d'ailleurs incliné à l'équateur. On en conclut que : *le soleil paraît décrire d'occident en orient la circonférence d'un grand cercle de la sphère céleste dont le plan est incliné sur l'équateur.*

Une remarque importante trouve ici sa place. Nous dirigeons des rayons visuels vers le soleil, sans nous préoccuper de la distance qui nous sépare de lui, et nous le projetons ainsi sur la voûte céleste ; nous obtenons donc des directions et pas autre chose. Par conséquent, nous n'avons pas le droit de conclure que la courbe dont nous venons d'indiquer le tracé sur un globe céleste est la trajectoire du soleil ; c'est seulement pour nous sa *perspective*. Tout ce que nous pouvons affirmer, c'est que la *trajectoire est plane.*

99. Plan de l'écliptique ; définition. — On appelle *écliptique* la

circonférence de grand cercle suivant laquelle la sphère céleste est coupée par le plan dans lequel se meut le soleil. L'écliptique et la circonférence de l'équateur se coupent en deux points ♈ et ♎ situés aux deux extrémités d'un diamètre de la sphère; ce sont les points *équinoxiaux*. Le point ♈ par lequel passe le soleil lorsqu'il abandonne l'hémisphère austral pour entrer dans l'hémisphère boréal est l'*équi-*

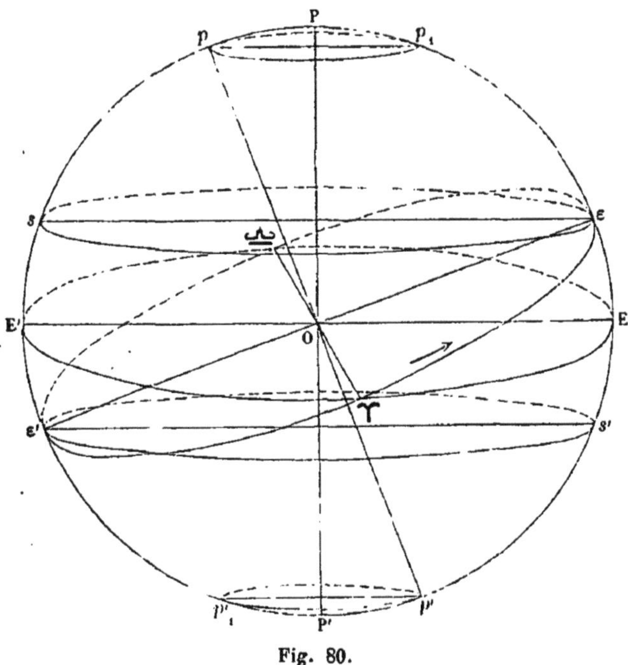

Fig. 80.

noxe du printemps, le point opposé ♎ est l'*équinoxe d'automne*. On appelle *solstices* les deux points de l'écliptique situés à 90° des équinoxes. Si nous supposons le plan de la figure perpendiculaire à la fois au plan de l'écliptique et au plan de l'équateur, et par conséquent à la ligne ♈♎, les deux solstices seront en ε et ε' aux deux extrémités du diamètre perpendiculaire à ♈♎. La déclinaison du soleil est maximum aux solstices; en effet, aux deux points ε et ε', les tangentes sont perpendiculaires à εε', et par suite parallèles au plan de l'équateur ; l'un de ces points est donc le point le plus bas de la courbe et l'autre le plus élevé. Dans le voisinage des points ε et ε', le soleil se déplace presque parallèlement à l'équateur, et son mouvement en déclinaison semble s'arrêter : *sol stat*. Voilà pourquoi ces deux points ont été appelés solstices (fig. 80).

On appelle axe de l'écliptique la droite pp' menée par le point O perpendiculairement au plan de l'écliptique. Les deux points p et p' où elle perce la sphère céleste sont les *pôles* de l'écliptique. Les deux parallèles εs et $\varepsilon' s'$ ont reçu le nom de *tropiques célestes ;* ce sont les parallèles que le soleil paraît décrire, par suite du mouvement diurne, le jour des solstices. On leur a donné le nom de tropiques[1] parce que le soleil, après les avoir décrits, semble *revenir* sur ses pas pour se rapprocher de l'équateur. Le premier est le tropique du *Cancer* ou de l'*Écrevisse;* le second, le tropique du *Capricorne ;* ces qualifications sont significatives. En effet, pour les peuples des régions boréales, le soleil, après avoir dépassé le point ε, semble marcher à reculons, tandis que, après avoir dépassé le point ε', il paraît s'élancer pour occuper des positions plus élevées. Les habitudes du Capricorne et celles attribuées à l'Écrevisse offrent une image assez exacte du mouvement du soleil aux environs des solstices.

On appelle cercles polaires célestes les deux parallèles pp_1 et $p'p'_1$ dont la distance aux pôles est la même que celle des tropiques à l'équateur.

100. Remarque sur le mouvement du soleil. — Les apparences qui résultent pour l'observateur du déplacement du soleil sont faciles à expliquer dans l'hypothèse de la rotation diurne de la terre et de l'immobilité de la sphère céleste. Mais si l'on suppose au contraire que celle-ci soit animée d'un mouvement de rotation autour de la ligne des pôles il devient un peu plus difficile de se rendre compte de ces apparences; cependant on peut arriver à écarter cette difficulté. Prenons un globe céleste sur lequel ont été représentés, l'équateur, l'écliptique et les deux tropiques, et faisons tourner ce globe autour de la ligne des pôles. Pour l'observateur placé au centre, le même point de l'écliptique décrit toujours le même parallèle. Imaginons un mobile qui se déplace sur l'écliptique en sens contraire du mouvement diurne, c'est-à-dire d'occident en orient, en parcourant à peu près 1° par jour ; ce mobile appartenant à la sphère participera au mouvement de rotation. A 24^h d'intervalle, il se sera avancé sur l'écliptique ; il aura donc décrit en 24^h non pas un parallèle, mais une courbe non fermée ; de telle sorte que dans l'espace d'une année il aura décrit sur la sphère une hélice dont les spires seront comprises entre les deux tropiques, et qu'on peut se figurer en supposant qu'on enroule convenablement un fil autour de la sphère. Ce mobile n'est autre que le soleil.

101. Détermination du plan de l'écliptique. — En nous appuyant

sur les résultats fournis par l'observation, nous sommes arrivés, par un simple tracé graphique, à démontrer que le soleil se meut dans un plan que nous avons appelé plan de l'écliptique. Fixons maintenant d'une manière plus précise la position de ce plan. Il nous suffira pour cela de déterminer la position de la droite ♈♎ suivant laquelle il coupe le plan de l'équateur et son inclinaison sur ce plan. Cette dernière est mesurée par l'angle rectiligne εOE ou l'arc εE.

102. Détermination des points équinoxiaux. — Pour fixer la position de la droite ♈♎, il suffit de déterminer les ascensions droites des points ♈ et ♎. Soient EE′ l'équateur, εε′ l'écliptique et O l'origine des ascensions droites. Supposons qu'au midi du 20 mars la déclinaison soit encore australe et qu'elle soit boréale au midi du 21 (fig. 81). S′ et S étant les positions correspondantes du soleil sur l'écliptique, prenons en ces deux positions les ascensions droites et les déclinaisons du centre. Soient a' et d' les valeurs de ces coordonnées OD′ et S′D′ pour la position S′ et a et d leurs valeurs OD et SD pour la position S. Les triangles rectangles S′♈D′ et S♈D étant très-petits, on peut les regarder comme rectilignes et semblables; nous aurons donc, en désignant O♈ par x

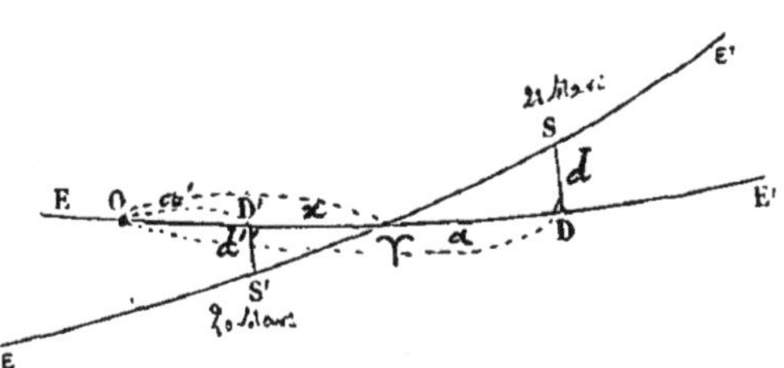

Fig. 81.

$$\frac{x-a'}{a-x}=\frac{d'}{d}.$$

Résolvant cette équation par rapport à x, il vient

$$x=\frac{ad'+a'd}{d+d'}.$$

Telle est la formule qui donne l'ascension droite du point ♈. On trouverait exactement de la même manière l'ascension droite du point ♎, et le calcul apprendrait que les ascensions droites des deux points diffèrent de 180°, ce qui confirme les résultats fournis par notre tracé graphique.

103. Détermination de l'heure de l'équinoxe. — L'heure précise de

l'équinoxe peut être calculée par un procédé analogue. Soient, en effet, t' et t les heures précises du passage du soleil aux positions S' et S pour lesquelles les déclinaisons sont respectivement $-d'$ et $+d$. Le temps qui s'écoule entre les deux observations étant très-court, on peut admettre que le mouvement du soleil est uniforme pendant cet intervalle et raisonner de la manière suivante : Pendant le temps $t-t'$, la déclinaison du soleil a varié de $d+d'$; quel est le temps nécessaire pour que la variation soit égale à d', c'est-à-dire pour que la déclinaison devienne égale à zéro? Désignant ce temps par y, nous aurons, par suite de la proportionnalité admise,

$$\frac{y}{t-t'}=\frac{d'}{d+d'},$$

d'où l'on déduit

$$y=\frac{(t-t')d'}{d+d'}.$$

Nous n'avons plus qu'à ajouter ce temps à t' pour avoir l'heure précise du passage du soleil à l'équinoxe du printemps.

104. Obliquité de l'écliptique. — Si le soleil passait au point ε à midi précis, c'est-à-dire si le solstice arrivait à midi, en prenant la hauteur méridienne du soleil le jour du solstice on aurait immédiatement l'obliquité de l'écliptique. Mais les instants des deux passages du soleil au méridien et au point ε ne coïncident pas. Cependant, comme dans les environs du point ε la hauteur méridienne du soleil varie peu d'un jour à l'autre, on peut prendre la plus grande déclinaison observée comme mesure de l'obliquité de l'écliptique; au 1er janvier 1872 cette obliquité était de 23° 27′ 22″, 4. On peut encore, pour obtenir l'obliquité de l'écliptique, remarquer qu'elle est égale à la demi-différence des hauteurs méridiennes du soleil au solstice d'été et au solstice d'hiver. Soient, en effet, O la position de l'observateur, OZ sa verticale, HH' son horizon, PP' la ligne des pôles, EE' et SS' les traces du plan de l'équateur et du plan de l'écliptique sur le plan méridien du lieu de station (fig. 82). Au solstice d'été, le soleil décrit le tropique du Cancer, sa hauteur méridienne est SH ;

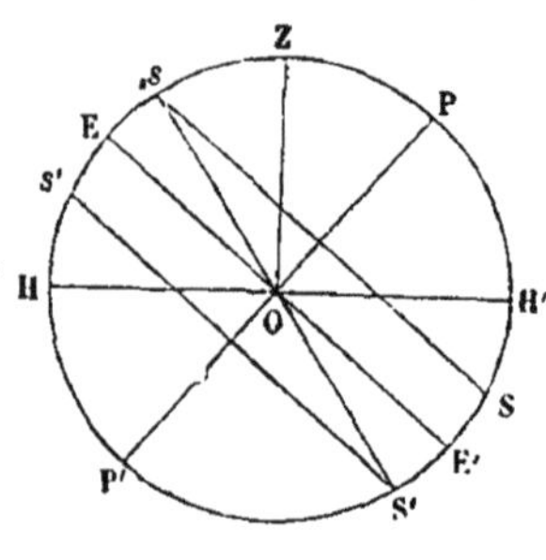

Fig. 82.

au solstice d'hiver, le soleil décrit le tropique du Capricorne et sa hauteur méridienne est S'H. Or, on voit immédiatement sur la figure qu'on a la relation.

$$SE = \frac{SS'}{2} = \frac{SH - S'H}{2}.$$

C. q. f. d.

105. Constellations zodiacales. — Nous avons déjà parlé, dans la description sommaire du ciel étoilé, des douze constellations zodiacales ; voici l'idée qui a présidé à leur formation. Les anciens ayant reconnu que le soleil décrit chaque année le même cercle, et repasse ainsi constamment au milieu des mêmes étoiles, avaient imaginé une zone s'étendant à 8° 1/2 environ de part et d'autre de l'écliptique ; ils avaient ensuite partagé cette zone en *douze* parties égales ou *dodécatémories* par douze demi-grands cercles perpendiculaires au plan de l'écliptique, le premier passant par le point ♈. La zone sphérique reçut le nom de zodiaque et les étoiles comprises dans chacune des dodécatémories ont formé une des douze constellations zodiacales. C'étaient autant de *repères* distribués le long de l'écliptique et que le soleil traversait de mois en mois. Chaque constellation était représentée par un symbole ou signe particulier. Aujourd'hui les astronomes se servent encore des *signes* du zodiaque, mais ceux-ci ne correspondent plus aux constellations qui portent le même nom. Nous donnerons plus tard la raison de cette différence.

CHAPITRE II

DIAMÈTRE APPARENT DU SOLEIL. — MOUVEMENT ELLIPTIQUE. — PRINCIPE DES AIRES

106. Diamètre apparent du soleil. — L'étude que nous venons de faire nous a prouvé que le soleil se meut dans un plan, mais nous ne savons rien encore sur la nature de la courbe que décrit son centre. La distance du soleil est-elle constante ou variable? C'est ce que nous allons examiner maintenant.

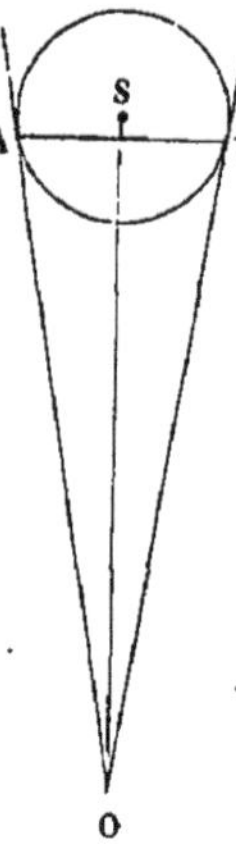

Fig. 83.

On appelle *diamètre apparent* d'un astre l'angle formé par les tangentes menées de l'œil de l'observateur aux bords opposés du disque. Par exemple, si S représente le soleil et O la position de l'observateur, l'angle formé par les tangentes OA et OB est le diamètre apparent du soleil. La raison de cette dénomination est bien simple; à cause de la grande distance OS, la droite AB qui joint le point de contact des tangentes se confond sensiblement avec le diamètre de l'astre. L'angle des deux tangentes est donc l'angle sous lequel l'observateur voit le diamètre du soleil. Il importe de pouvoir mesurer cet angle avec une grande précision. En effet, si cet angle est constant, c'est que la distance OS est elle-même constante. Au contraire, si le diamètre apparent du soleil est variable, c'est que sa distance à la terre est elle-même variable.

On a construit divers instruments pour mesurer le diamètre apparent du soleil, mais le mural et la lunette méridienne suffisent parfaitement pour atteindre ce but.

Prenons en effet, avec le mural, les distances zénithales du bord supérieur et du bord inférieur au moment du passage du soleil au méridien. Soient d et d' ces distances zénithales corrigées de la réfraction et r le rayon du fil de la lunette que nous supposons être tangent intérieurement dans l'observation relative au bord supérieur et extérieurement dans la seconde observation. Les véritables distances zénithales des deux bords sont $d-r$ et $d'-r$ dont la différence est $d'-d$. C'est le diamètre apparent du soleil.

Si nous opérons au contraire avec la lunette méridienne, nous noterons à la pendule sidérale l'instant du contact du bord occidental du disque avec le fil vertical de la lunette, puis l'instant du contact du bord oriental. La différence des heures observées nous donnera évidemment le temps employé par le diamètre horizontal pour traverser le méridien. Convertissant ensuite ce temps en subdivisions du degré à raison de 15 ′ par minute et 15″ par seconde, nous connaîtrons ainsi l'angle sous lequel on aperçoit le diamètre horizontal. Des observations faites le même jour avec le mural et la méridienne ont donné le même résultat pour le diamètre vertical et le diamètre horizontal. On en conclut que le disque du soleil est circulaire.

107. Variations du diamètre apparent. — Le diamètre apparent du soleil ne conserve pas la même valeur aux différentes époques du mouvement. Il est maximum vers le 31 décembre et minimum vers le 1er juillet ; il diminue d'ailleurs progressivement du 31 décembre au 1er juillet, pour augmenter ensuite progressivement du 1er juillet au 31 décembre.

En 1872, la plus grande valeur du diamètre apparent du soleil correspond au 1er janvier ; elle était alors de 32′ 35″ 6. Le minimum a eu lieu le 29 juin, soit 31′ 31″.

La valeur moyenne du diamètre apparent du soleil pour 1872 est donc égale à

$$\frac{32' 35'',6 + 31' 31''}{2} = 32' 3'',3.$$

Les variations sont d'ailleurs peu considérables, l'écart maximum étant à peu près le trentième de la valeur moyenne.

On conçoit enfin qu'on puisse former une table exacte des différentes valeurs du diamètre apparent du soleil aux différentes époques de l'année ; nous verrons bientôt l'utilité de cette table pour la construction de l'orbite solaire.

108. Relation entre les distances du soleil a la terre et les diamètres apparents. — Puisque le diamètre apparent du soleil ne conserve pas la même valeur, il faut en conclure que la distance du soleil à la terre est variable. Il est d'ailleurs facile de démontrer que *les distances sont en raison inverse des diamètres apparents*. En effet, l'angle O étant très-petit, on peut admettre que la corde ou le diamètre AB se confond sensiblement avec l'arc décrit du point O comme centre, avec OA pour rayon. Or, si nous représentons par n la graduation de l'angle ou de l'arc correspondant à une distance d, la longueur de cet arc aura pour expression

$$AB = \frac{\pi . d . n}{180}.$$

Pour une autre valeur n' du diamètre apparent correspondant à une autre distance d', nous aurons

$$AB = \frac{\pi . d' . n'}{180}.$$

On en déduit

$$\frac{\pi . dn}{180} = \frac{\pi . d'n'}{180},$$

et par suite

$$d . n = d' . n'.$$

C. q. f. d.

La distance du soleil à la terre est donc minimum vers le 31 décembre et maximum vers le 1er juillet; et puisque cette distance est variable, nous pouvons affirmer maintenant que le soleil ne décrit pas une circonférence de cercle dont la terre occupe le centre. La distance minimum porte le nom de *périgée* et la distance maximum le nom d'*apogée*.

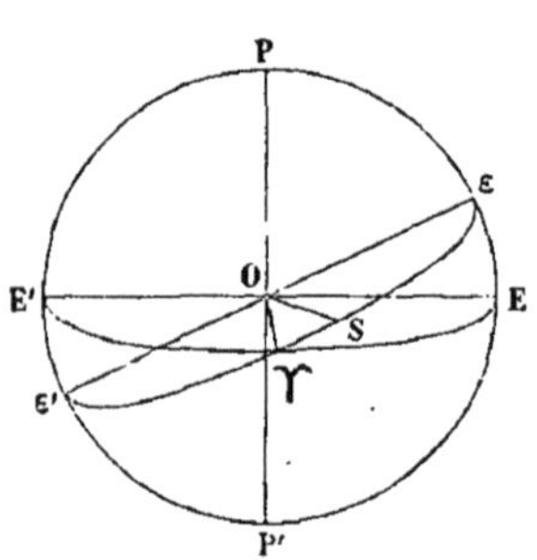

Fig. 84.

109. Longitude du soleil; tableau des longitudes et des diamètres apparents correspondants. — Lorsque l'on connaît l'ascension droite et la déclinaison du soleil, on peut, à l'aide de la trigonométrie, calculer ♈S ou l'angle ♈OS (fig. 84). Cette distance angulaire est ce qu'on nomme la *longitude du soleil*. On la compte de 0° à 360° dans le *sens direct*, c'est-à-dire

d'occident en orient. On peut donc former un tableau contenant, pour chaque jour, la longitude du soleil et placer en regard la valeur de son diamètre apparent. Ce tableau comprend quatre colonnes. Dans la première sont inscrites les dates des observations; dans la seconde, les valeurs des diamètres apparents; dans la troisième, les longitudes correspondantes; dans la quatrième, les différences des longitudes successives. C'est de ce tableau que nous allons déduire le tracé de la courbe décrite par le soleil.

110. Construction par points de la courbe décrite par le centre du soleil. — Traçons avec un rayon quelconque un cercle qui représente l'intersection du plan de l'écliptique et de la sphère céleste; soient ♈, ε, ♎, ε′ les équinoxes et les solstices; la flèche indique le sens du mouvement du soleil (fig. 85). Au périgée, la longitude du soleil est égale à 280° environ. Si nous menons par le point O une droite OS qui fasse avec O ♈ (dans le sens de la flèche) un angle de 280°, le soleil se trouvera sur cette droite au moment du périgée. Portons alors sur OS une longueur arbitraire OA que nous prendrons pour unité; A représentera la position du soleil dans le plan de l'écliptique. Traçons maintenant par le point O une droite qui fasse avec O♈ un angle α égal à la longitude du soleil à un moment donné. Si nous appelons n et n' les valeurs du diamètre apparent du soleil correspondantes aux longitudes 280° et α, et d' la distance du soleil au point O, qui correspond au diamètre, apparent n', nous aurons

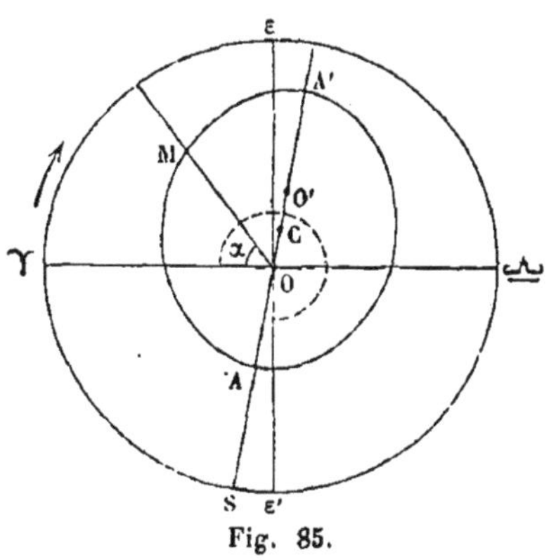

Fig. 85.

$$\frac{d'}{OA}=\frac{n}{n'}.$$

Nous pourrons donc calculer la distance d', et par suite fixer pour la longitude α la position M du soleil. Opérant de la même manière pour tous les jours de l'année, nous n'aurons plus qu'à unir par un trait continu les points qui indiquent les positions successives dans le plan de l'ecliptique. La courbe ainsi obtenue est la trajectoire apparente du soleil. On vérifie ensuite aisément que cette courbe est une ellipse dont le point O est un des foyers, et AA′ le grand axe ; on donne au grand axe le nom de *ligne des apsides. Le soleil paraît donc décrire autour de la terre, d'occident en orient, une ellipse dont la terre occupe un des foyers.*

111. Éléments de la courbe ; sa situation dans le plan de l'écliptique. — La situation de l'orbite solaire dans le plan de l'écliptique est définie par la longitude de la ligne des apsides. Il résulte de ce qui précède que cet angle est d'environ 100°, ou que la ligne des apsides fait un angle de 10° avec la ligne des solstices. La valeur exacte de la longitude de l'apogée en 1866 était de 100° 21′ 22″ ; en ajoutant 180°, on a la longitude du périgée.

Il nous reste encore, pour connaître complétement l'ellipse solaire, à calculer son excentricité, c'est-à-dire le rapport

$$\frac{CO}{CA'},$$

C désignant la position du centre de la courbe. Représentons ce rapport par e, de sorte qu'on ait $CO = CA \times e$, et appelons n et n' les diamètres apparents du soleil au périgée et à l'apogée. Nous avons

$$\frac{OA}{OA'} = \frac{n'}{n};$$

mais

$$OA = CA - CO = CA(1 - e);$$

$$OA' = CA' + CO = CA(1 + e).$$

Donc

$$\frac{1-e}{1+e} = \frac{n'}{n},$$

et par suite

$$e = \frac{n - n'}{n + n'}.$$

Remplaçant n et n' par leur valeur et effectuant les calculs, on trouve $e = \frac{1}{60}$ environ, ou plus exactement : $e = 0{,}016775$. L'ellipse solaire se rapproche donc beaucoup d'un cercle.

112. Vitesse angulaire du soleil. — On appelle vitesse angulaire du

soleil l'angle que décrit en un jour sidéral la droite qui joint le centre de la terre au centre du soleil. (*Rayon vecteur du soleil.*) Si la vitesse angulaire du soleil était constante, on obtiendrait facilement sa valeur. En effet, nous verrons plus tard qu'il s'écoule 366 j. sid., 242217 entre deux passages consécutifs du soleil à l'équinoxe du printemps. Le rayon vecteur décrivant ainsi 360° dans cet intervalle, l'angle décrit en un jour aurait pour valeur : $\frac{360}{366,242217} = 58'58'',642$. En réalité, la vitesse angulaire varie d'un jour à l'autre. Son maximum a lieu au périgée, vers le 31 décembre ; il est de $1^{\circ}1'19''$; le minimum correspond à l'apogée ; il est de $57'12'',3$. La vitesse angulaire que nous avons calculée, en supposant le mouvement uniforme, est appelée *vitesse angulaire moyenne.*

Rien de plus facile, d'ailleurs, que d'évaluer la vitesse angulaire pour les différents jours de l'année. Il suffit, en effet, de prendre la différence des longitudes pour deux passages consécutifs du soleil au méridien, en ayant soin de noter les instants de ces deux passages, dont l'intervalle est un peu plus grand qu'un jour sidéral ; soit $1+\delta$ cet intervalle. La différence des longitudes donne l'angle décrit par le rayon vecteur pendant l'intervalle $1+\delta$; appelons α cet angle. La vitesse angulaire x sera donnée par la proportion

$$\frac{x}{\alpha} = \frac{1}{1+\delta},$$

car on peut admettre l'uniformité du mouvement pendant un espace de temps aussi court.

113. Principe des aires. — Si l'on compare les vitesses angulaires du soleil aux diamètres apparents correspondants, on trouve que les vitesses angulaires sont directement proportionnelles aux carrés des diamètres apparents. D'un autre côté, nous savons que les diamètres apparents varient en raison inverse des distances des deux astres ; donc le rapport des vitesses angulaires est égal au rapport inverse des carrés des distances correspondantes. Par conséquent, si nous appelons v et v' deux vitesses angulaires, et d et d' les distances correspondantes du soleil et de la terre, nous aurons la relation ; $v.\,d^2 = v'.d'^2$. Il est facile d'en déduire la proportionnalité des aires aux temps, principe qu'on peut énoncer de la manière suivante : *Les aires décrites par le rayon vecteur du soleil sont proportionnelles aux temps.*

Soient, en effet, T la terre (fig. 86), *ss* l'arc décrit par le soleil en un jour sidéral, lorsque sa vitesse angulaire est v et sa distance à la terre d ; $s's'$ l'arc décrit lorsque la vitesse angulaire est v' et la distance d'. Nous pouvons admettre que les arcs *ss* et $s's'$ sont circulaires, la distance du soleil à la terre ne variant que d'une manière insignifiante pendant la durée d'un jour sidéral. Représentons enfin par A et A′ les aires des secteurs circulaires *sTs*, $s'Ts'$. On a, d'après une formule connue,

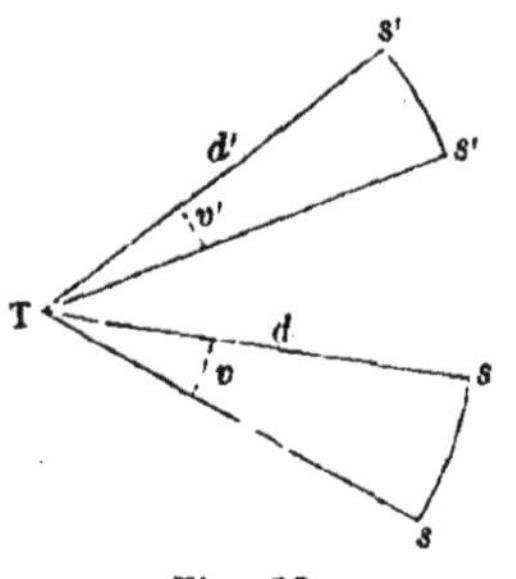

Fig. 86.

$$A = \frac{\pi . v . d^2}{360} \text{ et } A' = \frac{\pi . v' . d'^2}{360}.$$

Mais

$$v . d^2 = v' . d'^2 ;$$

donc

$$A = A'.$$

C. q. f. d.

La conséquence à laquelle nous arrivons est d'autant plus rigoureuse que l'unité de temps adoptée est plus petite.

Nous pouvons maintenant énoncer les lois qui régissent le mouvement apparent du soleil dans le plan de l'écliptique.

1° *Le soleil paraît décrire, d'occident en orient, une ellipse dont la terre occupe un des foyers.*

2° *Les aires décrites par le rayon vecteur du soleil sont proportionnelles aux temps.*

CHAPITRE III

NOTIONS SUR LA MESURE DU TEMPS. — ANNÉE TROPIQUE. CALENDRIER.

114. Origine des ascensions droites. — Nous avons dit précédemment que l'origine des longitudes terrestres n'était pas la même pour tous les peuples. L'origine des ascensions droites pourrait aussi être arbitraire ; cependant tous les astronomes rapportent les ascensions droites au point ♈ que nous avons appris à déterminer. Ce point se trouve ainsi être l'origine commune des ascensions droites comptées sur l'équateur et des longitudes comptées sur l'écliptique.

Pour obtenir la table des ascensions droites par rapport au point ♈, on a commencé par construire la table des ascensions droites par rapport à une étoile quelconque, *Rigel* par exemple, puis on a retranché de chacune d'elles l'ascension droite du point ♈.

L'instant du passage du point ♈ au méridien a été pris aussi par les astronomes pour origine du jour sidéral. Ce point n'étant pas visible dans le ciel on a procédé de la manière suivante pour fixer l'origine du jour sidéral : L'étoile α de la constellation d'Andromède passe au méridien $0^h\,0^m\,40^s,75$ après le point ♈. Il suffit donc de régler la pendule sidérale de manière qu'elle marque $0^h\,0^m\,40^s,75$ au moment du passage de l'étoile α d'Andromède au méridien, pour qu'on soit certain qu'elle marquerait $0^h\,0^m\,0^s$ au moment du passage du point ♈. Quand le point équinoxial d'automne passe au méridien, la pendule sidérale doit marquer 12^h.

115. Du jour sidéral et du jour solaire. Le jour solaire est plus grand que le jour sidéral. — Nous savons que le jour sidéral est l'intervalle de temps qui s'écoule entre deux passages supérieurs consé-

cutifs d'une même étoile au méridien de l'observateur ; de même, on appelle *jour solaire vrai* l'intervalle de temps qui s'écoule entre deux passages supérieurs consécutifs du soleil au méridien. *Le jour solaire vrai est plus grand que le jour sidéral.* En effet, supposons qu'en un jour donné une certaine étoile E passe au méridien en même temps que le soleil. Le jour sidéral sera accompli lorsque l'étoile E sera revenue au méridien ; mais pendant ces 24 heures sidérales, le soleil se sera avancé vers l'orient et aura marché sur l'écliptique d'environ 1° ; il n'atteindra donc le méridien, par suite de la rotation diurne, que *4 minutes* environ après l'étoile E qui l'accompagnait la veille.

116. Inégalité des jours solaires. — Le jour solaire est donc plus grand que le jour sidéral, et l'excès dépend, ainsi que nous venons de l'expliquer, du mouvement du soleil en ascension droite. Nous avons donc maintenant à rechercher si ce mouvement est uniforme ou varié, afin de pouvoir établir l'égalité ou l'inégalité des jours solaires.

Lorsque l'on consulte le tableau des longitudes du soleil aux différents jours de l'année, on remarque que l'accroissement en longitude est variable d'un jour à l'autre, ce qui revient à dire que le soleil ne se meut pas avec une vitesse constante dans le plan de l'écliptique. Cette première cause suffirait à elle seule pour déterminer l'inégalité du mouvement du soleil en ascension droite, et par conséquent l'inégalité des jours solaires. En effet, si l'arc parcouru en 1 jour sur l'écliptique est variable, sa projection sur l'équateur doit varier d'une manière plus ou moins compliquée.

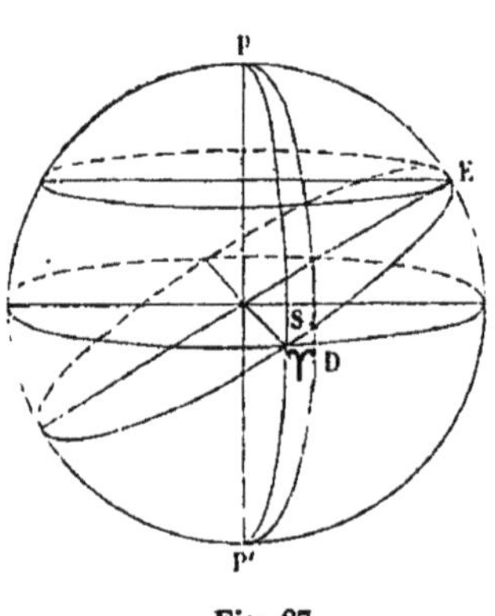

Fig. 87.

D'un autre côté, par suite de l'inclinaison du plan de l'écliptique sur le plan de l'équateur, il y aurait encore inégalité du mouvement en ascension droite quand bien même l'accroissement quotidien du soleil en longitude serait constant. En effet, prenons sur l'écliptique, à partir du point ♈, un arc ♈ S de 1° et menons le cercle horaire qui passe par l'extrémité de cet arc (fig. 87). Au mouvement du soleil en longitude ♈ S correspond le mouvement ♈ D en ascension droite, et l'arc ♈ D, projection de ♈ S, est évidemment moindre que 1°. Prenons maintenant un arc de $\frac{1}{2}$ degré de part et d'autre du point E, au moment du solstice d'été. Cet arc se confond sensiblement avec un arc du tropique du Cancer de même longueur que lui et, par cela même, plus grand que 1°, puisque le rayon du tropique est moindre que celui de l'écliptique. Les deux cercles horaires passant par les deux extrémités de cet arc déterminent sur l'équateur un arc de même graduation que celui du tropique; on en conclut qu'au moment du solstice, à un accroissement de longitude de 1° correspond un accroissement en ascension droite plus grand que 1°.

Ainsi, au moment de l'équinoxe, le mouvement du soleil en ascension droite est plus lent que le mouvement du soleil en longitude, tandis que le contraire a lieu aux solstices. Notre proposition se trouve donc démontrée.

Les jours solaires sont donc inégaux, et nous ajouterons, pour nous résumer, que cette inégalité tient à *deux* causes : 1° à la non-uniformité du mouvement du soleil dans le plan de l'écliptique; 2° à l'obliquité du plan de l'écliptique sur le plan de l'équateur.

117. Du premier soleil fictif. — Équation du centre. — Le jour solaire n'étant pas constant, on ne peut le prendre pour unité de temps. D'un autre côté, le travail et le repos des habitants de la terre étant subordonnés à la marche diurne du soleil, on a dû choisir une unité de temps qui fût invariable, cette condition est indispensable, mais qui eût une liaison très-étroite avec la durée du jour solaire vrai. Nous allons exposer maintenant les considérations qui ont guidé dans le choix de cette unité.

Soit GAG'A' l'ellipse solaire ; G la position du soleil au moment de l'équinoxe du printemps et AA' la ligne des apsides, laquelle est inclinée de 10° sur celle des solstices (fig. 88). La vitesse du soleil est maximum au périgée en A, diminue jusqu'à l'apogée A', puis elle augmente progressivement jusqu'au périgée. Imaginons un mobile qui, décrivant, d'un mouvement uniforme dans le plan de l'écliptique, une circonférence

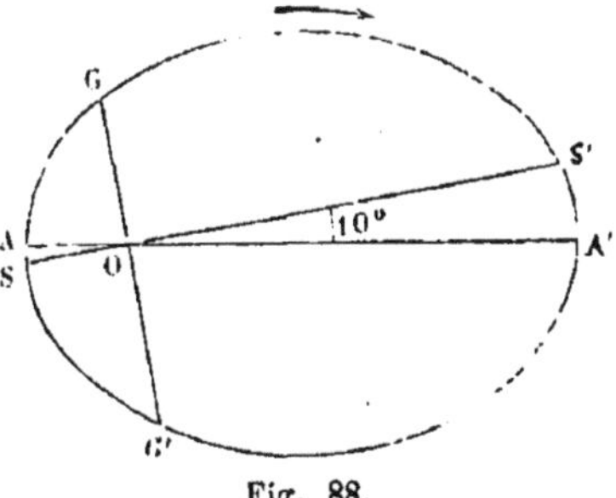

Fig. 88.

de cercle dont la terre occuperait le centre, passe au périgée en même temps que le soleil. Si la vitesse de ce mobile est égale à la vitesse moyenne du soleil, soit 58′58″,642 par jour sidéral, le *soleil fictif* se séparera immédiatement, après le passage au périgée, du *soleil vrai*, celui-ci le dépassant, et l'écart ira en augmentant jusqu'à ce que le soleil vrai ait acquis sa vitesse moyenne. A partir de ce moment, l'écart diminuera et les deux soleils se trouveront *ensemble* à l'apogée ; puis ils se sépareront de nouveau, le soleil fictif dépassant alors le soleil vrai, et l'écart augmentera d'abord jusqu'à ce que le soleil vrai ait acquis sa vitesse moyenne. A partir de ce moment, l'écart diminuera et les deux soleils se retrouveront *ensemble* au périgée. Ainsi, nous *substituons* au soleil vrai un soleil dont la longitude croît proportionnellement au temps, et si nous convenons d'appeler cette longitude *longitude moyenne*, nous voyons que la longitude du soleil vrai est égale à la longitude moyenne, plus une quantité périodique, tantôt positive, tantôt négative, qu'on a appelée *équation du centre*. Du périgée à l'apogée, c'est le soleil vrai qui dépasse le soleil fictif, l'équation du centre est positive ; de l'apogée au périgée, c'est le soleil fictif qui devance le soleil vrai, l'équation du centre est négative.

On retrouve souvent en astronomie ce terme *équation* et il nous paraît utile d'en donner la définition générale. Il arrive quelquefois qu'on peut obtenir la valeur exacte d'une quantité variable en ajoutant à une valeur moyenne connue une quantité périodique tantôt positive et tantôt négative. Cette quantité périodique porte le nom d'*équation ;* nous en retrouverons bientôt un autre exemple.

118. Du deuxième soleil fictif ou soleil moyen. — En substituant au soleil vrai ce premier soleil fictif, nous avons écarté la première cause de l'inégalité des jours solaires, c'est-à-dire celle qui résulte de la non-uniformité du mouvement du soleil dans le plan de l'écliptique; il nous reste à faire disparaître celle qui provient de l'obliquité de l'écliptique sur le plan de l'équateur.

Imaginons pour cela un nouveau mobile (celui-ci est appelé deuxième soleil fictif ou *soleil moyen*), parcourant l'équateur d'un mouvement uniforme, avec la même vitesse que le premier soleil fictif sur l'écliptique, et qui passe en même temps que lui à l'équinoxe du printemps. Ce soleil moyen passera évidemment au méridien à des intervalles de temps égaux entre eux ; on donne le nom de *jour moyen* à chacun de ces intervalles, et l'on appelle *temps moyen* celui qui résulte de la succession des jours moyens. Il est *midi vrai* quand le soleil vrai passe au méridien ; il est *midi moyen* quand le soleil moyen passe au méridien. Quoique ce mobile ne soit que fictif, on peut déterminer l'instant de son passage au méridien tout aussi bien que s'il existait réellement. Le jour solaire moyen se subdivise, comme le jour sidéral, en 24 heures moyennes, l'heure en 60 minutes et la minute en 60 secondes.

119. Équation du temps. — Entre notre premier soleil fictif et le soleil vrai, il y a un écart variable. Par suite de l'obliquité de l'écliptique, il y a aussi un écart entre le premier soleil fictif et le soleil moyen. Par conséquent, le soleil vrai et le soleil moyen diffèrent en ascension droite. On donne le nom d'*équation du temps* à cette différence qui n'atteint jamais 17 minutes. Toute la question pour passer du temps solaire vrai au temps moyen consiste à pouvoir indiquer, à chaque instant, la valeur de l'équation du temps.

Or, soit n la vitesse du soleil moyen ($n = 58' 58'',642$) et t le temps sidéral écoulé depuis l'équinoxe du printemps jusqu'à l'instant considéré; l'ascension droite du soleil moyen est nt et celle du soleil vrai diffère de nt, soit en plus, soit en moins, de cette quantité périodique nommée équation du temps. Elle est calculée d'avance, pour chaque jour de l'année, et ses différentes valeurs sont inscrites dans la *Connaissance des temps*. On trouve dans l'Annuaire du bureau des longitudes une table qui donne, pour chaque jour, le temps moyen au midi vrai. Tantôt, c'est le midi moyen qui précède le midi vrai, tantôt l'inverse a lieu. Enfin, l'équation du temps est nulle *quatre* fois par an. La coïncidence a lieu en 1872, aux époques suivantes : 15 avril, 14 juin, 31 août, 24 décembre.

Nous croyons indispensable de résumer en quelques mots les considérations précédentes. Le soleil vrai donnant des jours inégaux, on a choisi une *unité invariable* fondée sur le passage d'un astre fictif au méridien. Quoique cet astre soit purement imaginaire, il est facile de déterminer son ascension droite pour chaque jour de l'année; par suite, le midi moyen peut être fixé tout aussi facilement que le midi vrai. Nous répétons que l'Annuaire du bureau des longitudes donne l'heure moyenne au moment du midi vrai; il n'y a donc aucune difficulté à régler les horloges publiques sur le temps moyen. On prend pour origine du jour solaire moyen l'instant du passage du soleil moyen au méridien. Le jour civil commence à minuit, au moment du passage inférieur, tandis que les astronomes font commencer le jour à midi, au moment du passage supérieur suivant.

120. Rapport du jour moyen au jour sidéral. — Nous avons dit plus haut que le jour solaire était plus grand que le jour sidéral, et nous avons donné la raison de cet excès. Il va maintenant nous être facile de calculer le rapport du jour solaire moyen au jour sidéral.

Dans l'intervalle d'un jour sidéral, le soleil moyen parcourt sur l'équateur, dans le sens direct, un arc de $58' 58'',642$. Par conséquent il ne décrit pas véritablement, dans cet intervalle, par suite du mouvement diurne, un arc de 360°, mais bien un arc de 360° — [58′ 58″,642]. La valeur du jour solaire moyen, c'est-à-dire le temps nécessaire pour parcourir 360°, sera donc donné par l'équation

$$\frac{x}{1} = \frac{360}{360 - (58'58'',642)}.$$

On en déduit

$$x = 1^{\text{jour sidéral}},002\ 739 = 1^{\text{j. sidéral}}\ 0^{\text{h}}\ 3^{\text{m}}\ 56\ ,555.$$

Ainsi le jour solaire moyen dépasse le jour sidéral d'environ 4 minutes sidérales.

On peut au contraire exprimer le jour sidéral au moyen du jour solaire moyen. On trouve pour la valeur du jour sidéral :

$$\frac{1 \text{ jour solaire moyen}}{1,002\ 739} = 0^{\text{j.s.m.}},997\ 268 = 23^{\text{h.s.m.}}\ 56^{\text{m}}\ 3^{\text{s}},955.$$

121. Substitution du temps moyen au temps sidéral dans la mesure des longitudes. — Dans la mesure des longitudes, le temps peut être exprimé indifféremment en heures moyennes ou en heures sidérales. En effet, nous savons que la longitude d'un point du globe est égale à la différence des heures comptées au même instant sous le méridien du lieu et sous le *premier* méridien. Admettons, pour simplifier, qu'un lieu ait pour longitude + 15°, c'est-à-dire qu'il soit situé à 15 degrés à l'est du méridien de Paris. Pour passer du méridien du lieu au méridien origine, une étoile quelconque mettra 1 heure sidérale; par conséquent, si nous prenons pour unité l'heure sidérale, la différence des heures sera 1 sous les deux méridiens. Mais le soleil moyen met aussi 1 jour solaire moyen, ou 24 heures solaires moyennes, pour parcourir 360°; il mettra donc aussi 1 heure solaire moyenne pour parcourir l'arc de 15°; la différence des heures sera donc encore 1, si nous prenons pour unité l'heure solaire moyenne. Cette remarque explique suffisamment pourquoi, dans la mesure des longitudes, on n'indique jamais si la différence des heures est marquée en heures sidérales ou en heures solaires moyennes.

122. Détermination de l'heure vraie au moyen des cadrans solaires. — On appelle *cadrans solaires* des appareils destinés à indiquer l'heure vraie. Ils consistent essentiellement en une surface plane sur laquelle

est implantée une tige (*style*) dont la direction est toujours parallèle à l'axe du monde. Indiquons d'abord le principe général sur lequel repose la construction de tous les cadrans solaires.

Soient CZ la verticale d'un observateur placé au centre C de la sphère céleste, PP' la ligne des pôles, PEP' le méridien du lieu de station, EE' l'équateur. Supposons que la sphère soit divisée en 24 parties égales par 24 demi-grands cercles ou cercles horaires; la flèche indique le sens du mouvement diurne (fig. 89). Aux différents cercles

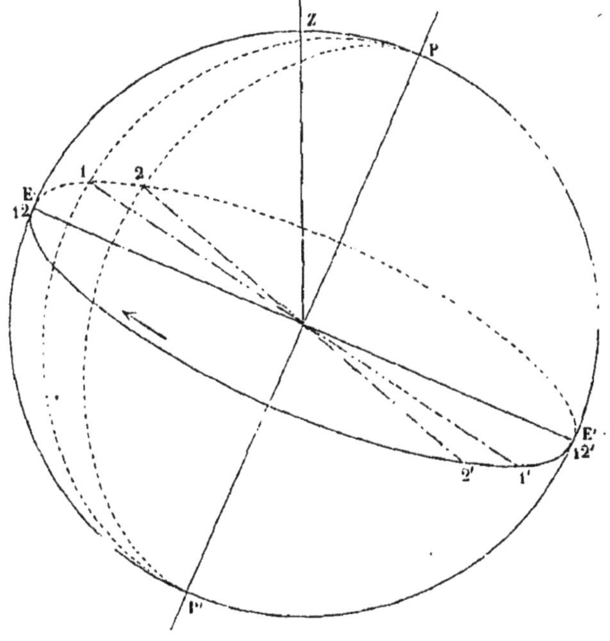

Fig. 89.

horaires que nous avons imaginés correspondent sur la surface de la terre 24 méridiens faisant entre eux des angles de 15°, et nous pouvons considérer les cercles horaires comme les intersections des plans de nos méridiens prolongés avec la sphère céleste. Cela posé, il est midi vrai pour l'observateur lorsque le soleil traverse le cercle horaire PEP'; 1 heure vraie, lorsqu'il traverse le cercle horaire P1P'; 2 heures lorsqu'il traverse le cercle horaire P2P', et ainsi de suite.

Imaginons maintenant qu'on ait disposé en C une surface plane parallèle au plan de l'équateur portant un style dirigé suivant l'axe PP'. Les plans des 24 cercles horaires ou méridiens coupent cette surface suivant 24 lignes faisant entre elles des angles de 15°, appelées *lignes horaires*, et dont l'une est dirigée suivant la droite EE', intersection du plan de l'équateur et du plan méridien du lieu de station. Au moment du midi vrai, le style projettera son ombre sur la ligne C12'; à 1 heure vraie, l'ombre coïncidera avec la ligne C1' et ainsi de suite. On aura donc, de cette manière, un appareil à l'aide duquel on pourra déterminer l'heure vraie. C'est là ce qu'on appelle le *cadran solaire équatorial* ou *équinoxial*.

A Paris, il est inutile de tracer toutes les lignes horaires, car le soleil ne se lève jamais avant 4 heures du matin, et il ne se couche jamais après 8 heures du soir.

Il faut aussi que le tracé du cadran soit exécuté sur les deux faces

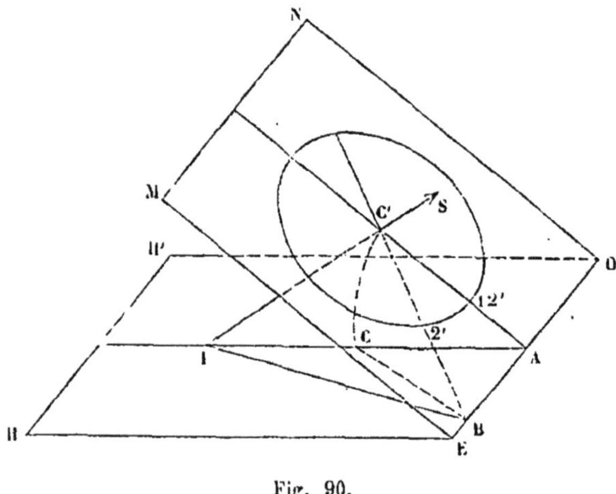

Fig. 90.

du plan équatorial. En effet, de l'équinoxe du printemps à l'équinoxe d'automne, le soleil se trouvant au-dessus du plan équatorial, les heures se lisent sur la face supérieure. Au contraire, de l'équinoxe d'automne à l'équinoxe du printemps, le soleil se trouve au-dessous du plan de l'équateur et on lit alors les heures sur la face inférieure.

123. Cadran solaire horizontal. — Supposons que EOMN représente un cadran solaire équatorial construit d'après les indications que nous avons données dans le paragraphe précédent, et soit EO l'intersection avec le plan horizontal HH' du plan de ce cadran orienté de manière que la ligne C'A se trouve dans le plan méridien de la station et que le style C'S fasse avec le plan de l'horizon un angle égal à la hauteur du pôle au-dessus de l'horizon (fig. 90).

La direction du style étant prolongée jusqu'à sa rencontre en I avec le plan H, les deux droites IA et C'A sont perpendiculaires sur la ligne EO qui représente la ligne est-ouest et IA n'est autre que la méridienne de la station. Par conséquent, à midi vrai le soleil se trouve dans le plan C'AI, et si l'on fixe en I un style dans la direction IS, l'ombre de ce style coïncidera, à midi vrai, avec la ligne IA. Prolongeons de même une quelconque des lignes horaires du cadran équatorial, la ligne C'2', par exemple, jusqu'en B et joignons IB. A deux heures

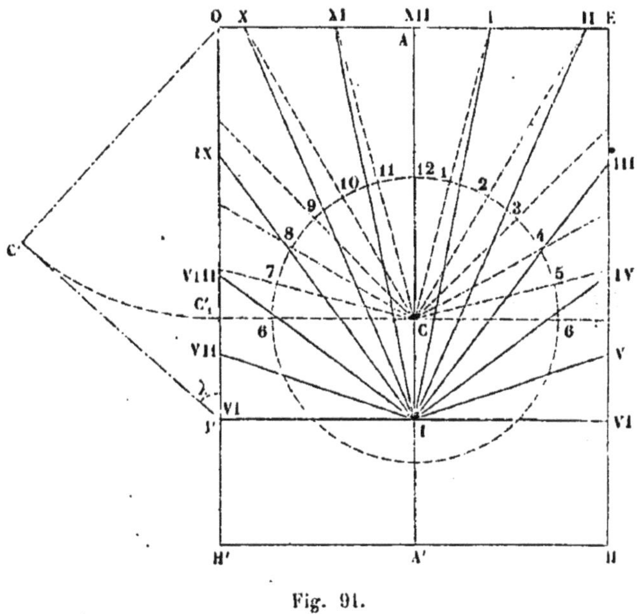

Fig. 91.

(heure vraie), le soleil se trouvant dans le plan C'BI, l'ombre du style portera sur IB.

L'angle BIA n'est pas égal à 30°, mais il est facile d'obtenir la direction IB. En effet faisons tourner le plan MNEO autour de EO, jusqu'à ce qu'il coïncide avec le plan H. Le point C' viendra en C sur IA, à une distance AC = AC', de sorte que la ligne C'2' prendra la direction CB et l'angle ACB sera de 30 degrés. C'est sur cette remarque qu'est fondée la construction d'un cadran solaire horizontal.

Menons la droite AA' perpendiculaire sur le milieu du côté EO du rectangle EOHH', et soit I la position que devra occuper le pied du style sur le cadran. Construisons le triangle rectangle I'C'O (fig. 91) dans lequel I'O = IA, l'angle OI'C' étant égal à la latitude de la station. Rabattons ensuite OC′ en OC'_1 par un arc de cercle et prenons $AC = OC'_1$.

Cela posé, du point C comme centre avec un rayon arbitraire décrivons une circonférence et partageons-la en 24 parties égales. Les rayons C12, C1, C2, C3..... prolongés rencontrent la ligne OE aux points XII, I, II, III..... En joignant le point fixe I à ces différents points, nous obtiendrons les lignes horaires du cadran horizontal.

Cette construction étant terminée, nous n'aurons plus qu'à placer le dessin sur une table horizontale en donnant à la droite AA′ la direction de la méridienne et en ayant soin de placer le style dans le plan vertical passant par AA′ parallèle à la ligne des pôles.

124. Année tropique. — Les intervalles de temps un peu longs étant représentés par un nombre de jours assez considérable, on a imaginé une autre unité de temps, beaucoup plus longue que le jour, à laquelle on a donné le nom d'*année*. Cette unité a été déterminée par le mouvement apparent du soleil sur la sphère céleste. L'intervalle de temps qui s'écoule entre deux passages consécutifs du soleil à l'équinoxe du printemps a été appelé *année tropique*. Nous avons dit plus haut que cet intervalle était de 366j. sidéraux,242217. Voici comment on a pu le calculer exactement.

L'instant de l'équinoxe peut, ainsi que nous l'avons vu, être déterminé avec précision. Supposons qu'on ait fait le calcul pour deux années consécutives ; l'intervalle trouvé donne évidemment la durée de l'année tropique. Mais il y a des erreurs inévitables dans les observations, de sorte que ce procédé, si simple en apparence, pourrait donner une erreur définitive d'*une minute* dans la longueur de l'année.

Au lieu d'évaluer l'intervalle de temps qui s'écoule entre deux passages consécutifs du soleil à l'équinoxe du printemps, on a mis à profit les observations anciennes de *Lacaille* et de *Bradley*, et l'on a estimé l'intervalle compris entre deux équinoxes distants de cent ans. L'erreur résultant des observations est évidemment la même que dans la première mesure indiquée, mais comme il a fallu diviser par 100 pour avoir la durée de l'année tropique, cette erreur est devenue négligeable.

Ainsi l'année tropique estimée en jours sidéraux est de 366j.,242217. Cherchons maintenant sa valeur en jours solaires moyens ; reprenons pour cela le calcul de l'évaluation du jour solaire moyen en jours sidéraux.

Nous avons trouvé (120) que le rapport du jour solaire moyen au jour sidéral était égal à

$$\frac{360}{360 - \frac{360}{366,242\,217}}.$$

Divisant les deux termes par 360 et effectuant les calculs indiqués, l'expression devient

$$\frac{366,242\,217}{365,242\,217}.$$

On en conclut que

$$365^{j\ \text{sol.moyens}},242\,217 \text{ valent } 366^{j.\text{sidéraux}},242\,217$$

ou, en d'autres termes, que la longueur de l'année tropique est exprimée en jours solaires moyens par le nombre : 365,242217 ; il y a donc, pendant l'année tropique, un jour solaire moyen de moins qu'il n'y a de jours sidéraux, et l'on se rend aisément compte de ce fait. Admettons, pour rendre l'explication plus claire, que l'équinoxe du printemps ait lieu à midi moyen. Le lendemain, lorsque le jour sidéral sera achevé, le soleil moyen n'aura pas encore atteint le méridien, puisqu'il se sera déplacé vers l'orient, pendant cet intervalle, d'une quantité égale à

$$\frac{360}{366,242\,217}.$$

Le retard sera donc exprimé, en jours solaires moyens, par le nombre

$$\frac{1}{366,242\,217}.$$

Or le retard est évidemment proportionnel au nombre de jours sidéraux écoulés depuis l'équinoxe; après $366^{j.\ \text{sidéraux}},242217$, c'est-à-dire à la fin de l'année tropique, il sera donc égal à

$$\frac{366,242\,217}{365,242\,217}.$$

ou 1 jour solaire moyen.

Un phénomène analogue se produit pour les voyageurs qui font le tour de la terre. Nous avons dit que le lieutenant de Magellan, *Sébastien del Cano*, aborda le Portugal le 6 septembre 1522, après avoir fait le tour de la terre; les registres du bord marquaient le 5 septembre. On crut d'abord à une erreur, mais voici l'explication bien simple de ce fait. Lorsqu'on fait le tour de la terre en marchant vers l'ouest, on est évidemment en retard d'*une* heure sur l'horloge du point de départ, lorsqu'on a déjà parcouru 15 degrés; on est en retard de *deux* heures, lorsqu'on a parcouru 30 degrés, etc. Enfin, on est en retard de 24 heures ou d'*un* jour, lorsqu'on a parcouru 15 × 24 ou 360 degrés, c'est-à-dire lorsqu'on est revenu au méridien du point de départ. Le phénomène inverse se produirait si l'on marchait vers l'est en faisant le tour de la terre.

125. Année civile. — Calendrier. — Les années dont on se sert pour exprimer les dates doivent nécessairement se composer d'un nombre *entier* de jours. Il serait très-incommode en effet qu'un même jour appartînt à la fois à deux années consécutives. Or, cela arriverait si l'on employait l'année tropique qui se compose de 365 jours 1/4 environ. On a donc adopté une année de *convention* qu'on nomme *année civile* et qui se compose d'un nombre entier de jours. Cette année se divise en *douze* mois dont chacun contient un nombre exact de jours qui portent, dans chaque mois, des numéros d'ordre.

Le *calendrier* n'est autre chose que la répartition des jours en année civile. La régularité périodique du mouvement annuel apparent du soleil autour de la terre détermine certaines variations de température qui se reproduisent toujours de la même manière, lorsque l'astre revient, après une année révolue, occuper la même position par rapport à la terre. En se fondant sur ce principe, on a divisé l'année en différentes périodes correspondantes à ces variations, de telle sorte qu'il est devenu possible d'indiquer d'avance la température dont on jouira à un moment donné, en faisant bien entendu abstraction des irrégularités provenant de causes accidentelles. Nous n'avons pas besoin d'insister sur l'importance de ces résultats. Les divers travaux de l'agriculture sont loin d'exiger les mêmes températures. Grâce au calendrier, on peut fixer les dates de ces différents travaux. Laissons de côté les années ou périodes employées par les Égyptiens et les Romains avant Jules César et occupons-nous exclusivement du calendrier Julien et du calendrier Grégorien.

126. Calendrier Julien. — La longueur de l'année tropique comprend environ 365 j. 1/4. Jules César, conseillé par Sosigène, astronome d'Alexandrie, supposa que l'année tropique était exactement

de 365 j. 1/4. Il décida alors que l'on donnerait cette valeur moyenne à l'année civile, et pour que celle-ci se composât d'un nombe entier de jours, mesure indispensable ainsi que nous l'avons établi plus haut, il ordonna que sur quatre années consécutives il y en aurait d'abord *trois* de 365 jours chacune et que la quatrième serait de 366 jours. Les 365 jours des années communes sont aujourd'hui répartis en 12 mois de la manière suivante : janvier, 31 ; février, 28 ; mars, 31 ; avril, 30 ; mai, 31 ; juin, 30 ; juillet, 31 ; août, 31 ; septembre, 30 ; octobre, 31 ; novembre, 30 ; décembre, 31. Tous les quatre ans, l'année contient *un* jour de plus ou *jour complémentaire*. Ce jour complémentaire est ajouté au mois de février, qui comprend alors 29 jours au lieu de 28. Au temps de Jules César, le jour complémentaire avait été intercalé entre le 23e et le 24e jour de février. Celui-ci s'appelait *sexto calendas* (6e jour avant les calendes de mars). On donna au jour intercalaire le nom de *bis sexto calendas*, afin de ne rien changer aux dénominations des autres jours du mois. C'est de là que vient le nom de *bissextiles* donné aux années de 366 jours.

Les règles introduites par Jules César constituent ce que l'on appelle la *réforme julienne*, et le calendrier basé sur ces règles porte le nom de *Calendrier Julien*. La première année dans laquelle ce calendrier ait été suivi est l'année 709 de Rome ou 45e avant Jésus-Christ. Le commencement de cette année fut fixé à une époque telle, que la concordance fut rétablie entre l'instant de l'équinoxe et sa date. Pour obtenir ce résultat, il fallut décider que l'année précédente se composerait de 445 jours, ce qui lui fit donner le nom d'année de *confusion*.

127. Adoption de la réforme julienne par l'Église ; vieux style. — Lorsque le concile de *Nicée* se réunit en 325 pour régler les points fondamentaux de la doctrine chrétienne, il s'occupa aussi du calendrier et adopta la réforme julienne. Il supposa que l'intercalation faisait coïncider exactement la longueur de l'année civile avec celle de l'année astronomique ; enfin il établit la concordance du calendrier avec le mouvement du soleil en constatant que l'équinoxe du printemps avait eu lieu le 21 mars 325. Sur quatre années consécutives, l'une d'elles devant être bissextile, le concile décida que ce serait celle dont le millésime serait divisible par 4. D'après cette règle, les années qui terminent un siècle ou années séculaires doivent toutes être bissextiles. L'ensemble de ces mesures constitue ce que l'on est convenu d'appeler le *vieux style*.

Les conséquences de l'hypothèse de Sosigène sont faciles à établir. La durée de l'année astronomique est de 365[j],242217 et non pas de

365j,25 ; le concile de Nicée supposait donc l'année trop longue de $0^j,007783$. Au bout de de 400 ans, l'erreur était déjà de

$$0,007783 \times 400 = 3^j,1132.$$

Par suite, l'équinoxe du printemps, au lieu d'arriver le 21 mars, tombait le 18. Si l'on eût laissé l'erreur s'accumuler jusqu'à nos jours, en 1872, c'est-à-dire 1547 ans après la tenue du concile de Nicée, l'équinoxe aurait eu lieu le 9 mars. Or voici l'inconvénient qui résulterait du déplacement de l'équinoxe : La fête de Pâques, et d'après elle toutes les fêtes mobiles de l'année, ont été réglées par le concile sur la première pleine lune qui a lieu à partir du jour de l'équinoxe du printemps. Comme on admettait en même temps que l'équinoxe répondait au 21 mars, la détermination du jour de Pâques devenait ainsi inexacte, et cette fête aurait fini par être transportée au milieu de l'été, contrairement à la tradition établie.

128. Calendrier Grégorien ; nouveau style. — C'est au pape Grégoire XIII qu'on doit la correction de l'intercalation julienne. Voici comment il accomplit cette réforme, d'après les conseils de *Lilio*, savant calabrais.

En 1582, c'est-à-dire 1257 ans après la réunion du concile de Nicée, l'erreur julienne était de

$$0^j,007783 \times 1257 = 9^j,78,$$

soit 10 jours environ. Il fallait donc, pour réparer l'erreur provenant de l'intercalation d'un trop grand nombre de jours complémentaires, augmenter toutes les dates de *dix* unités. C'est ce que fit Grégoire XIII. Il supprima 10 jours à l'année 1582 et décida que le lendemain du 4 octobre serait le 15. On se retrouvait ainsi dans les mêmes conditions qu'à l'époque du concile de Nicée, mais il fallait encore supprimer pour l'avenir les effets de la même erreur. Puisqu'on supposait l'année trop longue de $0^j,007783$, l'erreur devenait de 1 jour en 128 ans ou de 3 jours en 384 ans. Au lieu d'une suppression de 3 jours en 384 ans, Grégoire XIII décida qu'on supprimerait 3 bissextiles en 400 ans, et il fit porter la suppression sur les années séculaires dont le millésime n'est plus divisible par 4, après qu'on a retranché les deux derniers zéros. C'est pourquoi il y a une différence de 12 jours entre le *vieux style* et le style Grégorien ou *nouveau style*.

En effet, dans le vieux style, les années 1600, 1700 et 1800 ont été bissextiles, tandis que dans le nouveau l'année 1600 seule a été bissextile.

La concordance n'est pas encore parfaite entre l'année astronomique et l'année civile. La différence est de $0^j,112$ en 400 ans et sera par conséquent de $1^j,12$ en 4000 ans. Il suffira, pour réparer l'erreur, de supprimer une bissextile tous les 4000 ans. On peut donc dire que le calendrier grégorien est conforme aux lois de la science et aux besoins de la société.

Ainsi que nous l'avons dit plus haut, le calendrier grégorien était fondé sur le mouvement du soleil; il en résulte que les saisons reviennent aux mêmes époques de l'année et correspondent aux mêmes travaux de l'agriculture. Quant aux fêtes mobiles, leurs dates changent d'une année à l'autre, car elles sont réglées sur les mouvements combinés du soleil et de la lune. Elles sont d'ailleurs toujours séparées de la fête mobile de Pâques par un intervalle composé d'un nombre constant de jours.

La fête de Pâques est invariablement fixée au 1er dimanche après la pleine lune qui arrive le jour de l'équinoxe du printemps ou quelques jours plus tard. Les limites extrêmes de la fête de Pâques sont donc le 22 mars et le 25 avril.

Malgré ses grands avantages, ce calendrier ne fut pas accueilli partout immédiatement. Aujourd'hui encore, les Russes et les Grecs, seuls parmi les chrétiens de l'Europe, conservent le vieux style. Leurs dates sont donc en arrière de 12 jours sur les nôtres. Dans nos correspondances avec ces peuples, on a l'habitude d'indiquer ainsi les dates : 1/13 janvier, 3/15 février, ce qui signifie que quand ils comptent le 1er janvier ou le 3 février, nous sommes au 13 janvier ou au 15 février.

CHAPITRE IV

DISTANCE DU SOLEIL A LA TERRE. — RAPPORT DU VOLUME DU SOLEIL A CELUI DE LA TERRE. — RAPPORT DES MASSES. — TACHES DU SOLEIL. — ROTATION DU SOLEIL SUR LUI-MÊME. — CONSTITUTION DU SOLEIL.

129. Parallaxe d'un astre. — On appelle *parallaxe* d'un astre, par rapport à un point de la surface de la terre, l'angle sous lequel un observateur placé au centre de l'astre verrait le rayon de la terre qui aboutit au point considéré de la surface (fig. 92). Soient, par exemple, C et S les centres de la terre et du soleil et A un point de la surface de la terre; le plan déterminé par les trois points C, S, A coupe la terre, que nous supposons ici sphérique, suivant un grand cercle, et l'angle p=ASC est la parallaxe du soleil relative au point A. Si le soleil se trouve en S′, à l'horizon du point A, la parallaxe prend alors le nom de *parallaxe horizontale;* dans toute autre position de l'astre, on l'appelle *parallaxe de hauteur*.

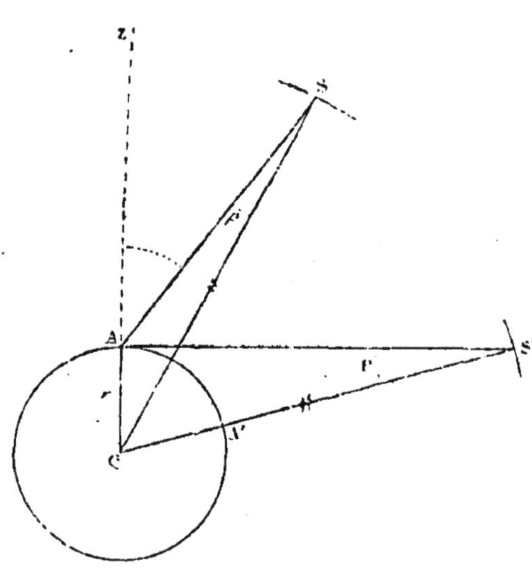

Fig. 92.

Désignons par p la parallaxe de hauteur pour la position S d'un astre, par Z la distance zénithale correspondante et par P la parallaxe horizontale de l'astre; la trigonométrie fournit entre ces trois quantités une relation très-simple qui donne la valeur de p en fonction de Z et P. Nous indiquerons tout à l'heure une application de cette formule, mais auparavant nous allons essayer de faire comprendre comment on peut déterminer la valeur de la parallaxe horizontale d'un astre quelconque.

130. Méthode générale pour déterminer la parallaxe horizontale d'un astre. — Valeur de la parallaxe horizontale du soleil. —

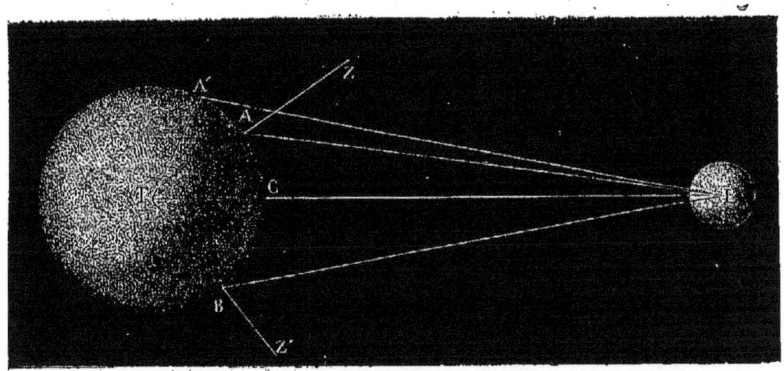

Fig. 93. — Parallaxe de la lune.

Lalande et *Lacaille* ont eu recours à la méthode suivante pour déterminer la parallaxe de la Lune, de Vénus et de Mars (fig. 93). Ces deux observateurs se sont placés sur le même méridien, le premier à Berlin, le second au cap de Bonne-Espérance; soient A et B ces deux stations, dont nous désignerons les latitudes par λ et λ'. Au moment où l'astre L passait au méridien, les deux observateurs mesuraient les distances zénithales Z et Z'. Or, les deux triangles LAT, LBT donnent

$$p = Z - ATL; \quad p' = Z' - BTL;$$

ajoutant ces deux égalités membre à membre, il vient

$$p + p' = Z - Z' - (\lambda + \lambda').$$

D'un autre côté, on peut exprimer p au moyen de P et Z et de même p' au moyen de P et Z', et par suite obtenir une nouvelle valeur de $p + p'$. Égalant les deux valeurs trouvées, on arrive en dernier lieu à une relation qui donne la valeur de P en fonction de Z, Z', λ et λ'; c'est de cette formule que se sont servis *Lalande* et *Lacaille*. On pourrait à la rigueur l'appliquer à la détermination de la parallaxe horizontale du soleil, mais on préfère suivre dans ce cas une méthode plus parfaite dont nous indiquerons plus loin le principe. On admet aujourd'hui pour valeur de la parallaxe horizontale moyenne du soleil $P = 8'', 86$.

131. Effets de la parallaxe. — Lorsqu'on veut étudier les mouvements des astres, il faut, pour rendre comparables entre elles les observations faites à la surface de la terre, ramener ces observations à ce qu'elles seraient si elles avaient été faites au centre de la terre. Quand il s'agit d'azimuts, la parallaxe n'a aucune influence ; en effet, lorsqu'un astre paraît situé dans un plan vertical pour un observateur placé en un point de la surface de la terre, il est évidemment dans le même vertical pour l'observateur qui serait placé au centre. Mais il n'en est plus ainsi lorsqu'il s'agit d'observer des hauteurs ; la parallaxe a pour effet de diminuer la hauteur des astres, de sorte que, à toute hauteur observée, il faut ajouter la valeur correspondante de la parallaxe de hauteur ; or, cette valeur se calcule aisément, ainsi que nous l'avons dit plus haut, quand on a mesuré la distance zénithale et qu'on connaît la parallaxe horizontale P. Ainsi, tandis que la réfraction augmente la hauteur des astres, la parallaxe la diminue. Par conséquent si l'on appelle H une hauteur observée, p la parallaxe de hauteur et R la correction relative à la réfraction, la hauteur vraie sera $H + p - R$.

132. Distance du soleil a la terre. — Lorsque l'on connaît la parallaxe horizontale du soleil AS'C, il est facile d'en déduire la distance S'C du soleil à la terre. Cette distance étant très-grande par rapport au rayon CA, on peut admettre que celui-ci se confond sensiblement avec l'arc décrit du point S' comme centre avec S'C pour rayon (fig. 92). Cela posé, appelons l la longueur de l'arc compris entre les côtés de l'angle AS'C et décrit du point S', comme centre, avec un rayon égal à l'unité. On a évidemment

$$\frac{S'C}{1} = \frac{CA}{l};$$

mais

$$l = \frac{\pi \times 8,86}{648000};$$

donc

$$S'C = \frac{648000}{\pi \times 8,86} . CA.$$

$$S'C = 23\,300 \,.\, CA, \text{ environ.}$$

Ainsi, la distance du soleil à la terre dépasse 23 000 fois le rayon terrestre. Nous avons vu que ce rayon était de 6377^{kil}, ce qui donne

Parallaxe.

d la parallaxe de hauteur

on a :

$$\frac{d}{\sin z} = \frac{R}{\sin p}$$

Si la parallaxe horizontale on a

$$R = d \sin P$$

$$d = \frac{R}{\sin P}$$

On a donc :

$$\frac{R \sin z}{\sin p} = \frac{R}{\sin P} \quad \text{d'où} \quad \frac{\sin z}{\sin p} = \frac{1}{\sin P}$$

et $\sin p = \sin P \sin z$

$$p = P \sin z.$$

$$p + p' + 180 - z + 180 - z' + \lambda + \lambda' = 360$$

$$p + p' = z + z' - \lambda - \lambda'$$

$$P \sin z + P \sin z' =$$

$$P = \frac{z + z' - \lambda - \lambda'}{\sin z + \sin z'}$$

38 000 000 de lieues environ pour la distance du soleil à la terre. Un train express, marchant à raison de 50 kilomètres par heure, mettrait 347 ans pour atteindre le soleil.

133. Rayon du soleil. — On peut dire que la parallaxe du soleil est l'angle sous lequel un observateur placé dans le soleil verrait le rayon de la terre ; c'est donc le demi-diamètre apparent de la terre vue du soleil. D'un autre côté, nous savons que le demi-diamètre apparent du soleil est en moyenne de 16′ 3″ ou 963″. Or il est évident que les

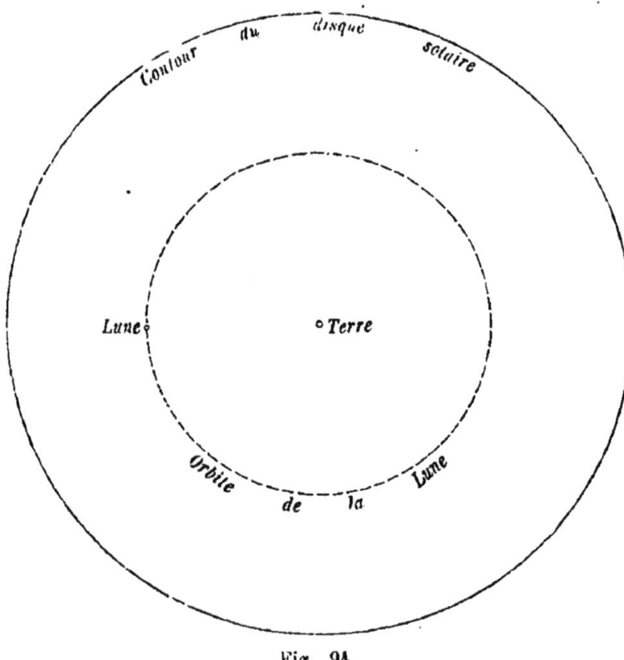

Fig. 94.

valeurs réelles des rayons du soleil et de la terre sont proportionnelles à leurs demi-diamètres apparents. Nous aurons donc, en désignant le rayon du soleil par R et celui de la terre par r,

$$\frac{R}{r} = \frac{963}{8,86} = 108,7 ;$$

tel est le rapport entre les rayons des deux astres. Si le centre du soleil coïncidait avec celui de la terre, l'orbite de la lune resterait tout entière à l'intérieur du corps du soleil, et il faudrait, pour atteindre sa surface, s'élever encore au-dessus de la lune d'environ 25 diamètres terrestres (fig. 94).

134. Rapport du volume du soleil a celui de la terre. — Les surfaces de deux sphères étant proportionnelles aux carrés de leurs rayons et le rapport des volumes étant égal à celui des cubes des rayons, on conclut de ce qui précède que la surface du soleil est égale à 12 000 fois environ la surface de la terre et que le volume du soleil est égal à 1 280 000 fois environ le volume de la terre. On peut faire ressortir de la manière suivante la grandeur de ce rapport, car les nombres ne disent rien par eux-mêmes. Un litre de blé renferme 10 000 grains ; 13 décalitres renferment donc 1 300 000 grains. Qu'on mette l'un à côté de l'autre un grain de blé et un tas formé par tous les grains contenus dans 13 décalitres, on pourra alors se faire une idée très-nette de ce qu'est le volume du soleil par rapport à celui de la terre.

135. Rapport de la masse du soleil a celle de la terre. — Tout corps placé en dehors d'un astre et abandonné à lui-même est sollicité vers le centre de l'astre par une force émanant de l'astre appelée *pesanteur* en vertu de laquelle il prend un mouvement uniformément varié. L'espace qu'il parcourt ainsi pendant un certain temps, 1 seconde par exemple, est complétement indépendant de sa masse et de sa nature. Il varie proportionnellement à la masse de l'astre et en raison inverse du carré de sa distance au centre de l'astre. Il résulte de ce principe que, pour comparer les masses de deux astres, il suffirait de pouvoir mesurer ou calculer le chemin parcouru en une seconde par deux corps quelconques placés à la même distance des centres des deux astres ; le rapport de ces chemins donnerait précisément le rapport des masses.

Nous verrons plus loin que la terre décrit une ellipse dont le soleil occupe un des foyers. On peut admettre que cette ellipse est une circonférence de cercle dont le soleil occupe le centre et dont le rayon est égal à 23 000 fois le rayon terrestre ; la durée de la révolution est d'une *année sidérale* ou de 365$^{\text{j. s. m.}}$,25638. Prenons la terre dans une position quelconque T (fig. 95). Si elle était seulement soumise à sa vitesse initiale, au bout d'une seconde elle aurait parcouru un certain chemin TC dans la direction de la tangente. Si, au contraire, elle était seulement soumise à l'attraction solaire, elle aurait parcouru au bout d'une seconde un chemin TB dans la direction du rayon. Par suite de la simultanéité des deux mouvements, la terre parcourt l'arc TA qu'on

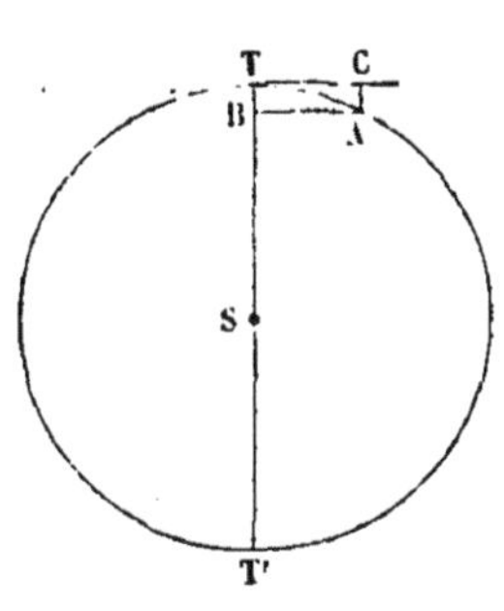

Fig. 95.

peut regarder comme la diagonale du parallélogramme construit sur les deux droites TC et TB, car on peut admettre ici que l'arc et la corde se confondent. TB pouvant être assimilé à la projection de l'arc TA, on a

$$TB = \frac{TA^2}{TT'};$$

mais

$$\text{arc } TA = \frac{2\pi \times 23\,300 . r}{86\,400 \times 365,25\,638};$$

$$TT' = 2 \times 23\,300 \times r; \quad r = 6\,377\,398.$$

Donc

$$TB = 2^{mm},945.$$

Tout corps placé à une distance du centre du soleil égale à 23 300 fois le rayon de la terre parcourt donc pendant la première seconde, en tombant vers le soleil, une distance de $2^{mm},945$. On sait d'ailleurs que tout corps soumis à l'action de la pesanteur, à la surface de la terre, parcourt en une seconde $4^{m},9044$. Si le corps était placé à une distance du centre de la terre 23 300 fois plus grande, le chemin parcouru serait $23\,330^2$ fois plus petit, soit

$$\frac{4^{m},9\,044}{23\,300^2} = 0^{mm},000\,009.$$

Le rapport des masses du soleil et de la terre se trouve ainsi exprimé par le nombre

$$\frac{2,945}{0,000\,009} = 327\,222.$$

D'autres méthodes plus exactes que celles que nous venons de développer ont conduit au nombre 354 030 adopté aujourd'hui. Ainsi, la masse du soleil est égale à 354 030 fois la masse de la terre.

136. Pesanteur a la surface du soleil; densité moyenne. — Il résulte de ce que nous avons dit plus haut que si l'on rapporte à l'attraction à la surface de la terre l'attraction à la surface du soleil, cette dernière sera exprimée par le nombre

$$\frac{354\,030}{(108,7)^2} = 29,9.$$

On en conclut qu'un corps qui pèserait 1^{kg} à la surface de la terre pèserait $29^{kg},9$ à la surface du soleil.

On sait que la *densité* d'un corps est le rapport de sa masse à son volume. Par conséquent, si l'on prend pour unité la densité moyenne de la terre, celle du soleil sera représentée par

$$\frac{354\,030}{1\,280\,000} = 0,276.$$

La densité moyenne de la terre étant 5,48 par rapport à l'eau, celle du soleil est égale à 1,51.

137. Taches du soleil. — Lorsqu'on observe le soleil avec une forte lunette dont l'oculaire est garni d'un verre coloré pour garantir l'œil contre l'éclat et la chaleur des rayons, on reconnaît que les différents points de la surface présentent en général une lumière d'égale intensité. Cependant on remarque sur le fond certains espaces d'une blancheur éclatante et d'autres au contraire absolument noirs entourés d'une pénombre grisâtre; les premiers ont reçu le nom de *facules* et les autres celui de *taches*; ordinairement, les facules se rencontrent dans le voisinage des taches. La figure 96 indique le mode de groupement des taches et leur position à la surface du soleil pour une époque déterminée.

Les taches apparaissent d'abord à l'observateur à sa gauche sur le bord oriental du soleil et se déplacent successivement sur le disque, dans le sens même du mouvement du soleil sur l'écliptique. La vitesse va en augmentant jusqu'au milieu du disque, pour diminuer ensuite. Quelques taches se déforment d'une manière sensible pendant ce déplacement, disparaissent même tout à coup, tandis que d'autres se présentent subitement en des points dont l'éclat était uniforme. Les taches qui atteignent le bord occidental du soleil reparaissent quelquefois, après un intervalle de 27 j 1/2 environ, et font ainsi plusieurs révolutions avant de se dissiper d'une manière complète. Ajoutons que le disque solaire offre dans certains instants à l'observateur une surface très-pure complétement exempte de taches; dans d'autres, au contraire, le nombre des taches est considérable; on a pu en compter jusqu'à 80. Dans une période de dix années, de 1840 à 1850, sur 1982 observations, on a constaté 372 fois la pureté du disque.

On a cherché à expliquer la présence des taches sur la surface du soleil en supposant que certains corps venaient s'interposer entre l'astre et l'observateur. Mais s'il en était ainsi, la vitesse serait la même pour chaque partie de l'orbite tracée sur le soleil, tandis que nous sa-

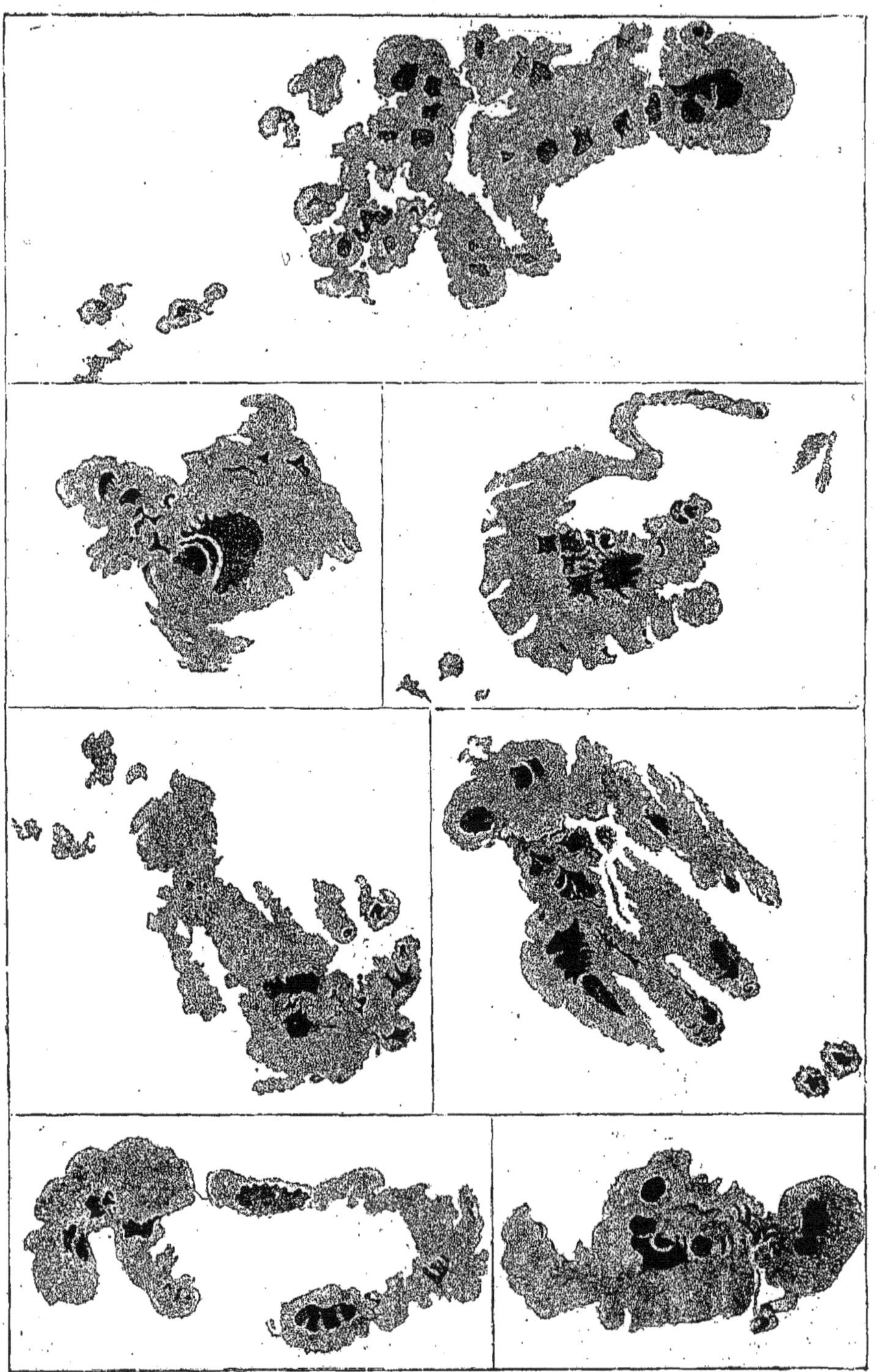

TACHES DU SOLEIL
D'après les observations de J. Herschel.

vons que la vitesse est maximum vers le milieu du disque. Il est bien plus rationnel d'admettre que ces taches font partie du soleil et que leur déplacement résulte d'un mouvement de rotation de l'astre autour d'un de ses diamètres. On a constaté, en effet, que toutes les taches décrivent des lignes droites parallèles ou des demi-ellipses très-aplaties dont la convexité est tournée vers la même région, ce qui n'aurait évidemment pas lieu si elles provenaient de l'interposition de corps

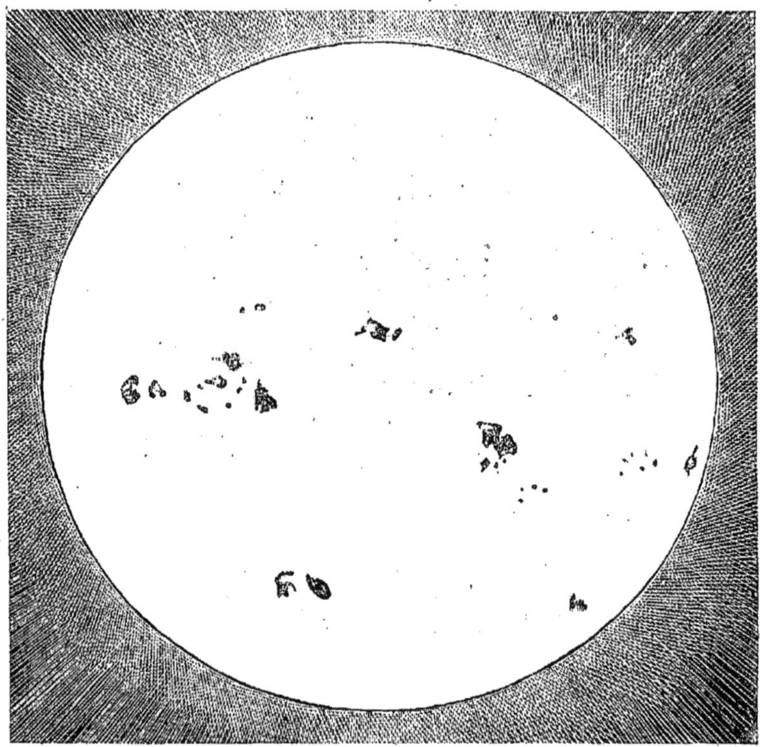

Fig. 96. — Taches du soleil observées le 2 septembre 1839 par le capitaine Davis.

étrangers indépendants les uns des autres. D'un autre côté, les changements de vitesse s'expliquent très-bien dans la seconde hypothèse. Si l'on prend, en effet, des portions égales de la trajectoire vers les bords du disque et vers le centre, ces arcs égaux se projettent suivant des lignes très-inégales ; comme les arcs sont réellement parcourus pendant le même temps, les vitesses des projections doivent paraître très-différentes et aller en augmentant depuis le bord jusqu'au centre.

Quels doivent être maintenant, dans l'hypothèse de la rotation du soleil, les changements de forme d'une tache aux différentes époques des mouvements ? Les lois de la perspective les indiquent suffisamment (fig. 97). D'abord ovale au moment de son apparition, la tache devra s'élargir progressivement jusqu'à devenir circulaire au centre

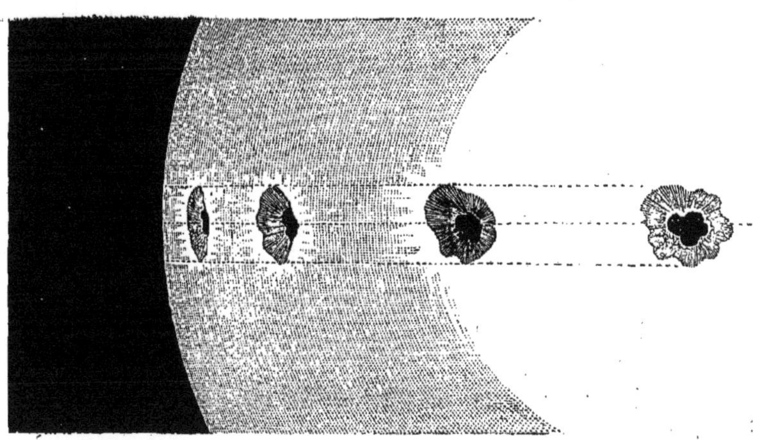

Fig. 97. — Changement apparent dans la forme d'une tache blanche.

du disque, puis les mêmes phénomènes se reproduiront en sens inverse. D'ailleurs, on ne devra apercevoir aucune modification dans le sens de la longueur, ainsi que l'indique notre figure. Or, c'est précisément ce qu'un examen attentif a permis de constater.

138. Durée de la rotation du soleil. — L'observation des taches a donc conduit à admettre que le soleil avait un mouvement de rotation autour d'un de ses diamètres ; on a reconnu que l'axe de rotation reste constamment parallèle à lui-même et fait un angle de 83° avec le plan de l'écliptique, de sorte que le plan de l'équateur solaire fait avec le plan de l'écliptique un angle de 7°. On a pu aussi calculer la durée de la rotation qui est de 25 j 14 h, et voici comment on a pu déduire cette durée de celle de la révolution complète d'une tache. Soient T la terre et *s* la position du soleil sur l'écliptique. A ce moment une certaine tache *a* est centrale, c'est-à-dire se projette au centre du disque (fig. 98). Pour qu'elle redevienne centrale, il faut un intervalle de 27 j 5 ; pendant ce temps, le soleil s'est transporté

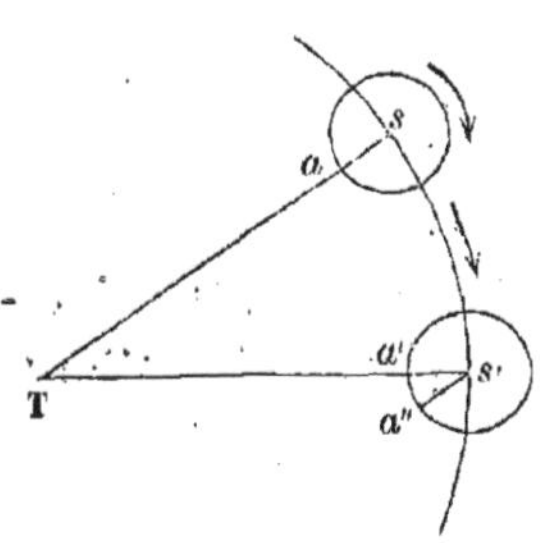

Fig. 98.

de s en s'. Si nous menons, $s'a''$ parallèle à sa, nous trouvons que la tache a décrit non pas 360°, mais $360 + a'a''$. (Comme il s'agit ici d'un calcul approximatif, nous pouvons admettre que l'axe de rotation est perpendiculaire au plan de l'écliptique.) Supposons, pour un moment, que l'arc $a'a''$ soit connu et appelons x la durée de la rotation du soleil ou le temps nécessaire pour que la tache décrive un arc de 360° : nous aurons évidemment

$$\frac{x}{27,5} = \frac{360}{360 + a'a''}.$$

Mais l'arc $a'a''$ a la même graduation que l'arc ss' ; comme le soleil parcourt les 360 degrés de l'écliptique en 365,25638 jours solaires moyens, il parcourt en 27 j 5 un arc égal à

$$\frac{360 \times 27,5}{365,25\,638}.$$

Remplaçant $a'a''$ par cette valeur et effectuant les calculs, on trouve : $x = 25^{\text{j}}\ 14^{\text{h}}$, soit 25 jours et demi environ.

139. Constitution physique du soleil. — On a fait de nombreuses hypothèses sur la constitution physique du soleil. Nous dirons seulement quelques mots touchant les idées émises par *William Herschel* et développées par ses successeurs. Ils supposent que le soleil est formé d'un noyau solide, opaque, refroidi et obscur, entouré de deux couches atmosphériques lumineuses, la couche extérieure étant seule en ignition, et la couche intérieure étant douée d'un pouvoir réflecteur absolu. Les nuages qui composent cette dernière couche pourraient ainsi arrêter la chaleur émise par la couche lumineuse extérieure, et l'empêcher d'arriver jusqu'au noyau central où la vie pourrait alors s'établir dans des conditions qui ne différeraient pas beaucoup de celles qu'on signale sur la plupart des planètes (fig. 99). Dans cette hypothèse, les taches seraient produites par des déchirements des couches gazeuses dus à des éruptions volcaniques provenant du noyau central, et occasionnant dans la couche extérieure une ouverture plus large que dans la couche intérieure. Ces déchire-

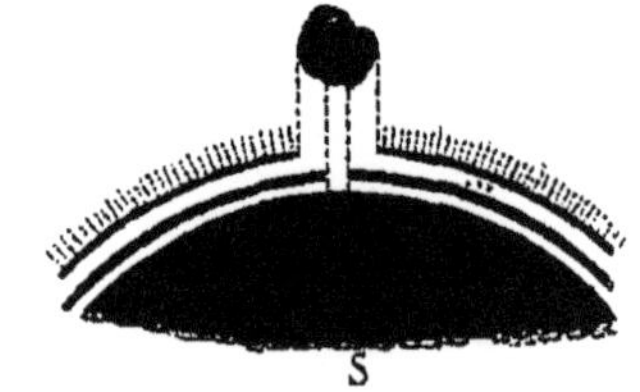

Fig. 99. — Noyau obscur et enveloppes gazeuses du soleil.

ments permettraient ainsi d'apercevoir le noyau obscur, et la pénombre serait due à la portion de la première enveloppe atmosphérique qui dépasserait les bords de l'ouverture extérieure et qui réfléchirait vers nous la lumière de la deuxième enveloppe.

Ce sont là certainement de pures hypothèses, mais on peut du moins affirmer aujourd'hui que les couches extérieures du soleil sont formées de matières gazeuses incandescentes. Cette vérité a été établie par *Arago*, qui a montré que la lumière provenant du soleil possède certaines propriétés optiques qui appartiennent exclusivement aux gaz incandescents.

140. Constitution chimique du soleil. — Une découverte des plus remarquables, faite dans ces dernières années, a permis d'obtenir quelques notions sur la composition même du soleil ; nous voulons parler de l'*analyse spectrale*. Lorsqu'on introduit des vapeurs métalliques dans un gaz incandescent et qu'on décompose par le prisme les faisceaux lumineux qui émanent de cette flamme hétérogène, le *spectre* qu'on obtient présente certaines *raies caractéristiques* à l'aide desquelles on peut toujours reconnaître le métal dont la vapeur a été introduite dans la flamme. Or, quand on soumet au *spectroscope* un faisceau solaire, on obtient des raies qui témoignent, d'une façon irrécusable, de la présence dans l'atmosphère du soleil des vapeurs de *sodium*, de *fer*, de *nickel*, de *cuivre*, de *zinc*, de *baryum*, et peut-être de *cobalt;* ces métaux existent donc dans le corps même du soleil. Nous n'avons pas besoin d'insister sur l'importance de cette méthode analytique, qui nous permet ainsi d'aller scruter la nature intime du soleil, malgré la distance prodigieuse de 38 millions de lieues qui nous sépare de lui.

141. Lumière zodiacale. — La *lumière zodiacale* est une lueur très-faible qu'on aperçoit généralement dans nos climats en mars et en avril, à l'ouest après le crépuscule du soir, ou le matin, à l'est, avant l'aurore, pendant les mois de septembre et d'octobre. Cette lueur forme au-dessus de l'horizon une sorte de triangle scalène dont la base occupe environ 20° de la voûte céleste et dont le sommet s'élève parfois jusqu'à une hauteur de 50°. Il est probable que cette lueur se prolonge au-dessous de l'horizon, de manière à former dans son ensemble une vaste lentille très-aplatie dont le soleil occuperait le centre et inclinée sur l'horizon, ainsi que l'indique la figure. Certains astronomes avaient pensé que la direction de la lumière zodiacale coïncidait avec celle de l'équateur solaire ; on admet aujourd'hui qu'elle se confond, à 1° ou

LUMIÈRE ZODIACALE.

Son aspect en Europe, d'après les observations de M. Heis, à Munster.

2° près, avec le plan de l'écliptique. C'est parce que cette lueur est pour ainsi dire couchée sur le zodiaque qu'on l'appelle lumière zodiacale. Elle est visible toute l'année dans les régions équatoriales (fig. 100).

Fig. 100. — Lumière zodiacale.

Plusieurs hypothèses ont été émises pour expliquer ce singulier phénomène, mais aucune n'est satisfaisante. On doit peut-être l'attribuer à la présence d'un anneau nébuleux aplati qui entourerait le soleil à une certaine distance.

CHAPITRE V

INÉGALITÉ DES JOURS ET DES NUITS. — SAISONS.

142. Saisons. — L'année a été divisée en quatre périodes ou *saisons* déterminées par les deux solstices et les deux équinoxes. Ce sont : le ***Printemps***, qui commence à l'équinoxe du printemps et finit au solstice d'été ; l'***Été***, qui commence au solstice d'été et se termine à l'équinoxe d'automne ; l'***Automne***, qui commence à l'équinoxe d'automne et se termine au solstice d'hiver ; l'***Hiver***, qui dure depuis le solstice d'hiver jusqu'à l'équinoxe du printemps.

Les heures précises du commencement des quatre saisons varient d'une année à l'autre, mais entre des limites très-restreintes ; voici ces heures (temps moyen) pour l'année 1872 :

Printemps : le 20 mars à 7^h 6^m du matin ;
Été : le 21 juin à 3^h 41^m du matin ;
Automne : le 22 septembre à 6^h 2^m du soir ;
Hiver : le 21 décembre à 0^h 2^m du soir.

143. Inégalité des saisons. — Les nombres que nous venons d'indiquer permettent de calculer la durée de chaque saison. En prenant les valeurs moyennes, on trouve : pour le printemps, 92^j, 9 ; pour l'été, 93^j, 6 ; pour l'automne, 89^j, 7 ; pour l'hiver, 89^j. Ainsi, la plus longue des saisons est l'été, et l'hiver est la plus courte, la différence est de 4^j 14^h environ. Cette inégalité des saisons est facile à expliquer. Elle est la conséquence du principe des aires et de l'inclinaison de la ligne des apsides sur celle des solstices. Si nous examinons en effet

la figure 101, nous remarquons que le rayon vecteur OG est plus petit que le rayon vecteur OG′. Par suite, si nous faisons tourner le secteur SGS′ autour de SS′ comme charnière pour le rabattre sur l'autre portion du plan, le point G tombant sur OG′ en deçà du point G′ par rapport au point O, nous concluons que le secteur SOG′ est plus grand que le secteur SOG et que le secteur S′OG′ est plus grand que le secteur S′OG. Donc d'après la loi des aires, le temps employé par le soleil pour décrire l'arc SG′ est plus grand que le temps qu'il emploie pour décrire l'arc SG; de même le temps nécessaire pour parcourir l'arc S′G′ est plus grand que le temps employé à parcourir l'arc S′G. En d'autres termes, l'automne est plus long que l'hiver et l'été plus long que le printemps. D'ailleurs, les rayons vecteurs OS et OG′ étant respectivement moindres que les rayons vecteurs OG et OS′, si l'on fait tourner le secteur SOG autour de la bissectrice des angles SOG et S′OG′ pour le rabattre sur le secteur S′OG, on voit que le premier sera contenu dans le second, d'où l'on conclut que le printemps est plus long que l'automne. Les saisons sont donc distribuées de la manière suivante par ordre de grandeur décroissante : Été, Printemps, Automne, Hiver.

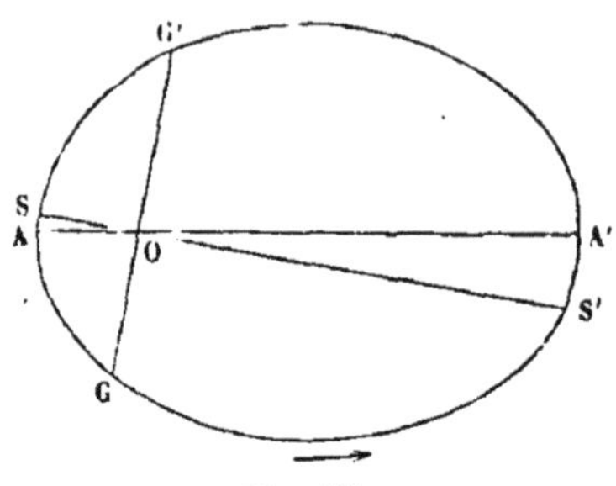

Fig. 101.

144. Du jour et de la nuit. — Le jour solaire se compose de deux parties, le *jour* et la *nuit*, dont les durées relatives varient avec la position de l'observateur sur le globe terrestre et l'époque de l'année. La surface de la terre a été partagée en cinq *zones* déterminées par les parallèles terrestres correspondants aux tropiques et aux cercles polaires célestes : la *zone torride*, comprise entre les deux tropiques; deux *zones tempérées*, comprises entre les tropiques et les cercles polaires; deux *zones glaciales*, comprises entre les cercles polaires et les pôles. La zone torride forme les 40 centièmes de la surface totale de la terre; les deux zones tempérées forment les 52 centièmes, et enfin les deux zones glaciales les 8 centièmes.

Le phénomène de la succession des jours et des nuits varie pour l'observateur suivant la zone dans laquelle il se trouve placé. Nous allons examiner les positions principales. La grande distance du soleil à la terre nous permettra de supposer, dans ce qui va suivre, que l'horizon d'un point de la surface de la terre se confond avec l'horizon géocentrique.

1° *L'observateur est placé à l'équateur.* Ici, la latitude est nulle, c'est-à-dire que la hauteur du pôle au-dessus de l'horizon est égale à zéro ; la ligne des pôles se trouve dans le plan de l'horizon (fig. 102). Par conséquent, l'équateur et tous les parallèles sont partagés en deux parties égales par le plan de l'horizon. Donc, quelle que soit la position du soleil sur l'écliptique, le jour et la nuit auront la même durée.

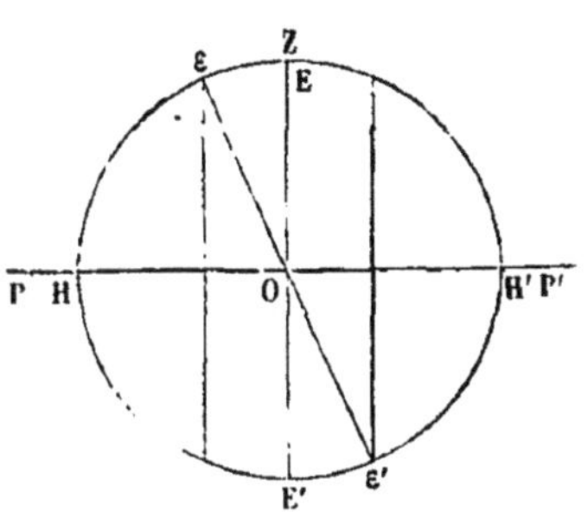

Fig. 102.

2° *L'observateur appartient à la zone tempérée.* Soit O la position de l'observateur, au centre de la sphère céleste et PEP'E' le plan méridien de la station que nous prenons pour plan de la figure ; soient PP' la ligne des pôles et HH', EE' et εε' les traces de l'horizon, du plan de l'équateur et du plan de l'écliptique sur le plan de la figure (fig. 103). Pour simplifier, nous supposons la ligne des équinoxes perpendiculaire au plan de la figure ; elle se projette en O sur ce plan.

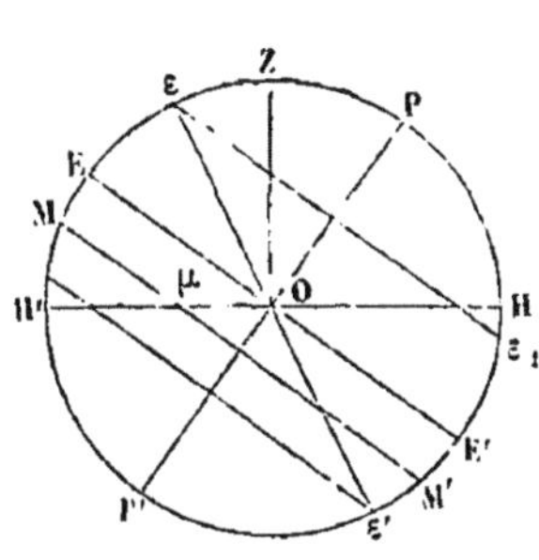

Fig. 103.

A l'équinoxe du printemps, le soleil est en O ; il décrit l'équateur céleste et le jour est égal à la nuit. De l'équinoxe du printemps au solstice d'été, le soleil s'avance vers le point ε, une plus grande portion des parallèles décrits par le soleil se trouve au-dessus de l'horizon ; le jour va sans cesse en augmentant et devient *maximum* au solstice d'été. A partir de ce moment jusqu'à l'équinoxe d'automne, le soleil décrit les mêmes parallèles que précédemment, mais dans l'ordre inverse. Le jour reprend donc les mêmes valeurs pour redevenir égal à la nuit, à l'équinoxe d'automne. Le soleil passe alors dans l'hémisphère austral. A un moment déterminé, il décrit le parallèle MM' ; la portion M'μ qui se trouve au-dessous de l'horizon étant plus grande que la portion qui se trouve au-dessus, le jour sera moindre que la nuit. Les jours iront ainsi en diminuant jusqu'au solstice d'hiver, où l'on aura la nuit la plus longue ; puis du solstice d'hiver à l'équinoxe d'automne, les jours reprendront les mêmes valeurs que dans la période précédente, mais dans l'ordre inverse.

3° *L'observateur est au pôle.* Dans cette position, les parallèles que décrit le soleil sont parallèles au plan de l'horizon (fig. 104). De l'équinoxe du printemps à l'équinoxe d'automne, le soleil est constamment au-dessus de l'horizon; c'est le contraire qui a lieu de l'équinoxe d'automne à l'équinoxe du printemps; il y a donc un jour de 6 mois et une nuit de 6 mois.

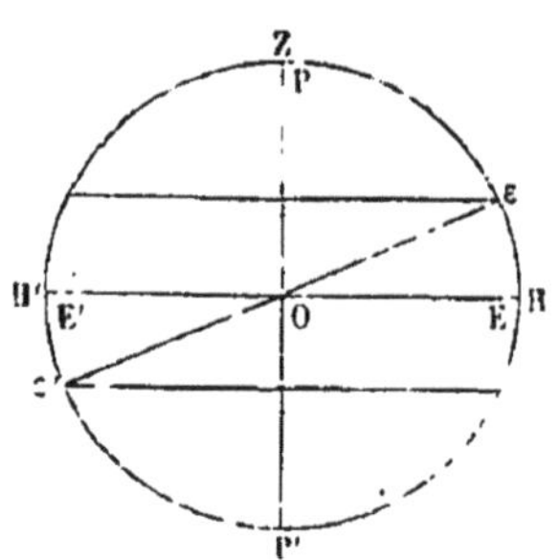

Fig. 104.

145. Durée relative du jour et de la nuit pour une époque et une position déterminées. Construction graphique. — Quelles que soient la position de l'observateur à la surface de la terre et l'époque de l'année, on pourra toujours, par une construction graphique très-simple, déterminer les durées relatives du jour et de la nuit (fig. 105). Prenons encore le méridien de la station pour plan de la figure; soient OZ la verticale, PP′ la ligne des pôles, EE′ et HH′ les traces du plan de l'équateur et de l'horizon sur le méridien. Supposons que le soleil décrive le parallèle CC′. Ce parallèle et l'horizon se coupent suivant une droite passant par le point D et perpendiculaire au plan de la figure, puisque ces deux plans sont respectivement perpendiculaires au méridien de l'observateur. Faisons tourner le plan du parallèle autour de son diamètre CC′ comme charnière pour le rabattre sur le plan de la figure. Il y sera représenté par le cercle CAC′B, et la corde commune à l'horizon et au parallèle se rabattra suivant AB perpendiculaire à CC′. BCA est la partie du parallèle qui se trouve au-dessus de l'horizon et AC′B est la portion qui se trouve au-dessous. On peut donc ainsi comparer très-facilement les durées du jour et de la nuit.

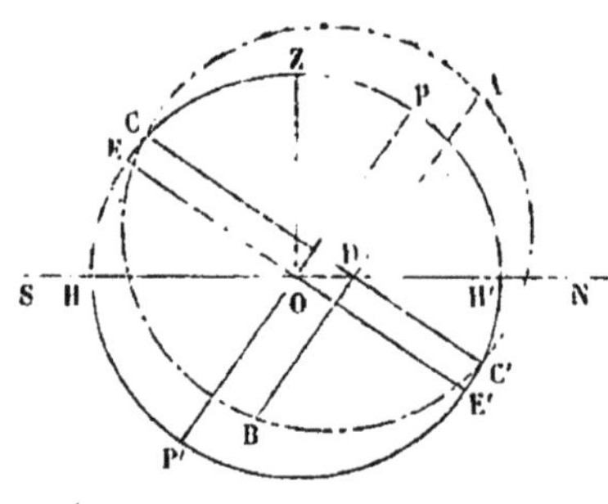

Fig. 105.

146. Du crépuscule. — La durée du jour, telle que nous venons de l'établir, est modifiée par le phénomène connu sous le nom de crépus-

cule ; voici en quoi consiste ce phénomène. Soit A la position de l'observateur à la surface de la terre et AH son horizon (fig. 106). Lorsque le soleil est en S au-dessous de l'horizon, aucun rayon direct n'arrive à l'observateur, mais les portions supérieures de l'atmosphère sont encore éclairées directement : les molécules gazeuses réfléchissant en tous sens la lumière qu'elles reçoivent, il résulte de cette diffusion une lumière assez faible qu'on a appelée *crépuscule* ou *aurore*, suivant que le phénomène se produit le soir ou le matin. Étudions ce qui se passe après le coucher du soleil ; à mesure que celui-ci s'abaisse, la couche crépusculaire, qui sépare les portions de l'atmosphère où les rayons

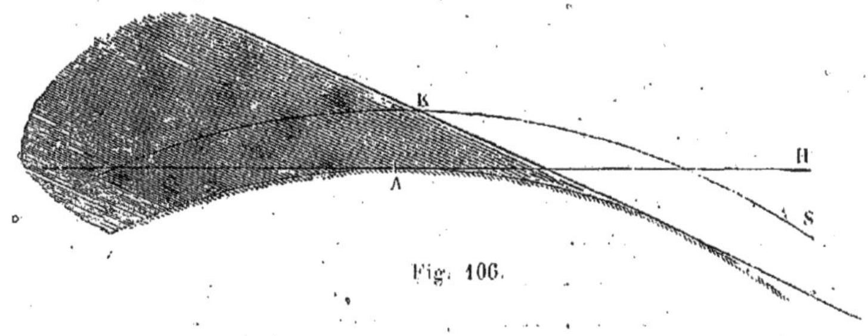

Fig. 106.

pénètrent encore de la portion pour laquelle l'astre est couché, va aussi en s'abaissant vers l'horizon, *et la nuit ne commence* qu'au moment où les rayons du rayon n'atteignent plus aucun point du segment de l'atmosphère supérieur à l'horizon ; le soleil est alors à — 18°. Le phénomène se produit le matin en sens inverse ; l'aurore commence lorsque le soleil n'est plus qu'à 18° degrés au-dessous de l'horizon, puis la couche crépusculaire s'élève de plus en plus ; le jour succède à la nuit.

Le crépuscule a donc pour effet d'augmenter la longueur des jours aux dépens de celle des nuits. Sa durée, assez faible à l'équateur, va en augmentant avec la latitude, car les parallèles deviennent de plus en plus obliques à l'horizon. Il est d'ailleurs facile de déterminer cette durée en un lieu quelconque, à l'aide d'une construction graphique. Résolvons, par exemple, le problème en choisissant Paris pour station de l'observateur (fig. 107). Prenons toujours le plan méridien pour plan de la figure et soient OZ la verticale, PP' la ligne des pôles, EE' et HH' les traces sur le plan de la figure du plan de l'équateur et de l'horizon. L'arc HB étant égal à 18°, menons BB' parallèle à HH' et soit AA_1 le parallèle décrit par le soleil en un jour déterminé. La durée du crépuscule correspond évidemment au temps employé par le soleil pour parcourir l'arc du parallèle projeté en CD. Si l'on fait tourner le plan du parallèle autour de AA_1 comme charnière pour le rabattre sur le plan de la figure, on obtiendra facilement le rapport de l'arc projeté en CD à la circonférence entière ; ce rapport exprimera la durée du crépuscule en fraction du jour. Cette durée n'est pas la même aux différents jours de l'année, car bien que les arcs décrits par le soleil entre l'horizon et le cercle BB′ aient des projections égales, ces arcs sont inégaux et n'ont pas la même graduation.

Un phénomène remarquable se produit à Paris au solstice d'été. A

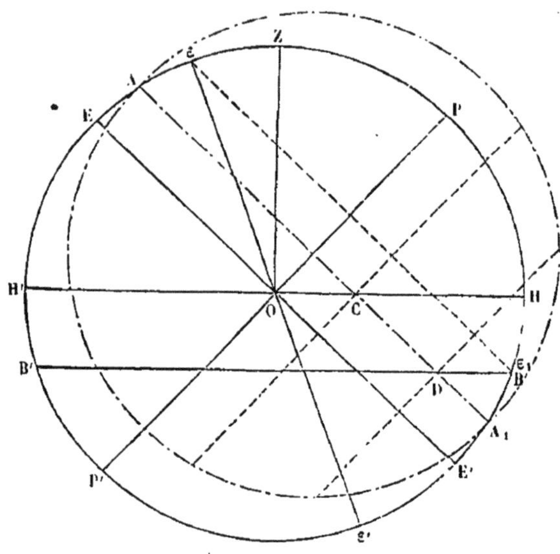

Fig. 107.

cette époque le soleil décrit le parallèle $\varepsilon\varepsilon_1$ tel que l'arc $E\varepsilon = 23^\circ\,27'\,14''$, Mais la latitude de Paris égale $48^\circ\,50'\,13''$. On a donc à la fois

$$P\varepsilon = P\varepsilon_1 = 66^\circ\,32'\,38'' \text{ et arc } PH = 48^\circ\,50'\,49''.$$

Donc

$$H\varepsilon_1 = 17^\circ\,41'\,49''.$$

Le soleil n'atteint donc pas le cercle BB′ situé à 18° au-dessous de l'horizon ; par conséquent, le crépuscule du soir n'est pas encore fini que l'aurore commence. *Il n'y a donc pas de nuit à Paris au solstice d'été.*

CHAPITRE VI

IDÉE DE LA PRÉCESSION DES ÉQUINOXES.

147. Accroissement des longitudes des étoiles. — Au lieu de rapporter la position des étoiles à l'équateur, on peut la rapporter au plan de l'écliptique au moyen de deux coordonnées analogues à la longitude et à la latitude géographiques. Les deux nouvelles coordonnées s'appellent *longitudes et latitudes célestes*. Si l'on imagine une série de grands cercles passant par la ligne des pôles ou axe de l'écliptique, la longitude d'une étoile sera l'angle que fait le grand cercle de cette étoile avec le grand cercle passant par le point ♈; la latitude est la distance de l'étoile à l'écliptique comptée sur le cercle de longitude. Connaissant l'ascension droite et la déclinaison d'une étoile, il est facile d'en déduire par le calcul sa longitude et sa latitude. Or, si l'on compare les résultats obtenus à des intervalles de temps suffisamment longs, on reconnaît que les latitudes n'éprouvent que des variations insignifiantes, tandis que les longitudes augmentent; de sorte qu'on pourrait croire que la sphère céleste a tourné lentement d'une seule pièce, d'occident en orient, autour de l'axe de l'écliptique. Deux hypothèses ont été faites pour expliquer cette variation de la longitude des étoiles; nous nous arrêterons seulement à la plus simple, qui admet un mouvement dont l'existence a été rigoureusement démontrée *à posteriori*.

148. Rétrogradation des points équinoxiaux. — Soient PP′ la ligne des pôles, EE′ l'équateur, P_1P_1' l'axe de l'écliptique, $\varepsilon\varepsilon'$ l'écliptique (fig. 108). Supposons que la ligne des pôles PP′ tourne autour de l'axe de l'écliptique, d'orient en occident (mouvement rétrograde), et que l'équateur suive ce mouvement sans cesser d'être perpendiculaire à PP′;

Rétrogradation du point γ. Précession des équinoxes

MB latitude céleste de M
γB longitude id
γB varie de 52" par an 26000 ans pour 360°
γ☊ est perpendiculaire au plan POF

Conséquences 1° Non concordance des signes et des constellations du Zodiaque

2° Variation de l'étoile polaire ou du pôle

3° Variation dans la durée des saisons.

4° Diminution de l'année.

le pôle P décrira un petit cercle parallèle à l'écliptique ; l'inclinaison de l'équateur sur l'écliptique demeurera invariable, et la ligne des équinoxes dont la direction sera toujours perpendiculaire au plan POP_1, quelle que soit la position de OP, se déplacera d'orient en occident dans le plan de l'écliptique. Il y aura donc *rétrogradation* du point ♈, et par suite augmentation de la longitude ♈A d'une étoile quelconque λ. En divisant l'accroissement de la longitude par le temps écoulé, on a l'accroissement annuel, qui est égal à 50″,2. Le point ♎ subit évidemment le même déplacement que le point ♈ ; c'est en cela que consiste la *rétrogradation des points équinoxiaux*. Puisque le déplacement annuel est de 50″,2, on en déduit que la rétrogradation sera complète, c'est-à-dire que les points équinoxiaux auront parcouru la circonférence entière de l'écliptique, au bout de 26 000 ans environ.

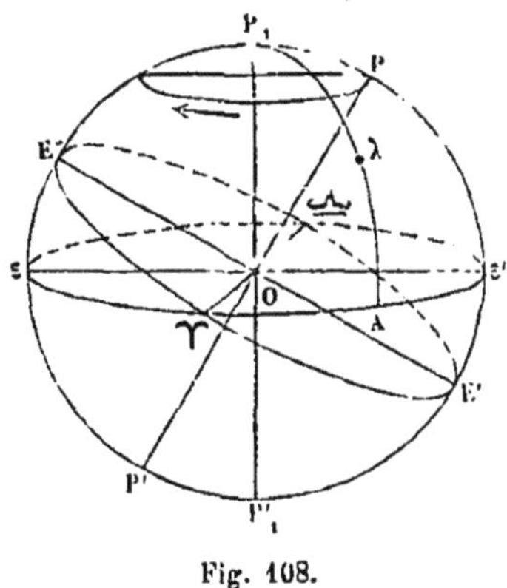

Fig. 108.

149. Précession des équinoxes ; année sidérale. — Le phénomène auquel on a donné le nom de *précession des équinoxes* résulte de la rétrogradation des points équinoxiaux. Prenons le soleil à l'équinoxe du printemps ; il part du point ♈, décrit la circonférence de l'écliptique et l'année tropique est achevée lorsque le soleil a atteint de nouveau le point ♈. Mais, par suite de la rétrogradation, le soleil rencontre le point ♎ avant d'avoir parcouru 180° et le point ♈ avant d'avoir parcouru 360°, puisque chacun de ces points s'est avancé vers lui d'une certaine quantité. Telle est la précession des équinoxes.

On est convenu d'appeler *année sidérale* le temps employé par le soleil pour revenir à la même étoile ; si nous prenons pour unité la longueur de l'année tropique, celle de l'année sidérale sera fournie par l'expression. :

$$\frac{360}{360^\circ - 50'',2} = 1,0000388.$$

d'où il résulte que la valeur de l'année sidérale est en jours solaires moyens : 365 j , 25638.

150. Déplacement du pôle ; changement d'aspect du ciel. — Le pôle P décrit, dans le sens rétrograde, un petit cercle de la sphère céleste dont le centre est sur l'axe de l'écliptique et se déplace continuellement parmi les étoiles. Nous avons dit que l'étoile α de la Petite Ourse avait reçu le nom de *Polaire*, à cause de son voisinage du pôle (1° 1/2). Le pôle continuera à se rapprocher de cette étoile pendant 250 ans ; il en sera alors à une distance angulaire de 30′ seulement. L'écart ira ensuite en augmentant et le pôle passera par d'autres constellations. Dans 12 000 ans ce sera α de la Lyre ou *Wéga*, qui sera l'étoile polaire. A l'époque de la construction de la grande pyramide d'Égypte, c'était α du Dragon qui servait d'étoile polaire. Le déplacement conique de la ligne des pôles a encore pour effet de modifier l'aspect du ciel en un lieu déterminé. Les horizons terrestres changent lentement et progressivement, de sorte que certaines étoiles qui n'atteignaient pas l'horizon deviennent visibles, tandis que d'autres disparaissent. Citons, par exemple, la constellation de Cassiopée qui se trouve aujourd'hui dans le cercle de perpétuelle apparition, ce qui n'avait pas lieu il y a 4000 ans.

151. Signes et constellations du zodiaque. — Au temps d'Hipparque, l'équinoxe du printemps avait lieu au moment où le soleil entrait dans la constellation du Bélier. Mais depuis 2000 ans, le point ♈ a rétrogradé de 50″, $2 \times 2000 = 27^{\circ}$ environ. Par conséquent, au moment de l'équinoxe du printemps, le soleil ne se trouve pas dans la constellation du Bélier, mais dans celle des Poissons qui forme la douzième dodécatémorie. L'accord n'existe donc plus entre les divisions et les constellations du zodiaque. Afin de changer le moins possible les anciens usages, on est convenu de conserver les divisions du zodiaque en 12 *signes* de 30°, à partir du point mobile ♈ et de garder à ces signes les noms des constellations que traversait le soleil il y a 2000 ans. Ainsi, le soleil entre toujours dans le signe du Bélier à l'équinoxe du printemps, dans le *signe* du Cancer au solstice d'été, etc., mais il ne se trouve pas, à ces époques, au milieu de celles des constellations zodiacales qui portent les mêmes noms. Il faut donc bien se garder aujourd'hui de confondre les signes et les constellations du zodiaque.

152. La précession considérée comme preuve du mouvement de la terre. — Nous avons rejeté l'hypothèse de la rotation de la sphère céleste et nous avons indiqué quelques-unes des preuves sur lesquelles on se fonde pour admettre le mouvement de rotation de la terre autour

de la ligne des pôles. Nous pouvons ajouter maintenant que la précession des équinoxes doit être regardée comme la preuve la plus décisive de ce mouvement. En effet, ce mouvement une fois admis, on explique les moindres détails de la précession par l'attraction que la lune et le soleil exercent sur le renflement équatorial.

CHAPITRE VII

TRANSLATION DE LA TERRE AUTOUR DU SOLEIL

153. Possibilité de la translation de la terre autour du soleil. — Après avoir constaté le déplacement annuel du soleil à travers les constellations, nous avons expliqué les apparences qui résultent de ce déplacement, en admettant que le soleil décrivait autour de la terre supposée fixe une ellipse dont la terre occuperait un des foyers. Mais

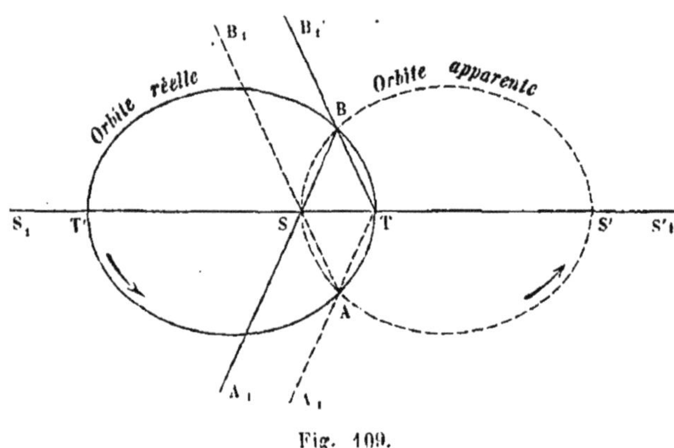

Fig. 109.

il est facile de faire voir que les apparences resteraient exactement les mêmes si l'on supposait au contraire que la terre décrit dans le même plan et dans le même sens (sens direct) une ellipse dont le soleil occuperait un des foyers.

Soient, en effet, SAS'B l'ellipse solaire et T la terre au foyer de cette ellipse ; S le périgée et S' l'apogée ; la flèche indique le sens du mouvement (fig. 109). Le soleil occupe successivement les positions S,

A, S', B et on le voit, de la terre, se projeter successivement sur les parties S_1, A_1, S'_1, B_1 du ciel.

Traçons maintenant une ellipse égale à la première et dont le foyer serait en S et supposons que la terre décrive cette ellipse dans le sens indiqué par la flèche, et avec la même vitesse variable que le soleil aux différents points de sa trajectoire apparente. Lorsque la terre est en T, le soleil se projette en S_1, comme dans la première hypothsèe. Quand la terre a décrit l'arc TB = SA, par suite du parallélisme des rayons vecteurs BS et TA, le soleil se projette encore dans les mêmes régions du ciel que lorsque nous le supposions mobile et arrivé en A. Quand la terre sera en T', on verra le soleil se projeter en S'_1 ; enfin, quand la terre atteindra le point A, le soleil serait en B dans la première hypothèse. Les deux rayons vecteurs AS et TB étant parallèles, les apparences restent toujours les mêmes. Dans les deux hypothèses, le soleil se déplace donc à chaque instant sur le ciel, de sorte qu'on voit son centre coïncider, d'un jour à l'autre, avec des étoiles différentes.

154. Choix de la seconde hypothèse. — Les raisons qui font admettre la seconde hypothèse sont nombreuses ; nous nous contenterons d'indiquer les plus démonstratives :

1° La terre étant beaucoup plus petite que le soleil,

$$\left(\frac{1}{1280000}\right).$$

il est plus rationnel d'attribuer le mouvement de translation au corps le plus petit.

2° Toutes les planètes, en même temps qu'elles sont animées d'un mouvement de rotation autour d'un axe, sont soumises à un mouvement de translation autour du soleil. Or, nous avons déjà dit que la terre avait avec les planètes une très-grande analogie ; son mouvement de translation est donc très-probable. Classer ainsi la terre parmi les planètes, c'est simplifier considérablement le *système solaire*, puisqu'il faudrait admettre, dans la première hypothèse, que le soleil tourne autour de la terre en emportant avec lui tout son cortége de planètes, ce qui présente une grande complication.

3° A six mois d'intervalle, on peut constater que la direction du rayon visuel mené à une même étoile a changé de direction. Ce phénomène serait inexplicable dans l'hypothèse de l'immobilité de la terre.

Nous regardons donc comme suffisamment établi le principe suivant: *La terre décrit en une année* (fig. 110), *avec une vitesse variable et dans le sens direct, une ellipse dont le soleil occupe un des foyers; le rayon vecteur décrit des aires proportionnelles au temps.*

La vitesse de la terre est maximum au 31 décembre; elle est alors au *périhélie*, en T. La vitesse est minimum vers le 2 juillet; la terre est alors à l'*aphélie*, en T'.

155. Parallélisme de l'axe de rotation et de la ligne des équinoxes. — Le centre de la terre décrit une ellipse dont le plan n'es

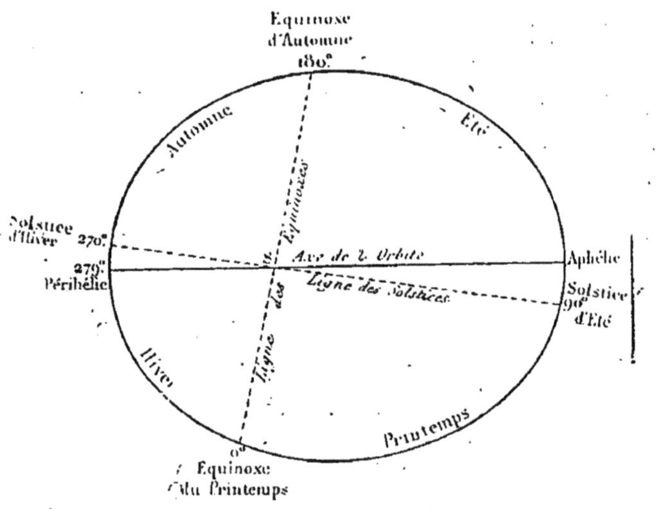

Fig. 110.

autre que celui de l'écliptique, et l'axe de rotation forme avec le plan de l'orbite un angle de 66° 32′ 38″. On peut admettre que cette inclinaison reste la même pendant toute l'année, en faisant abstraction de la précession et d'un autre phénomène, la *nutation*, dont nous n'avons pas à nous occuper ici (fig. 111). L'axe conservant ainsi son parallélisme, il en est de même pour l'équateur; par suite, la ligne des équinoxes qui n'est autre chose que l'intersection du plan de l'écliptique et du plan de l'équateur terrestre, restera ainsi parallèle à elle-même. C'est par le *parallélisme de l'axe* et la distance infinie des étoiles qu'on peut expliquer la position à peu près invariable du pôle céleste audessus de l'horizon de chaque lieu terrestre.

Les phénomènes que nous avons examinés précédemment s'expliquent très-facilement dans la nouvelle hypothèse. Nous n'avons, par exemple, rien à ajouter pour tout ce qui est relatif à la succession des saisons et à leur inégalité, la figure suffisant amplement à l'intelligence des faits. Nous reprendrons seulement les durées comparatives du jour solaire et du jour sidéral et l'étude de l'inégalité des jours et des nuits.

156. Durées comparatives du jour sidéral et du jour solaire. — La distance des étoiles à la terre pouvant être regardée comme infinie,

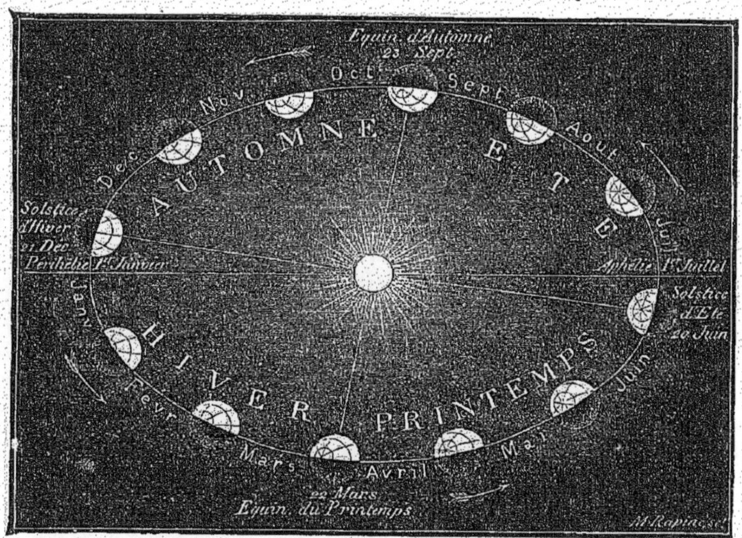

Fig. 111. — Translation de la terre autour du soleil.

la durée du jour sidéral dépend exclusivement du mouvement de rotation de la terre. Prenons celle-ci dans deux positions séparées l'une de l'autre par l'intervalle d'un jour sidéral, c'est-à-dire par une rotation entière. Supposons que dans la première position le soleil et une étoile ε passent en même temps à un méridien déterminé A. Lorsque la terre aura pris la deuxième position, l'étoile ε se trouvera encore dans le méridien A, car les rayons menés à l'étoile peuvent être regardés comme parallèles dans les deux positions, mais il n'en sera pas de même pour le soleil, car on ne saurait ici admettre le parallélisme des rayons solaires dans les deux positions. Il faudra donc que la terre tourne encore d'un certain angle pour que le méridien A contienne de nouveau le soleil. *Le jour solaire est donc plus grand que le jour sidéral* (fig. 112). On peut même regarder ce fait comme une preuve géométrique du mouvement de translation de la terre.

157. Inégalité des jours et des nuits. — L'inégalité des jours et des nuits résulte aussi du double mouvement de la terre et du parallélisme de l'axe.

Prenons la terre dans une position déterminée et faisons momen-

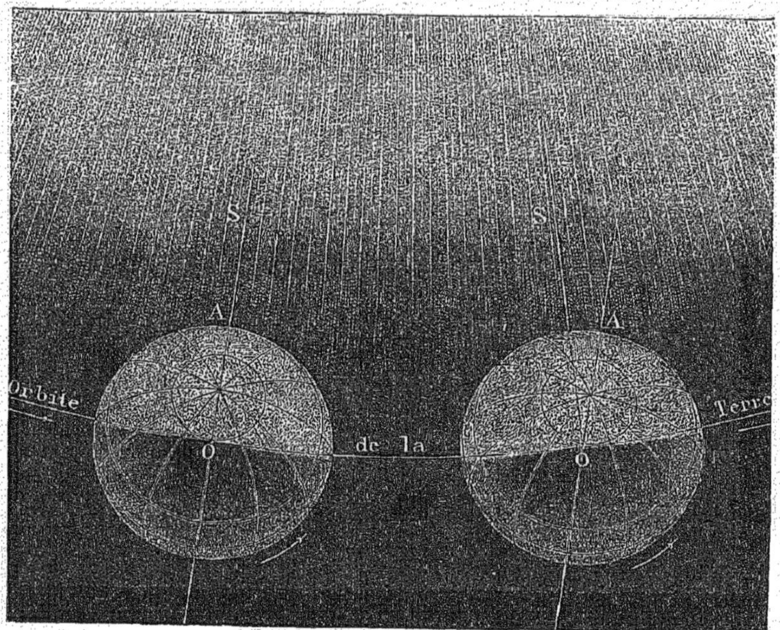

Fig. 112. — Durée comparative du jour sidéral et du jour solaire.

tanément abstraction du mouvement de rotation. L'hémisphère tourné vers le soleil sera éclairé, l'autre sera dans l'ombre. On est convenu d'appeler *cercle d'illumination* la circonférence du grand cercle dont le plan est perpendiculaire à la droite qui joint le centre du soleil au centre de la terre et qui sépare la partie éclairée de la partie obscure. En réalité, la ligne de séparation d'ombre et de lumière est la courbe de contact d'un cône circonscrit à la terre et au soleil ; c'est donc une circonférence de petit cercle dont le plan est perpendiculaire à l'axe du cône. Mais, à cause de la grande distance du soleil et de la petitesse de l'angle au sommet du cône, nous pouvons admettre que la ligne de contact est un grand cercle de la sphère. Par suite du mouvement de rotation de la terre, il arrive en général que chaque point de la surface passe succesivement de la partie obscure dans la partie éclairée et inversement ; il y a donc successivement pour chaque point le jour et la nuit. Nous savons de plus que l'axe de rotation n'est pas perpendiculaire au plan de l'orbite ; les différents parallèles peuvent donc être partagés très-inégalement par le cercle d'illumination. Or, le jour ne pourra être égal à la nuit sur un parallèle qu'autant que le cercle

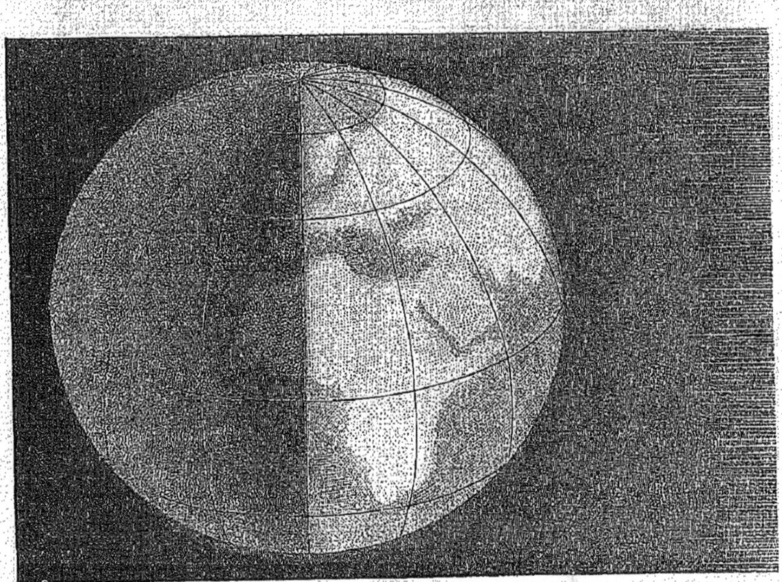

Fig. 113. — Solstices. Inégalité du jour et de la nuit.

d'illumination le divisera en deux parties égales ; il est d'ailleurs évident que le rapport des durées du jour et de la nuit dépendra de la manière dont le parallèle sera divisé par le cercle d'illumination.

Admettons, pour plus de simplicité, que l'orbite de la terre soit circulaire et que le soleil soit placé au centre. Puisque la ligne des équinoxes se transporte dans le plan de l'écliptique parallèlement à elle-même, il arrivera deux fois par an, aux équinoxes, qu'elle passera par le centre du soleil ; deux fois par an, aux solstices, elle sera tangente à l'orbite, c'est-à-dire perpendiculaire à la droite qui joint le centre du soleil au centre de la terre. Dans le premier cas, le centre du soleil se trouve dans le plan de l'équateur terrestre (fig. 113) ; le cercle d'illumination passe donc par la ligne des pôles et partage alors tous les parallèles en deux parties égales, ainsi que le représente la figure. *Pour toute la terre, le jour est donc égal à la nuit.*

Examinons maintenant le cas où la ligne des équinoxes est tangente à l'orbite et supposons-nous, pour fixer les idées, au solstice d'été. Le cercle d'illumination passe alors par la ligne des équinoxes; par suite, l'axe de rotation fait avec le plan de ce cercle un angle de 23° 27′ 22″. Parmi tous les parallèles, l'équateur est le seul qui soit

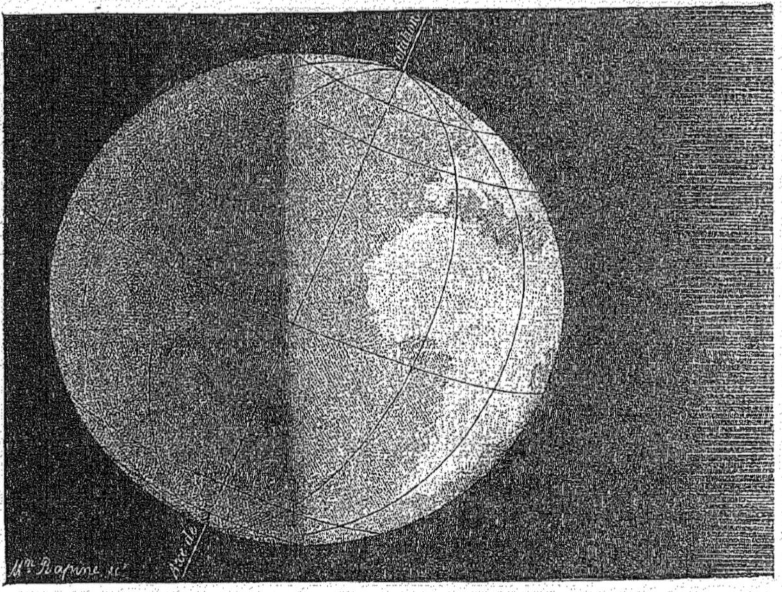

Fig. 114.

partagé en deux parties égales par le cercle d'illumination; *pour l'équateur seul le jour est donc égal à la nuit*. Sur l'hémisphère boréal, la partie éclairée des parallèles est plus grande que la partie située dans l'ombre; les jours sont donc plus longs que les nuits, et la différence va en augmentant à mesure qu'on s'éloigne de l'équateur pour se rapprocher du pôle (fig. 114). Tous les parallèles appartenant à la zone glaciale arctique sont entièrement situés dans la partie éclairée; il n'y a donc pas de nuit aux solstices d'été pour tous les points de cette zone glaciale. Il suffit de jeter un coup d'œil sur la figure pour se rendre compte de ce fait. Les phénomènes inverses se produisent évidemment pour l'hémisphère austral; les nuits y sont plus longues que les jours, et, pour toute la zone antarctique, il n'y a pas de jour au solstice d'été.

Entre l'équinoxe du printemps et le solstice d'été, le pôle boréal de la terre se tourne lentement vers le soleil et le pôle austral reste plongé dans l'ombre. Les modifications que nous avons signalées lorsqu'on passe brusquement d'une position à l'autre se produisent progressivement. Les jours croissent aux dépens des nuits pour les habitants de l'hémisphère boréal et c'est l'inverse pour l'hémisphère austral ; c'est précisément au solstice qu'ont lieu le maximum et le minimum. Le soleil est constamment au-dessus de l'horizon pour les régions situées dans le voisinage du pôle nord ; il est au contraire constamment au-dessous pour les régions situées dans le voisinage du pôle sud.

Du solstice d'été à l'équinoxe d'automne, les mêmes phénomènes se produisent, mais dans l'ordre inverse. Enfin, de l'équinoxe d'automne à l'équinoxe du printemps, tout ce que nous venons de dire pour l'hémisphère boréal s'applique à l'hémisphère austral et réciproquement.

Il résulte de ce qui précède qu'il y a pour le pôle boréal un jour de 6 mois, de l'équinoxe du printemps à l'équinoxe d'automne ; à ce long jour succède une nuit de 6 mois, de l'équinoxe d'automne à l'équinoxe du printemps. L'alternative est la même pour le pôle austral, en sens inverse. Ajoutons qu'un crépuscule continuel diminue la longueur des nuits.

158. Construction graphique. — Quelle que soit la position de la terre sur son orbite, on peut obtenir par une construction graphique le rapport de la durée du jour à celle de la nuit, pour un point quelconque de la surface. Résolvons, par exemple, le problème au moment du solstice d'été.

Prenons pour plan du dessin un plan passant par la droite ST qui joint le centre du soleil au centre de la terre et par la ligne des pôles ; ce plan est perpendiculaire à celui de l'écliptique (fig. 115). Menons la droite PP′ faisant avec ST un angle de 66°32′38″ ; ce sera la ligne des pôles. Soit enfin PEP′E′ le méridien suivant lequel la surface de la terre est coupée par le plan du dessin.

Le cercle d'illumination se projette suivant la droite AB perpendiculaire à ST, et l'équateur suivant EE′ perpendiculaire PP′. Supposons l'observateur placé sur le parallèle CC_1. Ce parallèle et le cercle d'illumination se coupent suivant une corde perpendiculaire au plan de la figure et projetée en D. Faisons tourner le plan du parallèle autour de son diamètre CC_1 comme charnière pour le rabattre sur le plan de la figure ; la corde commune se rabattra en D_1D_1'. D'ailleurs, l'arc

$D_1C_1D_1'$ correspond à la partie éclairée du parallèle, tandis que l'arc D_1CD_1' correspond à la partie qui se trouve dans l'ombre. Le rapport de ces deux arcs donne donc le rapport de la durée du jour à celle de la nuit.

L'équateur est le seul parallèle qui soit partagé en deux parties égales

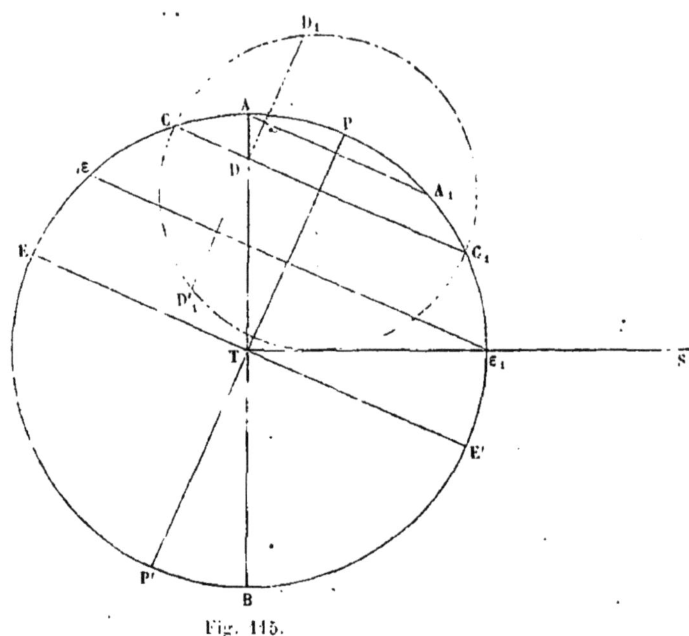

Fig. 115.

par le cercle d'illumination. En effectuant le même mouvement de rotation que plus haut, la corde commune se rabattrait suivant PP', ce qui montre bien l'égalité du jour et de la nuit.

Pour le parallèle projeté en AA_1, la corde commune deviendrait tangente après le rabattement; il n'y a donc pas de nuit pour les points de ce parallèle et pour tous ceux qui sont dans la région APA_1. Nous retrouvons ainsi les résultats que nous avons signalés dans le paragraphe précédent.

LIVRE IV

LA LUNE

CHAPITRE PREMIER

PHASES DE LA LUNE.

159. De la lune; phases. — Une observation de quelques heures suffit pour constater que la lune se déplace parmi les étoiles. Son mouvement *réel* est dirigé, comme le mouvement *apparent* du soleil, d'occident en orient; elle décrit une ellipse dont la terre occupe un des foyers, dans un plan peu incliné par rapport à l'écliptique. Nous reviendrons plus tard sur l'étude de ce mouvement; nous nous occuperons d'abord des aspects variés que le disque lunaire offre à l'observateur dans un intervalle de temps qui ne diffère pas beaucoup du mois et qu'on appelle *lunaison*. C'est à l'ensemble de ces aspects qu'on a donné le nom de *phases*.

A une certaine époque, la lune est invisible pour nous ; c'est la *néoménie* ou *nouvelle lune*. Bientôt elle apparaît sous la forme d'un croissant très-délié dont l'épaisseur augmente d'un jour à l'autre; elle est alors près du soleil couchant. Sept jours après la néoménie, elle est à son *premier quartier ;* sa forme est celle d'un demi-cercle. A ce moment elle passe au méridien à 6 heures du soir et éclaire la première partie de la nuit. Le disque s'arrondit ensuite du côté opposé au soleil, et 14 jours environ après la néoménie, la lune se présente sous la forme d'un cercle entier ; on dit alors qu'elle est *pleine*. Elle passe au méridien à minuit.

Le disque lunaire offre ensuite dans l'ordre inverse les formes précédemment indiquées. Vers le septième jour après la pleine lune, l'astre est à son *dernier quartier;* puis, vers le treizième jour, on ne voit plus qu'un croissant très-délié ; puis enfin la lune disparaît pour reprendre plus tard et périodiquement les mêmes apparences.

Dans tous les cas, les pointes du croissant lunaire sont toujours à l'opposé du soleil et le plan perpendiculaire au milieu du diamètre qui joint les pointes va passer par le centre du soleil. Du côté du soleil, la ligne courbe qui termine le disque est une demi-circonférence de cercle ; du côté opposé c'est une demi-ellipse.

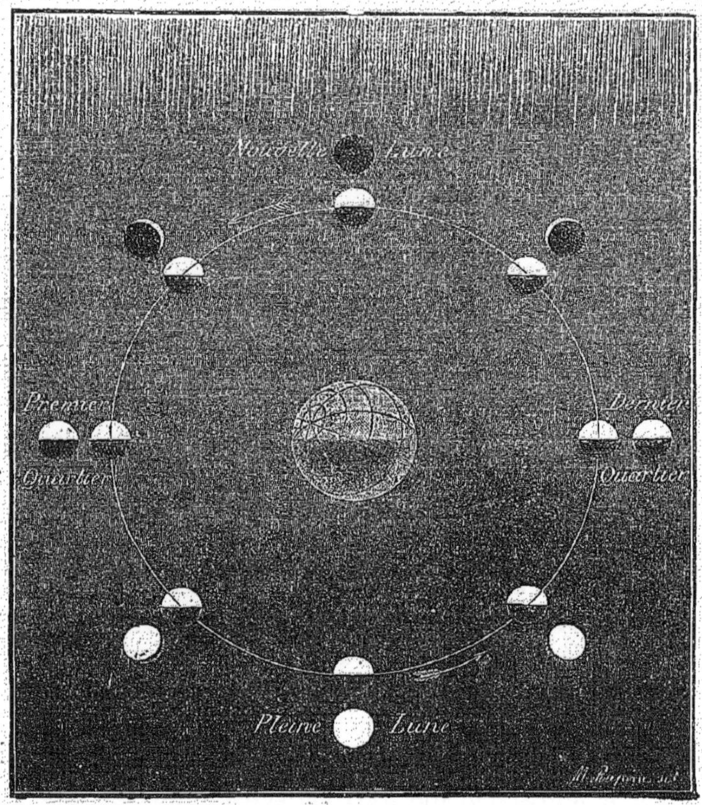

Fig. 116. — Phase de la lune.

La nouvelle lune et la pleine lune portent le nom de *syzygies*, le premier et le dernier quartier celui de *quadratures*.

160. Explication des phases. — La lune est un corps sensiblement sphérique, opaque et non lumineux par lui-même, qui réfléchit vers

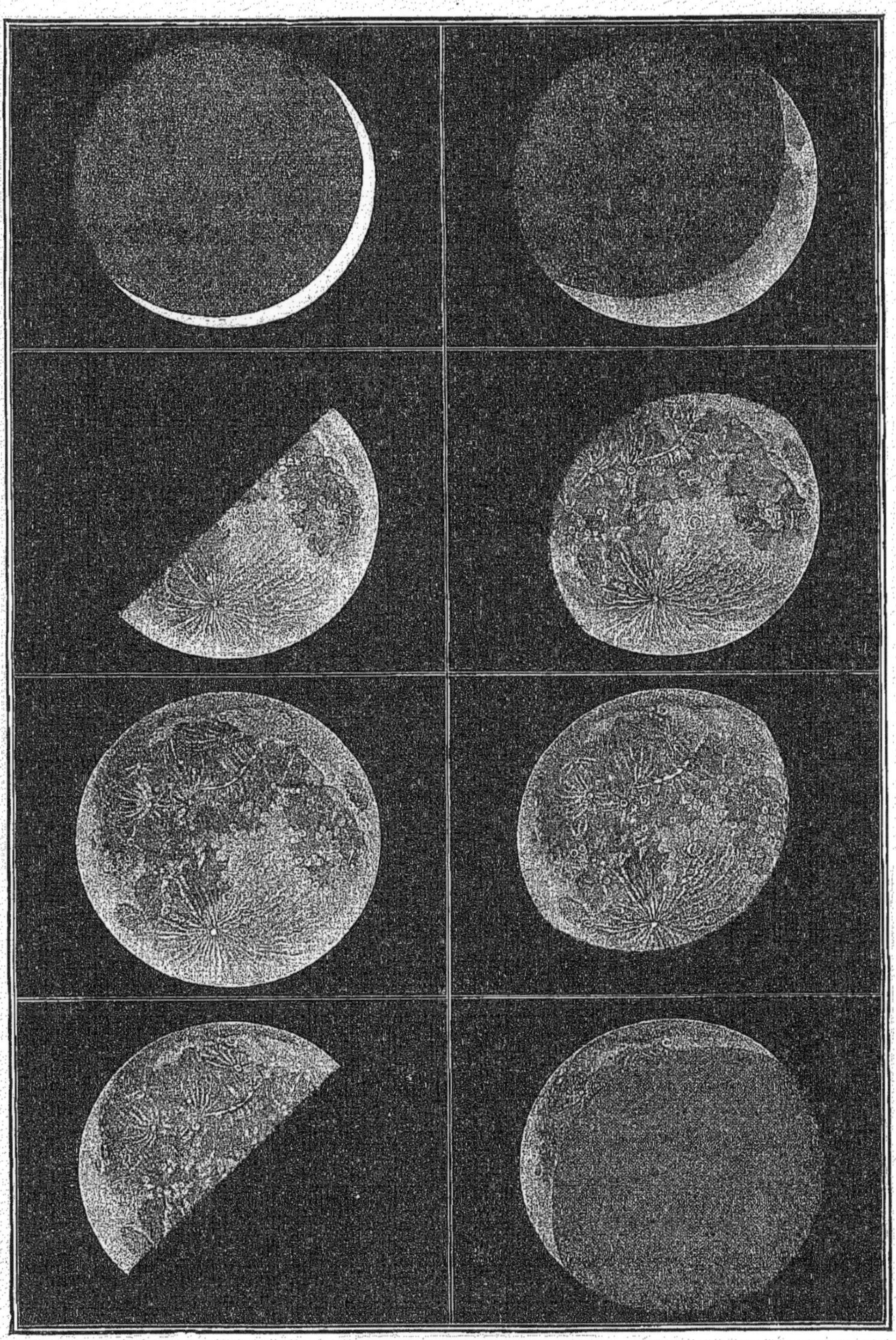

LES PHASES DE LA LUNE.

Le soleil tourne sur lui-même en 25 j. 34.

Les tropiques sont deux cercles parallèles, situés à 23°27'30" de l'équateur (boréal = cancer; austral = capricorne).

Les cercles polaires sont 2 cercles parallèles situés à 23°27'30" du pôle.

L'année comprend 4 saisons, savoir :

Le printemps, de l'équinoxe de printemps au solstice d'été	92j	20h	59m
L'été, du solstice d'été à l'équinoxe d'automne	93	14	13
L'automne, de l'équinoxe d'automne au solstice d'hiver	89	18	35
L'hiver, du solstice d'hiver à l'équinoxe de printemps	89	0	2

On entend par précession des équinoxes le phénomène de rétrogradation du point γ que le soleil retrouve en avant de sa position, ce qui avance l'équinoxe de 50",2.

La terre décrit dans l'espace d'une année autour du soleil, d'occident en orient, et conformément à la loi des aires, une ellipse dont le soleil occupe un des foyers.

On nomme vitesse angulaire du soleil, l'angle dont le soleil se déplace sur l'écliptique dans l'espace d'un jour sidéral.

Les aires décrites par le rayon qui joint le centre de la terre à celui du soleil sont proportionnelles aux temps employés à les décrire.

Le diamètre apparent de la lune est de 31'26",5.

On nomme phases les différentes formes de la lune.

Le premier et le dernier quartiers prennent le nom de quadratures.

La conjonction et l'opposition se nomment syzygies.

Peu après la nouvelle lune on distingue la totalité du disque qui est éclairé par une lumière cendrée réfléchie par la terre.

La révolution sidérale de la lune est de 27 j. 32

Un astre est dit en conjonction lorsque sa longitude est la même que celle du soleil ; il est dit en opposition lorsque sa longitude et celle du soleil diffèrent de 180°

On nomme révolution synodique le temps qui s'écoule entre deux conjonctions. Celle de la lune ou mois lunaire ou lunaison est de 29 j. 53.

La distance de la lune à la terre est de 60 rayons terrestres (130.000 lieues) ; son diamètre 0,27 de celui de la terre ; sa surface est 1/14, son volume 1/50 ; sa masse 1/88, sa densité 0,61 de celle de la terre ou 3,34 par rapport à celle de l'eau.

On nomme librations de la lune le balancement apparent de son disque.

La lune a sur sa surface des montagnes dont la plus haute, le Doerfel a 7.600 mèt.

Elle a un caractère volcanique ; on n'y distingue pas d'atmosphère, par conséquent pas d'eau.

Une éclipse de lune dure au plus 2 heures, si l'on considère toutes les phases du phénomène, la durée maximum est de 4 heures.

L'éclipse de lune ne se produit qu'à une époque d'opposition.

Une éclipse de soleil ne se produit qu'à une époque de conjonction.

Les planètes sont des astres éclairés par le soleil qui se déplacent dans le ciel.

Mercure, Vénus, la Terre, Mars, Jupiter, Saturne, Uranus, Neptune.

Distance du Soleil		3	6	12	(24)	48	96	192	384 } Loi de
	0,4	0,7	1,0	1,6	(2,8)	5,2	10,0	19,6	(38,8) 30, } Bode

Lois de Képler : 1° Les planètes décrivent autour du soleil des ellipses dont cet astre occupe un des foyers ;

2° Les aires décrites par le rayon vecteur qui joint le centre du soleil à celui de la planète sont proportionnelles aux temps employés à les décrire.

3° Les carrés des temps des révolutions sidérales des planètes sont proportionnels aux cubes de leurs moyennes distances au soleil.

Gravitation universelle (loi de Newton). Deux corps quelconques placés comme on voudra dans l'espace s'attirent en raison directe de leurs masses et en raison inverse du carré de leur distance.

Mercure, très-rapproché du soleil, fait sa révolution autour de cet astre en 3 mois environ ; ~~il tourne sur lui-même en 24 h 5m, son axe est presque dans le plan de son orbite.~~ Son volume est 0,06 de celui de la terre.

Vénus, présente un vif éclat et est appelée étoile du matin ou du soir ; sa révolution sidérale s'accomplit en 7 mois ½ environ ; elle tourne sur elle-même en 23h.21m ; ~~son équateur est incliné sur son orbite de 75°.~~ Elle a sur sa surface des montagnes dont les plus hautes auraient 40000 mètres. Son volume est 0,868 de celui de la terre.

Mars présente l'aspect d'une étoile rouge ; il fait sa révolution sidérale en 687 jours ; il tourne sur lui-même en 24h ½ : son aplatissement serait de 1/30. Son volume est 0,157 de celui de la terre.

Jupiter tourne sur lui-même en 9h 55m ; sa révolution sidérale s'effectue en 12 ans ; il est 1390 fois plus gros que la terre ; son aplatissement serait 1/17. Il a 4 satellites.

Saturne présente une teinte terne. Sa révolution sidérale s'accomplit en 29 ans ½ ; il tourne sur lui-même en 10h 30. Son volume est 865 celui de la terre. L'aplatissement est de 1/11. L'anneau de Saturne tourne d'occident en orient en 10h 32m 15s ; il est formé de trois anneaux concentriques.

Uranus est 75 fois plus gros que la terre. Sa révolution sidérale dure 84 ans. Il a 8 satellites

Algèbre

Addition : [illegible] un polynôme [illegible] on en ajoute un autre, en écrivant à la suite du premier successivement tous les termes du second, chacun avec son signe.

Soustraction : Pour retrancher d'un polynôme un autre polynôme, on écrit à la suite du premier successivement tous les termes du second, en changeant les signes de chacun d'eux.

Multiplication : On multiplie deux puissances d'un même nombre en ajoutant les exposants.

Pour multiplier deux monômes entiers, on multiplie les coefficients, on ajoute les exposants des mêmes lettres, et l'on écrit avec leurs exposants les lettres différentes.

On multiplie un polynôme par un nombre quelconque, en multipliant chaque terme séparément par ce nombre, et donnant à chaque terme du produit le signe du terme correspondant du multiplicande.

Pour multiplier un polynôme par un polynôme, on multiplie tous les termes du multiplicande successivement par chacun des termes du multiplicateur, on écrit avec leurs signes les produits partiels fournis par les termes positifs du multiplicateur, et avec des signes contraires les produits fournis par les termes négatifs.

Division : Pour diviser un monôme par un monôme, on divise le coefficient du dividende par celui du diviseur, et l'on retranche les exposants du diviseur des exposants des mêmes lettres dans le dividende.

Pour diviser deux polynômes entiers l'un par l'autre, on divise le premier terme du dividende par le premier terme du diviseur, ce qui donne le premier terme du quotient; on multiplie le diviseur par ce premier terme du quotient; on retranche le produit du dividende; on divise le premier terme du reste par le premier terme du diviseur, ce qui donne le second terme du quotient; on multiplie le diviseur par ce deuxième terme du quotient, et l'on retranche le produit du premier reste; on divise le premier terme du deuxième reste par le premier terme du diviseur, et l'on continue de cette manière jusqu'à ce que l'on arrive au dernier terme du quotient.

Équation : c'est une égalité dans laquelle entrent une ou plusieurs lettres désignant des quantités inconnues.

1° on chasse les dénominateurs, s'il y en a ; 2° on fait passer les termes inconnus dans le premier membre, les termes connus dans le second membre, et l'on réduit les uns et les autres ; 3° enfin on divise par le coefficient de l'inconnue.

Neptune, invisible à l'œil nu, exécute sa révolution sidérale en 168 ans. Son volume est 86 fois celui de la terre. Il a un satellite.

Entre Mars et Jupiter on a découvert plus de cent planètes télescopiques qui seraient les fragments d'une grande planète.

Les comètes, comme les planètes, tournent autour du soleil. Elles se composent d'un noyau, entouré d'une chevelure qui forme la tête, et suivies d'une queue. Mais toutes ne présentent pas cette forme. Ce n'est pas un corps solide : on a pu voir au travers

On appelle étoiles périodiques celles dont l'éclat varie périodiquement.

Les étoiles temporaires sont des étoiles qui ont apparu subitement dans le ciel pour disparaître au bout d'un certain temps.

Quelques étoiles présentent une coloration assez prononcée (rouge, jaune, verte).

On nomme étoiles doubles ou système binaire deux étoiles très voisines qui tournent l'une autour de l'autre.

Les nébuleuses sont des taches blanchâtres qu'on aperçoit dans le ciel. Les unes sont résolubles c.à.d formées d'un gd nombre de ptes étoiles, les autres paraissent formées d'une matière diffuse.

Les étoiles filantes sont de ptes corps qui circulent dans l'espace en obéissant aux attractions du soleil et des planètes. Quelques-unes s'approchent assez de la terre pour que son attraction en détermine la chute : ce sont des aérolithes. D'autres en passant dans notre atmosphère deviennent incandescentes et présentent une traînée lumineuse.

Les bolides sont des étoiles filantes d'un volume plus considérable avec un disque apparent.

On appelle marée un mouvement des eaux de la mer en vertu duquel elles s'élèvent et s'abaissent alternativement chaque jour. Les marées sont le résultat des actions combinées du soleil et surtout de la lune.

Cosmographie.

La Distance angulaire de deux étoiles est la mesure de l'angle formé par les rayons visuels menés de l'œil de l'observateur à deux quelconques de ces astres.
La Verticale d'un lieu est la direction de la pesanteur en ce lieu (fil à plomb). Elle perce la sphère céleste en 2 points : le Zénith au dessus, le Nadir au-dessous de l'obser ~~sphère v.~~
L'Horizon est le plan perpendiculaire à la verticale.
La Hauteur d'un astre au-dessus de l'horizon est l'angle formé ~~avec~~ l'horizon par le rayon visuel dirigé vers l'astre.
La Distance zénithale est l'angle formé par la verticale et le rayon visuel mené à l'astre.
Le Vertical est le plan mené par la verticale d'un lieu et un astre sur la sphère céleste.
L'Azimut est l'angle dièdre formé par le vertical d'un astre et un vertical passant par l'horizon.
Le Méridien est le cercle qui passe par les pôles et par ~~la~~ verticale d'un lieu ; la Méridienne est l'intersection ~~du~~ ~~lieu~~ méridien avec l'horizon.
La ligne des pôles est l'axe sur lequel la terre tourne.
L'Équateur est un grand cercle perpendiculaire à la ~~[illegible]~~ ligne des pôles
Un parallèle est un cercle parallèle à l'équateur, décrit par une étoile.
La hauteur du pôle au dessus de l'horizon est égale à la demi somme des distances zénithales d'une étoile circumpolaire à ses 2 passages au méridien.
à Paris la hauteur est de 48°50'11".
On nomme Déclinaison d'une étoile l'angle formé par le rayon visuel mené à l'étoile avec le plan de l'équateur.
On nomme ascension droite d'une étoile l'angle dièdre formé par ~~[illegible]~~ le cercle horaire de l'étoile cercle passant par la ligne des pôles et un point de l'équateur pris pour origine de l'asc

Pour déterminer l'ascension droite on multiplie par 15 le temps écoulé entre le passage du point d'origine et de l'astre au méridien du lieu.

La déclinaison d'une étoile est égale à la hauteur du pôle, plus ou moins la distance zénithale de l'étoile à sa culmination.

La longitude d'un lieu est la distance des méridiens de ce lieu à un méridien convenu; sa latitude est sa distance à l'équateur.

Le rayon de la terre est de 6366 kilomètres.

Le diamètre apparent du soleil est est de 32' environ.

L'écliptique est la courbe que décrit le soleil sur la sphère céleste.

Les équinoxes sont les points d'intersection de l'écliptique avec l'équateur céleste.

Les solstices sont les points où le soleil atteint sa plus grande déclinaison.

Les constellations zodiacales sont 12 constellations remarquables à travers lesquelles passe le soleil dans son mouvement annuel. Ce sont Aries (Bélier), Taurus (Taureau), Geminni (Gémeaux), Cancer (Cancer), Leo (Lion), Virgo (Vierge), Libraque (Balance), Scorpius (Scorpion), Arcitenens (Sagittaire), Caper (Capricorne), Amphora (Verseau), Pisces (Poissons) } autour

Elles sont en avance d'un signe. Les poissons sont dans le Bélier.

On nomme année tropique le temps qui s'écoule entre deux passages successifs du soleil à l'équinoxe du printemps: elle est de 365j 5h 48m 47s.

On nomme année sidérale le temps que le soleil met à revenir au même point du ciel. Elle est de 365j 6h.9m.10s.

On prend pour origine des ascensions droites le point γ, point équinoxial du printemps.

On nomme jour solaire le temps qui s'écoule entre deux passages consécutifs du soleil au méridien.

On nomme parallaxe d'un astre par rapport à un point de la surface de la terre, l'angle sous lequel un observateur placé à l'astre verrait le rayon de la terre aboutissant à ce point.

La distance du soleil à la terre est de 149.600.000 km 24000 rayons terrestres; sa surface vaut 12.500 fois celle de la terre, et son volume vaut 1.400.000 fois celui de la terre; sa masse est 355.000 fois celle de la terre; sa densité est 0,253 de celle de la terre, et 5,48 par rapport à l'eau.

nous la lumière du soleil. Admettons, pour plus de simplicité, que le plan de l'orbite lunaire se confonde avec celui de l'écliptique et que la terre reste immobile par rapport au soleil pendant que la lune décrit sa trajectoire autour de la terre. Supposons enfin le soleil assez éloigné de la lune pour qu'on puisse regarder ses rayons comme parallèles dans toutes les positions de la lune (fig. 116). Ces hypothèses, matérialisées pour ainsi dire et rendues saisissables dans la figure,

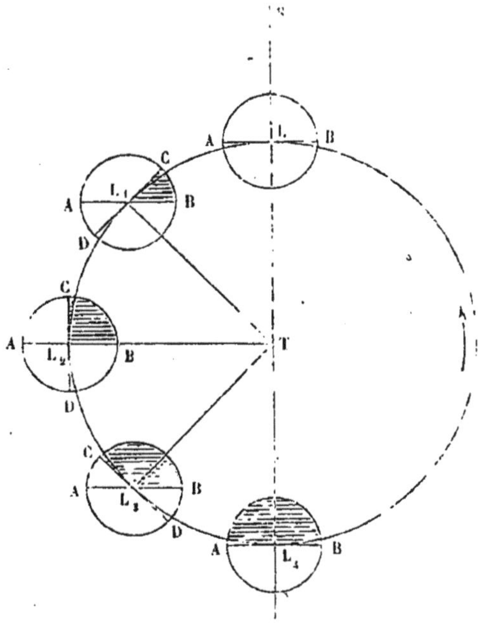

Fig. 117.

vont nous permettre d'expliquer très-facilement les différentes phases, ce que nous voyons du disque n'étant autre chose qu'une projection sur un plan passant par le centre de la lune et perpendiculaire à la droite qui joint le centre de la terre au centre de la lune.

Soit T la terre et $LL_1L_2L_3$ l'orbite lunaire ; le soleil est supposé à l'infini en S. Lorsque la lune est en L, elle tourne vers la terre son hémisphère non éclairé et est invisible pour nous ; c'est la néoménie (fig. 117). Lorsque la lune est en L_1, ACB est l'hémisphère éclairé et CBD celui tourné vers la terre ; par suite, il n'y a qu'un fuseau sphérique visible pour nous et c'est ce fuseau qu'il s'agit de projeter sur le plan passant par CD et perpendiculaire au plan de notre dessin (fig. 118). Faisons tourner le nouveau plan de projection autour de CD, comme charnière, pour le rabattre sur le plan de l'orbite. Le demi-cercle qui se projetait précédemment suivant CL_1 se trouve représenté en vraie grandeur en $L'_1C'L''_1$, tandis que le demi-cercle qui se projetait suivant L_1B se projette sur le nouveau plan suivant la demi-ellipse $L'_1B'L''_1$; nous obtenons ainsi, pour la projection du fuseau visible, un croissant plus ou moins délié dont l'épaisseur dépend de l'angle des plans CD et AB.

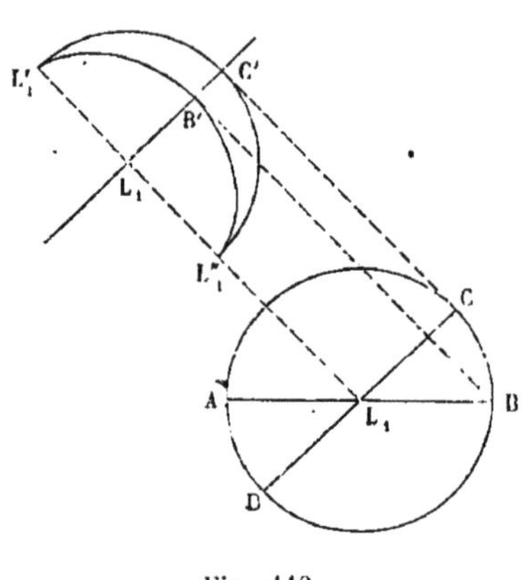

Fig. 118.

Lorsque la lune est en L_2 (fig. 119), nous apercevons la moitié de l'hémisphère tourné vers nous qui se projette sous la forme d'un demi-cercle.

En L_3 (fig. 120), le fuseau visible s'est élargi et la projection s'obtient exactement de la même manière que pour la position L_1 ; la construc-

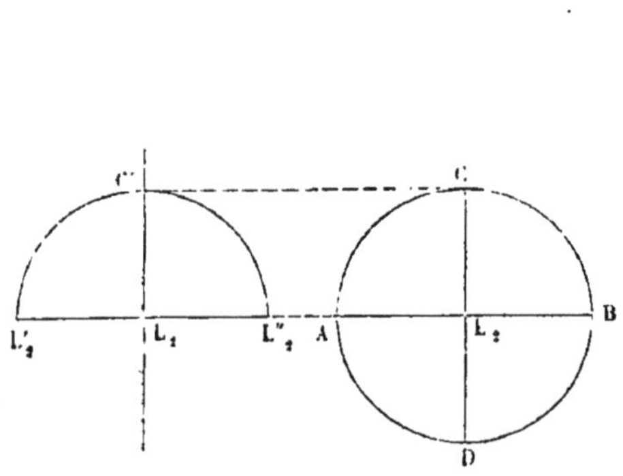

Fig. 119.

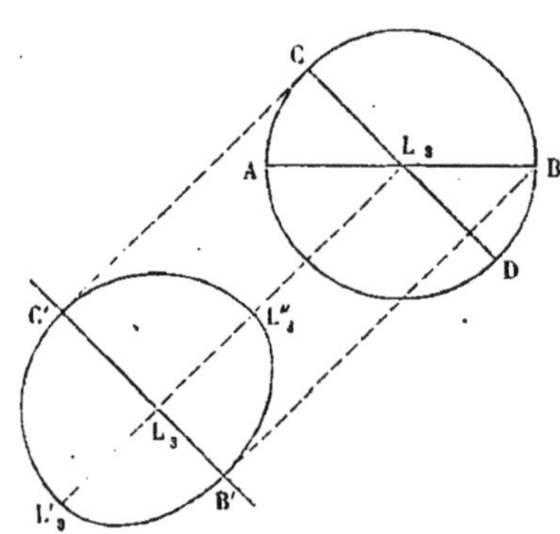

Fig. 120.

tion nécessaire se lit immédiatement sur la figure. En L_4, l'hémisphère éclairé est tourné vers nous et la lune nous apparaît sous la forme d'un cercle entier. De L_4 en L, les mêmes apparences se reproduisent en sens inverse.

Les conditions hypothétiques dans lesquelles nous nous sommes placés n'altèrent pas sensiblement les phases; mais le mouvement de la terre autour du soleil a pour effet d'allonger leur période. Soit en effet T la position de la terre au moment où la lune est nouvelle en L, et soit T' la position de la terre au moment de la nouvelle lune suivante.

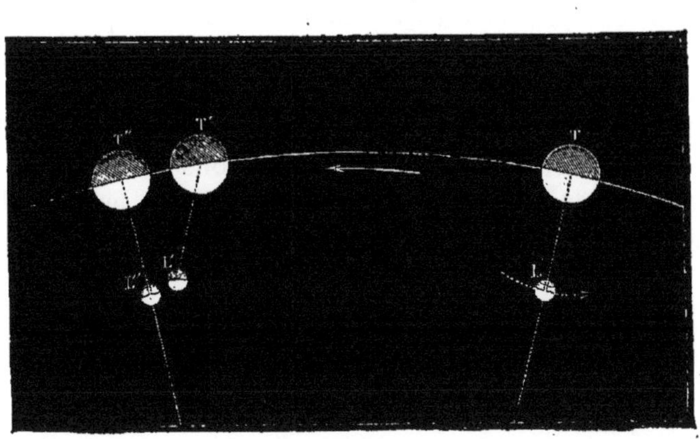

Fig. 121.

Si la terre était restée immobile, la période eût été complète pour la position L' de la lune, obtenue en menant T'L' parallèle à TL. La pé-

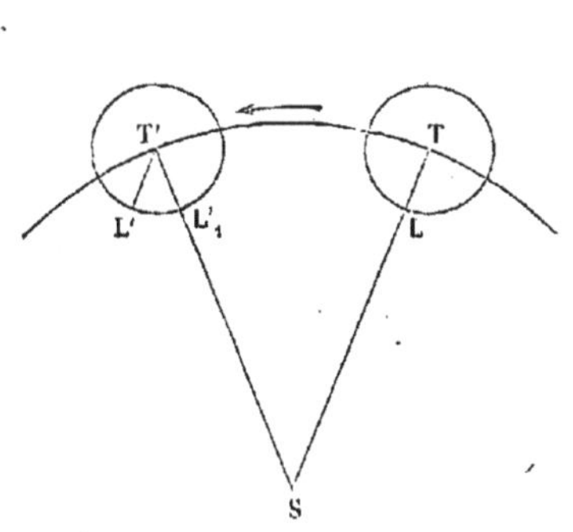

Fig. 122.

Fig. 123.

riode se trouve donc allongée, puisqu'il faut que la lune décrive encore l'arc $L'L'_1$.

161. Lumière cendrée. — Avant et après la nouvelle lune, lors-

qu'on l'aperçoit sous la forme d'un croissant délié, le reste du disque lunaire est éclairé faiblement et son diamètre paraît moindre que celui qui joint les pointes; voici l'explication de ce phénomène connu sous la dénomination de *lumière cendrée* (fig. 123). Lorsqu'il y a nouvelle lune pour la terre, il y a au contraire *pleine terre* pour la lune, les phases des deux astres étant toujours complémentaires. La lumière réfléchie par la terre vers la lune nous est renvoyée par cette dernière, et c'est ainsi que nous apercevons la portion de son disque qui n'est pas directement éclairée par le soleil. Seulement, comme la lumière ne nous arrive qu'après deux réflexions successives, le fuseau directement éclairé par le soleil est beaucoup plus brillant. La différence des deux diamètres est un effet de l'irradiation.

CHAPITRE II

RÉVOLUTION SIDÉRALE ET SYNODIQUE. — ORBITE DÉCRITE PAR LA LUNE AUTOUR DE LA TERRE.

162. Mouvement propre de la lune. — La lune, ainsi que nous l'avons dit, se déplace parmi les étoiles. Pour étudier son mouvement, on détermine chaque jour l'ascension droite et la déclinaison de son centre, et l'on construit ensuite sur un globe le lieu de ses positions successives à travers les étoiles. La courbe ainsi trouvée est une circonférence de grand cercle, d'où l'on conclut que la lune paraît décrire d'occident en orient une courbe plane dont la perspective sur la voûte céleste est une circonférence de cercle. On constate d'ailleurs que le plan de l'orbite est incliné sur celui de l'écliptique.

163. Ligne des nœuds ; inclinaison de l'orbite sur le plan de l'écliptique et sur le plan de l'équateur. — Connaissant l'ascension droite et la déclinaison du centre de la lune, on peut en déduire sa longitude et sa latitude, de sorte que ses différentes positions peuvent être rapportées à l'écliptique, exactement de la même manière que nous avons rapporté plus haut les différentes positions du soleil à l'équateur. La plus grande latitude de la lune donne alors l'inclinaison du plan de son orbite sur celui de l'écliptique ; cette inclinaison est de 5° 8′ 48″.

On appelle *ligne des nœuds* l'intersection du plan de l'écliptique et du plan de l'orbite lunaire. Le nœud ascendant correspond au mouvement de la lune qui s'élève du côté sud au côté nord de l'écliptique, le nœud descendant au mouvement inverse.

De même qu'il y a rétrogradation des points équinoxiaux, il y a aussi rétrogradation des nœuds de la lune ; mais, tandis qu'il faut 26 000 ans pour qu'il y ait rétrogradation complète des points équinoxiaux, la rétrogradation des nœuds de la lune s'accomplit en 18 ans $\frac{3}{5}$ environ. On explique cette rétrogradation des nœuds en admettant que l'axe de l'orbite lunaire décrit dans le sens rétrograde un cône autour d'une parallèle à l'axe de l'écliptique, le demi-angle au sommet du cône étant de 5° 8′ 48″. Pendant ce mouvement, le plan de l'orbite est entraîné par l'axe auquel il reste perpendiculaire. Par suite, l'inclinaison du plan de l'orbite lunaire sur le plan de l'équateur est variable et les limites de cette variation sont :

$$23°27'14'',8 + 5°8'47'',9 = 28°36'2'',7$$

et

$$23°27'14'',8 - 5°8'47'',9 = 18°18'26'',9.$$

164. Diamètre apparent de la lune. — La diamètre apparent de la lune ne conserve pas une valeur constante. Il est, en moyenne, de

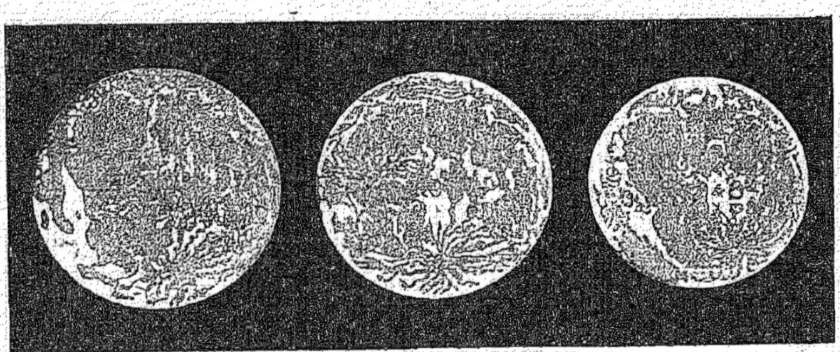

Fig. 124. — Dimensions apparentes de la lune à ses distances extrêmes et moyenne de la terre.

31′ 26″ ; sa plus grande valeur est de 33′ 31″, et sa plus petite de 29′ 22″. La distance de lune à la terre est donc variable, et cette variation a lieu suivant la loi connue ; notre figure permet de comparer les dimensions apparentes de la lune à ses distances extrêmes moyenne de la terre (fig. 124).

Le diamètre apparent de la lune ne varie pas seulement avec sa distance à la la terre, il varie encore pour le même observateur e dans un intervalle de quelques heures, lorsque l'astre passe de son horizon à son zénith. En effet, lorsque la lune est à l'horizon de l'observateur supposé en A, la distance AL peut être regardée comme étant égale à la distance des deux centres ; mais lorsque, par suite du mouvement de rotation de la terre, la lune est au zénith de l'observateur placé alors en A', la distance A'L est diminuée d'une quantité égale au rayon terrestre, c'est-à-dire environ du soixantième de la distance totale (fig. 125). Le diamètre apparent de la lune est donc plus grand au zénith qu'à l'horizon ; par conséquent la lune devrait nous paraître plus grosse dans la première position que dans la seconde. Or, c'est précisément le contraire qui arrive ; mais c'est là une pure illusion qu'il est facile d'écarter en prenant des mesures exactes. Quant à l'explication de cette erreur, elle est des plus simples. L'épaisseur de l'atmosphère étant plus grande dans le sens horizontal, la vue peut saisir plus loin dans cette direction des particules éclairées. Le fond du tableau sur lequel les objets extérieurs viennent se peindre est donc plus reculé à l'horizon qu'au zénith. Ces objets nous paraissant ainsi plus loin, nous les jugeons plus gros. L'illusion est encore augmentée par les édifices ou les arbres interposés entre la lune et nous lorsqu'elle est à l'horizon, tandis que rien ne la sépare de la surface de la terre lorsqu'elle est au zénith.

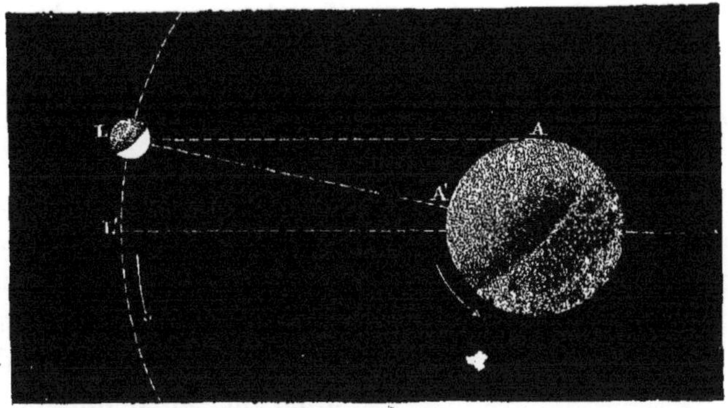

Fig. 125. — Différence des distances de la lune à l'horizon et au zénith.

165. Mouvement elliptique. — En procédant, comme nous l'avons fait pour le soleil, on peut dresser une table des diamètres apparents de la lune et des vitesses angulaires correspondantes. Au moyen de cette table, on construit ensuite la véritable courbe décrite par la lune autour de la terre. On reconnaît que cette courbe est une ellipse dont la terre occupe un des foyers ; l'excentricité de cette ellipse est plus grande que celle de l'orbite de la terre.

166. Révolution synodique. — On appelle *révolution synodique* ou *lunaison* l'intervalle de temps qui s'écoule entre deux phases consécutives de même espèce. Pour évaluer cette durée, on détermine les époques précises de deux éclipses de lune séparées par un nombre considérable de révolutions synodiques. (Nous verrons plus tard que ces éclipses ont toujours lieu au moment de la pleine lune.) En divisant l'intervalle total par le nombre des révolutions, on obtient la durée moyenne. On a trouvé ainsi : 29j ,530588 = 29j 12h 44m 2s,9.

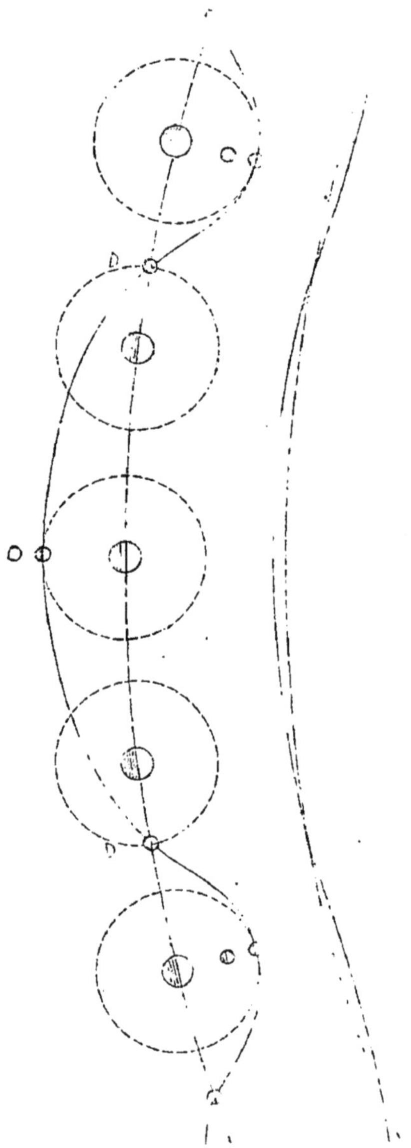

167. Révolution sidérale. — On donne le nom de *révolution sidérale* au temps employé par la lune pour revenir à la même étoile ; cette période est moindre que la lunaison, ainsi que nous l'avons expliqué au n° 160. Pour calculer la durée x de la révolution sidérale, on évalue d'abord l'arc TT' $= \alpha$ que la terre parcourt pendant la lunaison (fig. 122), et l'on obtient ensuite x au moyen de la proportion :

$$\frac{x}{29{,}530588} = \frac{360}{360 + \alpha}.$$

On trouve ainsi :

x 27j. sol. moyens,321661 =
27j.7h.43m.11s.,5.

Fig. 126. — Forme sinueuse de l'orbite lunaire.

En divisant 360° par ce nombre, on obtient la vitesse angulaire moyenne de la lune ou son mouvement diurne moyen. La valeur moyenne de l'arc décrit en un jour par la lune à travers les étoiles est de

13° 10′ 35″ ; son mouvement est donc environ treize fois plus rapide que celui du soleil.

On déduit facilement des nombres précédents la valeur du jour lunaire moyen ; elle est de 24ʰ 50ᵐ 28ˢ.

168. Forme sinueuse de l'orbite lunaire (fig. 126 et 127). — Nous

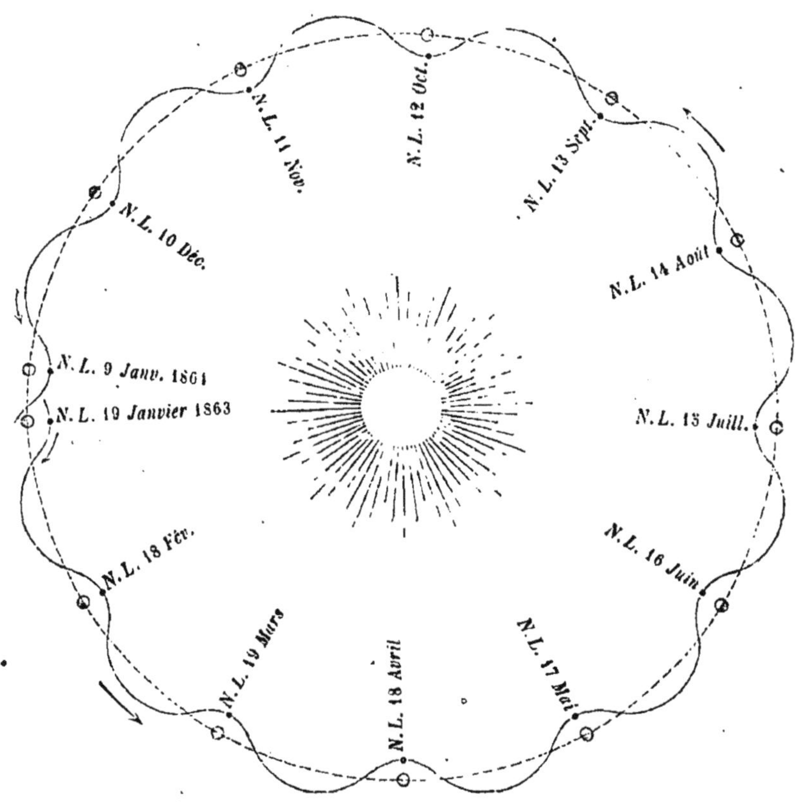

Fig. 127. — Courbe décrite, en une année, par la lune autour de la terre.

venons de dire que la lune décrit autour de la terre une ellipse dont la terre occupe un des foyers. Si notre globe restait immobile au même point de l'espace pendant que la lune effectue autour de lui son mouvement de rotation, notre satellite décrirait en effet une ellipse. Mais la terre se transportant elle-même autour du soleil, il résulte du double mouvement que l'orbite lunaire a une forme très-compliquée. C'est une courbe sinueuse dont notre dessin donne une idée assez exacte.

CHAPITRE III.

DISTANCE DE LA LUNE A LA TERRE. — RAPPORT DU VOLUME DE LA LUNE A CELUI DE LA TERRE ; RAPPORT DES MASSES. — TACHES. — CONSTITUTION PHYSIQUE DE LA LUNE.

169. PARALLAXE DE LA LUNE. — Au moyen de deux observations simultanées faites en deux lieux de la terre situés sur le même méridien et à une grande distance l'un de l'autre, on obtient, ainsi que nous l'avons montré plus haut, la parallaxe horizontale de la lune. Mais on peut arriver plus simplement au même résultat de la manière suivante :

Prenons pour plan du dessin un plan perpendiculaire à l'axe de la terre et passant par son centre (fig. 128). Ce plan coupe la surface de la terre suivant l'équateur ; soit A la position de l'observateur. Vu la proximité de la lune, on ne peut admettre que l'horizon mathématique et l'horizon géocentrique se confondent; soient HH' et $H_1H'_1$ ces deux horizons. La lune n'est visible pour l'observateur que pendant le temps qu'elle parcourt l'arc LML'; or, la pendule astronomique donne pour ce temps $11^h\ 52^m$. Comme d'ailleurs la demi-circonférence $L_1ML'_1$ est parcourue en 12 heures, on en déduit que chacun des arcs LL_1 et $L'L'_1$ est parcouru en 4 minutes, et par suite que l'arc LL_1 est de 1° environ. Cet arc pouvant servir de mesure à l'angle ALC qui n'est autre que la parallaxe horizontale de la lune, on en conclut que cette parallaxe est de 1°. D'autres procédés plus exacts ont donné 57'

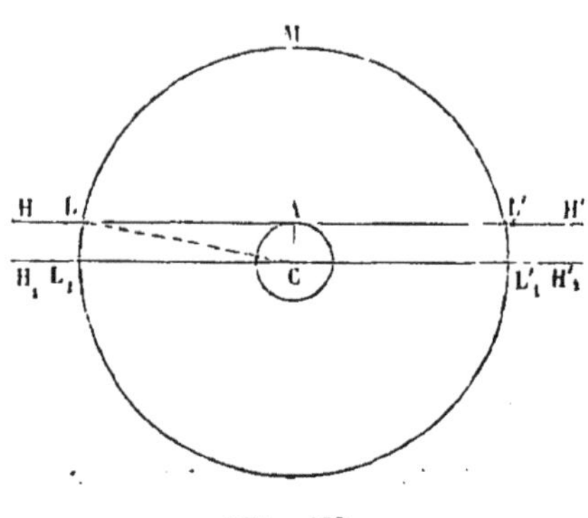

Fig. 128.

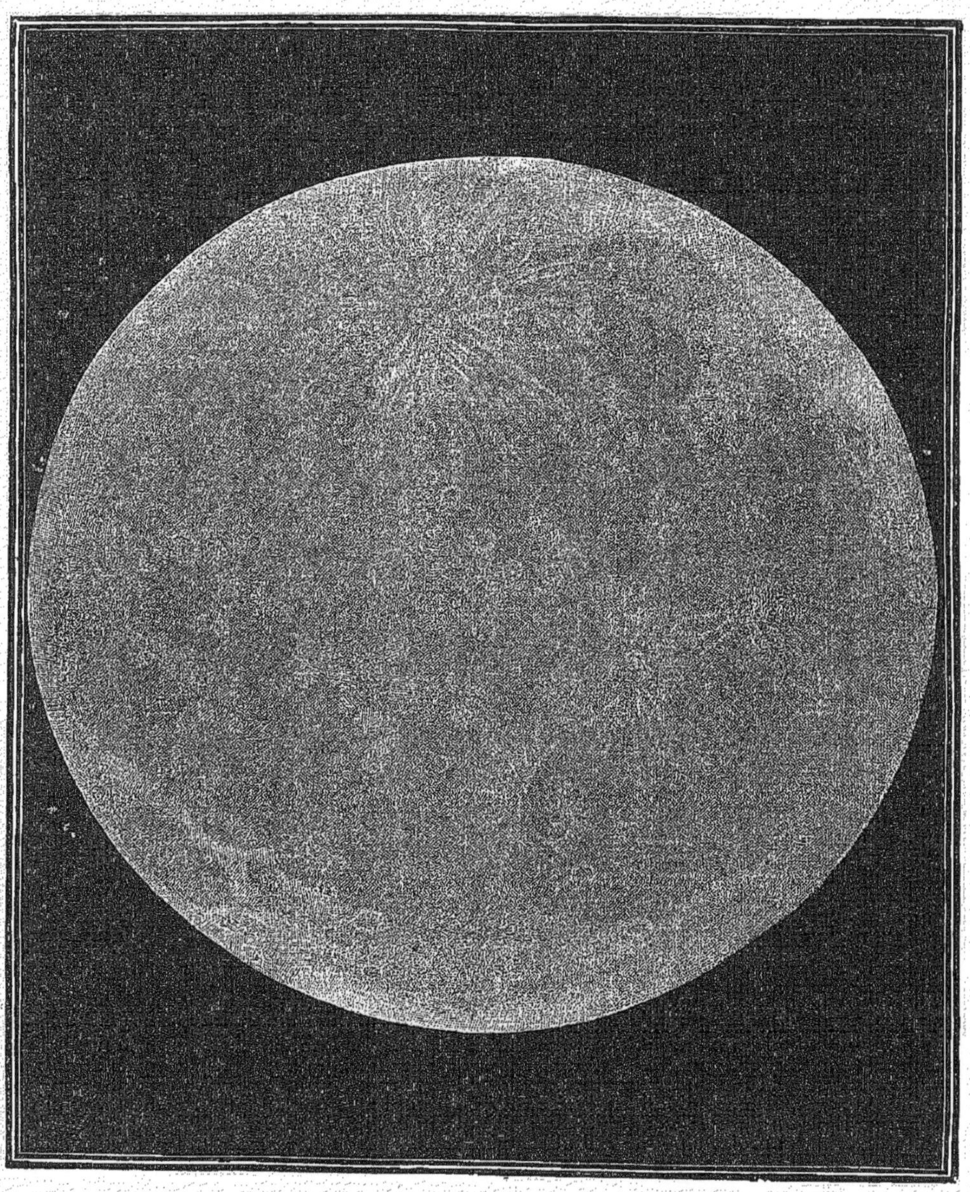

La lune vue dans son plein.

pour la parallaxe horizontale moyenne. Les deux limites extrêmes sont 54′ et 61′.

170. Distance de la lune a la terre. — En opérant comme pour le soleil, on calcule la distance de la lune à la terre au moyen de sa parallaxe horizontale; on trouve que cette distance est en moyenne de **60 273** rayons terrestres ou **96 088** lieues de 4 kilomètres.

171. Dimensions de la lune. — Le demi-diamètre apparent de la lune vu de la terre est en moyenne de 15′ 43″ ou 943″. Le demi-diamètre

Fig. 129. — La terre et la lune; dimensions comparées.

apparent de la terre vu de la lune (parallaxe horizontale) est de 57′ ou 3420″. Par conséquent, si l'on désigne par r le rayon de la terre et par x celui de la lune supposée sphérique, on aura

$$\frac{x}{r} = \frac{943}{3420} = 0{,}27.$$

On peut dire que le diamètre de la lune et les $\frac{3}{11}$ de celui de la terre.

On en déduit pour le rapport des surfaces $\frac{3^2}{11^2}$ ou $\frac{1}{14}$ environ, et pour le rapport des volumes, $\frac{3^3}{11^3}$ ou $\frac{1}{50}$ environ (fig. 129).

Par des procédés que nous ne pouvons pas indiquer ici, on a calculé que le rapport de la masse de la lune à celle de la terre est exprimé par le nombre $\frac{1}{75}$.

172. Taches de la lune. — La lune observée avec une lunette présente des taches permanentes qui conservent la même position sur le disque. Ces taches gardant sensiblement la même forme et n'offrant que de légères variations de teinte, on doit les considérer comme des accidents permanents à la surface de la lune et admettre en outre que l'astre tourne toujours vers nous le même hémisphère. Cette supposition est confirmée par les descriptions du disque que nous ont transmises les anciens astronomes.

173. Rotation de la lune. — Il résulte de ce qui précède que la lune doit avoir un mouvement de rotation, et que celui-ci doit s'accomplir en un temps égal à celui de son mouvement de translation.

Soient en effet T la terre et LL′L″ l'orbite lunaire (fig. 130). Lorsque la lune est en L, nous voyons l'hémisphère AMB. Prenons maintenant l'astre en L′. Si la lune était immobile, le diamètre AB aurait pris la position A′B′ parallèle à AB et nous verrions alors l'hémisphère CND. Il faut donc, puisque c'est toujours le même hémisphère que nous apercevons, que la lune ait tourné de l'angle DL′B′; or cet angle est égal à l'angle L′TL.

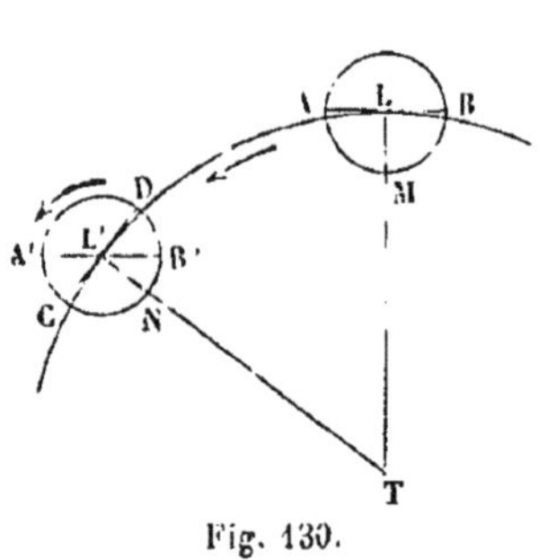

Fig. 130.

Ainsi, la lune tourne sur elle-même d'occident en orient et la durée de ce mouvement est la même que celle de sa révolution sidérale, soit 27j,321661. L'axe de rotation fait avec le plan de l'écliptique un angle de 88° 1/2 environ, ce qui donne 1° 1/2 pour l'inclinaison du plan de l'équateur lunaire sur le plan de l'écliptique.

174. Librations. — Il faut nécessairement que l'égalité soit rigoureuse entre le mouvement de rotation de la lune et son mouvement de translation. En effet, s'il y avait une différence même très-petite, cette différence s'ajoutant à elle-même à chaque révolution nouvelle finirait par devenir sensible après un nombre considérable de révolutions. Si, par exemple, la durée de la rotation était plus courte d'*une* minute, nous verrions aujourd'hui la face opposée à celle qui était tournée vers la terre il y a quinze siècles. Or nous savons que cela n'a pas lieu. Les deux mouvements sont donc rigoureusement égaux.

Cependant il n'est pas exact d'affirmer que la lune présente toujours

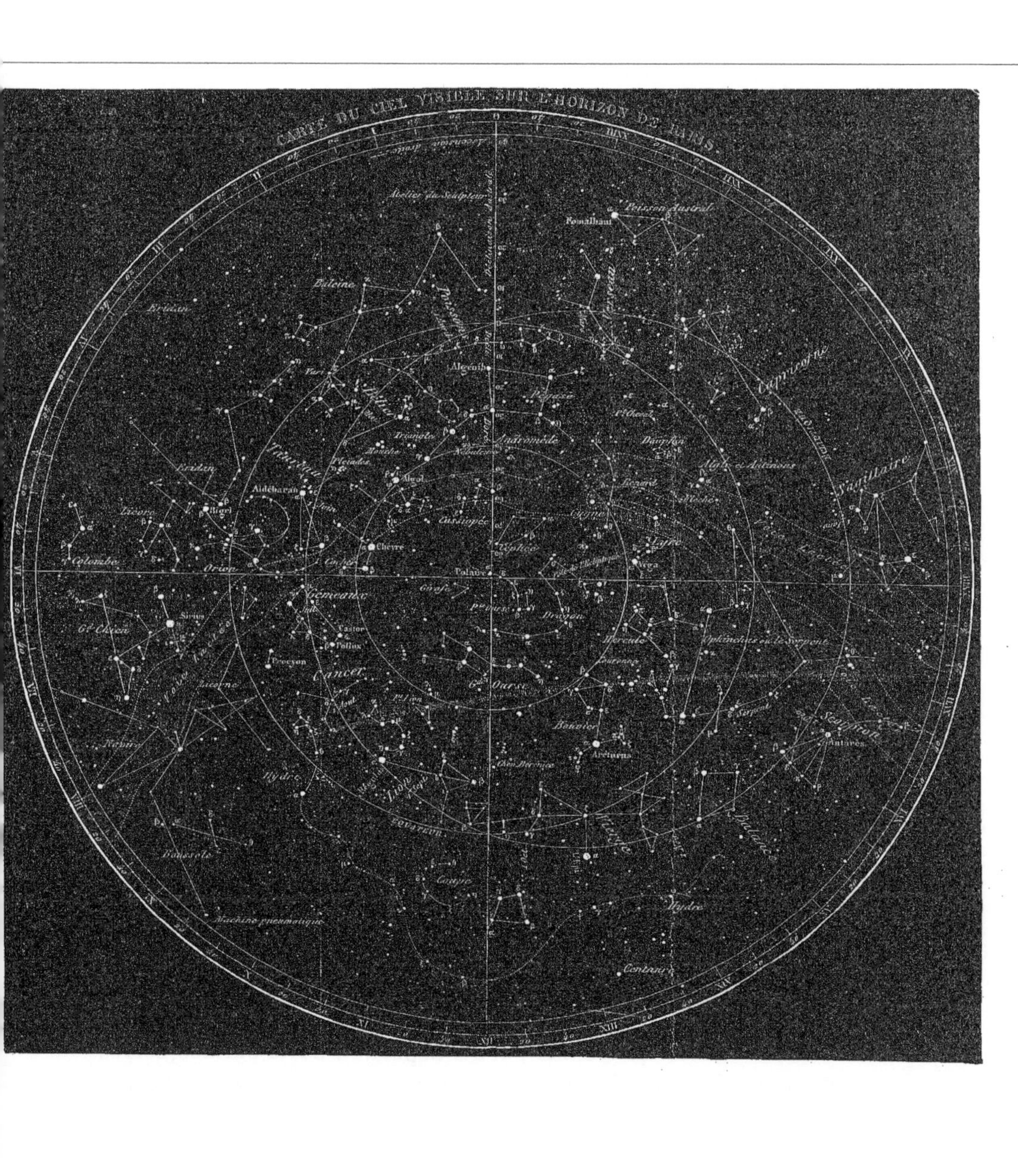
CARTE DU CIEL VISIBLE SUR L'HORIZON DE PARIS.
Atelier du Sculpteur
Poisson Austral
Fomalhaut
Baleine
Eridan
Algenib
Pégase
Andromède
Triangle
Pléiades
Algol
Taureau
Aldébaran
Rigel
Lièvre
Colombe
Orion
Chèvre
Cassiopée
Polaire
Céphée
Cygne
Lyre
Véga
Dauphin
Flèche
Aigle et Antinoüs
Capricorne
Sagittaire
Girafe
Dragon
Gémeaux
Castor
Pollux
Sirius
Gd Chien
Procyon
Cancer
Licorne
Navire
Hydre
Lion
Gde Ourse
Hercule
Ophiuchus et le Serpent
Couronne
Bouvier
Arcturus
Vierge
Balance
Scorpion
Antarès
Coupe
Boussole
Machine pneumatique
Centaure

la même face à la terre. Lorsqu'on observe les taches qui sont dans le voisinage des bords, on les voit paraître et disparaître alternativement, comme si la lune exécutait une sorte d'oscillation périodique autour d'un axe; il y a un balancement apparent de l'est à l'ouest et un autre du nord au sud; enfin il en existe un troisième qui provient de ce que l'observateur est placé à la surface du globe et non pas au centre du mouvement de révolution de la lune. On a donné à ces balancements apparents le nom de *librations;* il est d'ailleurs facile de se rendre un compte exact de ces différents effets.

1° *Libration en longitude.* La première libration, à laquelle on a donné le nom de *libration en longitude*, à cause du sens dans lequel elle se produit, est due à ce que le mouvement de rotation de la lune est uniforme, tandis que le mouvement de translation ne l'est pas. Soient ABCD l'orbite lunaire et T la terre au foyer de l'ellipse (fig. 131). Lorsque la lune est au périgée en A, nous apercevons l'hémisphère projeté suivant *ole*. Après le quart de la révolution sidérale, le rayon vecteur a parcouru le quart de l'ellipse et la lune s'est transportée au point B tel qu'on ait : sect ATB = sect CTB, de sorte que l'angle ATB est plus grand que 90°. Si nous menons *o'e'* perpendiculaire à TB, l'hémisphère tourné vers nous se projettera suivant *o'le'*. Mais, pendant le quart de la révolution sidérale, la lune a tourné sur elle-même de 90° et le cercle qui se projetait précédemment suivant *oe* a pris une position perpendiculaire à la première. Ainsi donc, au périgée, nous apercevions l'hémisphère *ole* et maintenant c'est l'hémisphère *o'le'*; toute la portion de la surface correspondante à *ee'* a donc disparu pour nous, mais nous voyons la portion qui correspond à *oo'* et qui était d'abord invisible. Certaines taches ont donc dû disparaître et d'autres devenir visibles; c'est le bord occidental qui se découvre un peu, tandis que le bord oriental se cache. L'amplitude exagérée à dessein sur la figure est de 8°, c'est-à-dire qu'on peut apercevoir un fuseau sphérique de 8° appartenant à l'hé-

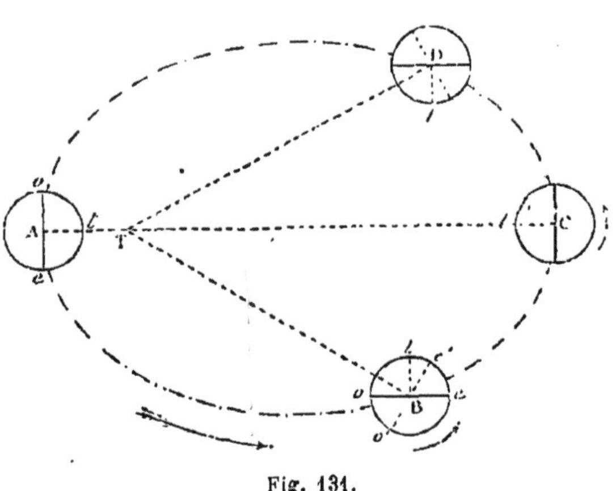

Fig. 131.

misphère qui nous est opposé et que nous cessons de voir un fuseau de même largeur sur l'autre bord.

Prenons maintenant la lune à l'apogée en C, après une demi-révolution sidérale. Le grand cercle projeté suivant *oe* aura tourné de 180° et sera perpendiculaire au rayon vecteur ; nous verrons donc le même hémisphère que dans la première position. De C en A, la libration va se reproduire en sens inverse ; ce sera maintenant sur le bord occidental que nous cesserons de voir un fuseau dont l'amplitude maximum est de 8°, tandis que nous verrons sur le bord opposé un fuseau de même largeur.

2° *Libration en latitude.* La libration qui se produit du nord au sud et qu'on appelle *libration en latitude*, provient de ce que l'axe de rotation n'est pas perpendiculaire au plan de l'orbite. Prenons la lune dans deux positions diamétralement opposées L et L'. L'axe de rotation reste toujours parallèle à lui-même et fait constamment avec le plan de l'orbite un angle de 83° 30' ; par suite, il est incliné de 6°.30' sur le grand cercle qui détermine le contour apparent de la lune, grand cercle dont le plan est perpendiculaire au rayon vecteur (fig. 132). Il résulte immédiatement de cette remarque que le fuseau AN, visible dans la première position, est invisible dans la seconde, tandis que l'inverse a lieu pour le fuseau SB. Nous voyons donc ainsi, tantôt au sud et tantôt au nord, un fuseau dont l'amplitude maximum est de 6° 30'.

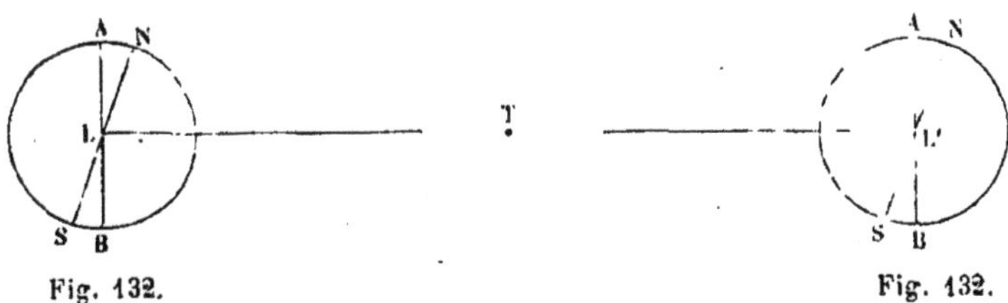

Fig. 132. Fig. 132.

3° *Libration diurne* (fig. 133). Soit B la position d'un observateur à la surface de la terre ; la lune est pour lui à l'horizon en L, et si nous menons *e'o'* perpendiculaire à BL, l'hémisphère lunaire visible est projeté suivant *e'lo'*. Quand, par suite du mouvement de rotation

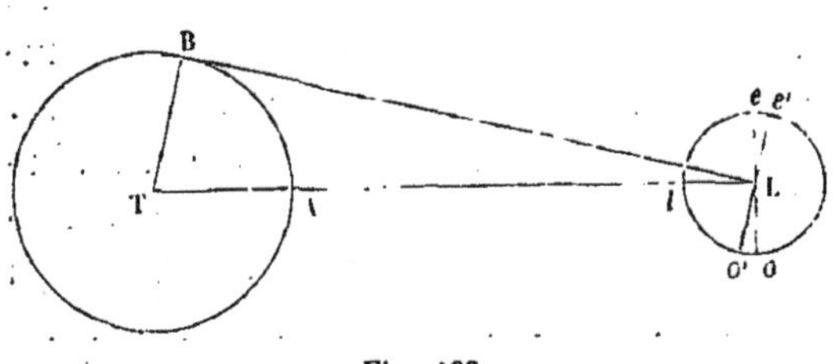

Fig. 133.

La lune, d'après une photographie de M. Waren de la Rue.

de la terre, l'observateur placé alors en A aura la lune au zénith, l'hémisphère visible sera *elo*. Le fuseau correspondant à *ee'* sera devenu invisible, tandis que l'observateur verra le fuseau correspondant à *oo'*, puis le phénomène se reproduira ensuite en sens inverse. Ainsi, le mouvement diurne nous fait apercevoir successivement sur les bords opposés de la lune deux fuseaux de 1° d'amplitude, comme si la lune avait un mouvement périodique autour d'un axe perpendiculaire au plan du parallèle céleste qu'elle paraît décrire en un jour. On voit que cette libration est beaucoup plus faible que les précédentes.

175. Aperçu sur la constitution physique de la lune. — Lorsqu'on observe la lune au moment où elle est pleine, avec une lunette d'un pouvoir grossissant considérable, on aperçoit un nombre très-grand de petites taches de forme annulaire (fig. 134). Les contours des points lumineux sont alors peu arrêtés ; mais si l'on répète les mêmes observations à l'époque du premier et du dernier quartier, la partie éclairée paraît criblée de cavités entourées d'un rempart circulaire qui projette son ombre à l'opposé du soleil. Ce sont autant de montagnes d'un caractère éminemment volcanique. En général, ces montagnes présentent à la partie supérieure une large ouverture circulaire dont le diamètre est considérable et atteint jusqu'à quinze lieues. La profondeur du *puits* surpasse de beaucoup la hauteur extérieure de l'ouverture au-dessus de la surface de la lune ; dans certains cas, la différence est de 7000 à 8000 mètres. Le fond est ordinairement une aire plane au centre de laquelle s'élève une éminence conique à pente roide. Sur toute la ligne de séparation de l'ombre et de la lumière, l'intérieur des cavités annulaires semble complétement noir, tandis qu'on aperçoit sous la forme de points brillants des sommités assez élevées pour être encore éclairées par les rayons solaires (fig. 135).

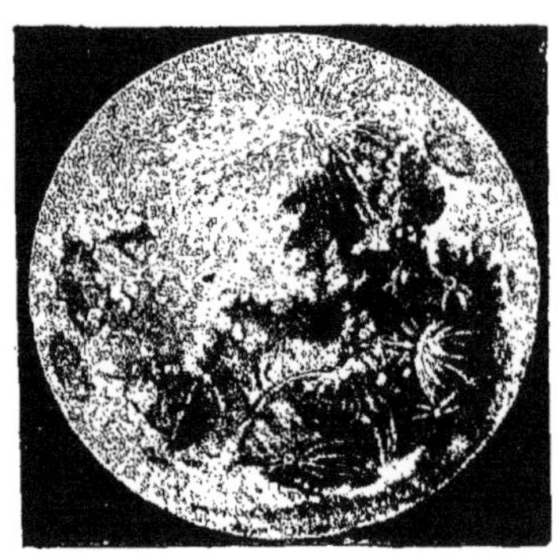

Fig. 134. — La lune vue dans son plein.

176. Mesure de la hauteur des montagnes de la lune. — On peut profiter de l'ombre projetée par les montagnes pour mesurer leur hauteur (fig. 136). Prenons la lune en quadrature et choisissons pour plan du dessin un plan passant par le centre de la lune et perpendi-

culaire à la droite qui joint le centre de la terre au centre de la lune; le cercle d'illumination se projette suivant le diamètre CD, perpendiculaire à la direction des rayons solaires.

Soient *m* la projection du sommet éclairé et *mp* l'ombre projetée,

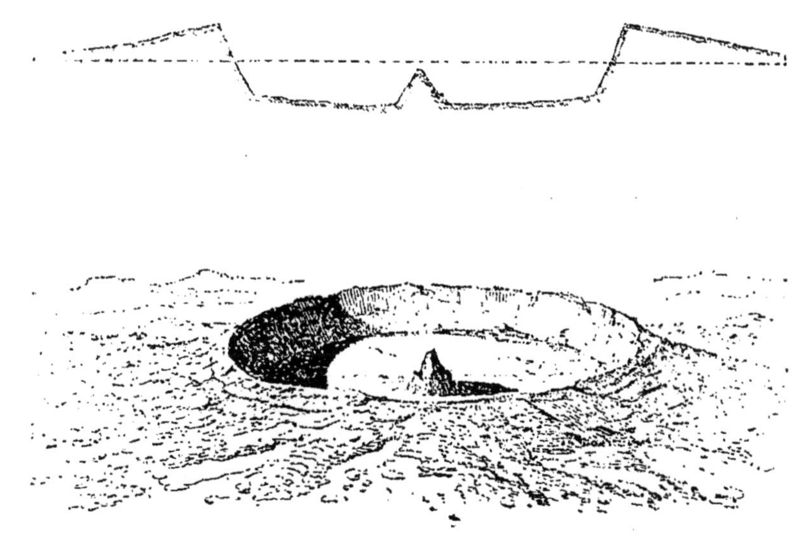

Fig. 135. — Montagne de la lune.

laquelle est perpendiculaire à CD. On peut évaluer les distances *mp* et *pe* au moyen d'une lunette munie d'un réticule à deux fils parallèles; des longueurs apparentes on déduit facilement les longueurs réelles, puisque la distance de la lune à la terre est connue. Cela posé, faisons tourner autour de BA, comme charnière, pour le rabattre sur le plan de la figure; le plan déterminé par AB et le rayon solaire parallèle dont la projection est *mp*. L'intersection de ce plan avec la surface de la lune se rabattra suivant CADB et le point qui se projette en *p* viendra en P; le rayon solaire qui rase le sommet de la montagne sera donc représenté par PM, de sorte que la hauteur à mesurer n'est autre chose que MG. Or, le triangle MGP qu'on peut regarder comme recti-

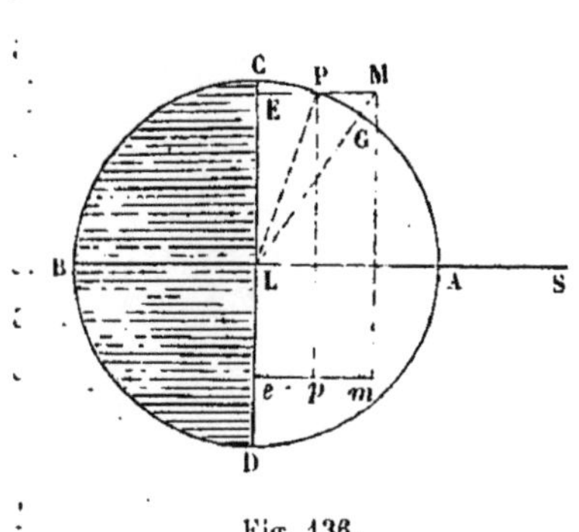

Fig. 136.

PAYSAGE LUNAIRE.

Vue idéale prise dans la région montagneuse du sud-ouest.

ligne et le triangle LEP sont semblables ; en effet, ils sont rectangles et ont un angle égal, savoir GPM = ELP, comme ayant les côtés respectivement perpendiculaires. On a donc

$$MG = \frac{EP \times MP}{LP},$$

formule qui permet de calculer MG, car toutes les quantités qui entrent dans le second membre sont connues.

177. Absence d'eau et d'atmosphère.—La lune n'a pas d'atmosphère. En effet, une atmosphère, si faible que soit sa densité, a toujours un pouvoir réfringent. Par conséquent, lorsqu'un point lumineux de la voûte céleste est occulté par la lune, la durée de l'occultation, si la lune avait une atmosphère, serait nécessairement moindre que la durée assignée par le calcul, l'étoile restant encore visible quelques instants après son occultation réelle et devant redevenir visible quelques instants avant son émersion. Or, cela n'a pas lieu.

Sans atmosphère la lune ne peut avoir d'eau, car cette eau ne supportant aucune pression se transformerait en vapeur jusqu'à ce que le poids de l'atmosphère ainsi formée pût arrêter l'évaporation. Les taches grisâtres que les anciens observateurs avaient prises pour des mers ne sont autre chose que des plaines dont le niveau est inférieur aux vallées des contrées montagneuses.

LIVRE V

ÉCLIPSES DE LUNE ET DE SOLEIL
MARÉES

CHAPITRE PREMIER

ÉCLIPSES DE LUNE ET DE SOLEIL

178. Éclipses. — A l'époque de la nouvelle lune, c'est-à-dire au moment où la lune se trouve entre le soleil et la terre, le disque du soleil perd quelquefois sa forme circulaire. Il s'échancre d'un côté; l'échancrure augmente d'abord progressivement, puis diminue et disparaît ensuite, de sorte que le disque reprend sa forme ordinaire. Parfois le disque est entièrement recouvert et l'on ne peut voir le soleil pendant quelques minutes. Il peut arriver enfin que le disque soit recouvert en partie, de manière à ne laisser apercevoir qu'un anneau brillant. C'est à l'ensemble de ces phénomènes, dont la durée est d'ailleurs assez courte, qu'on a donné le nom d'*éclipses de soleil.*

La lune présente aussi quelquefois des aspects analogues à l'époque de la pleine lune, c'est-à-dire lorsque la terre se trouve entre le soleil et la lune. On connaît depuis longtemps les causes des éclipses de soleil et de lune, et nous allons exposer sommairement les lois qui régissent ces deux phénomènes. Pour plus de clarté, nous les étudierons séparément.

179. Éclipses de lune. — La terre est un corps opaque dont un hémisphère est toujours obscur. Dans son mouvement autour du so-

Fig. 137. — Éclipses de lune et de soleil.

leil, elle projette derrière elle un cône d'ombre dont la longueur dépend de sa distance au soleil; tous les points de l'espace qui se trouvent dans ce cône d'ombre sont évidemment privés de la lumière du soleil. Que la lune vienne à pénétrer dans l'intérieur du cône, en tout ou en partie, il y aura éclipse *totale* ou *partielle* de l'astre. Nous aurons donc établi la possibilité des éclipses de lune lorsque nous aurons prouvé qu'elle peut entrer dans l'intérieur du cône d'ombre projeté par la terre (fig. 137).

Menons un plan par les centres du soleil et de la terre; ce plan coupera les deux sphères, suivant deux grands cercles SA et TB (fig. 138); traçons la tangente commune extérieure RA aux deux circonférences

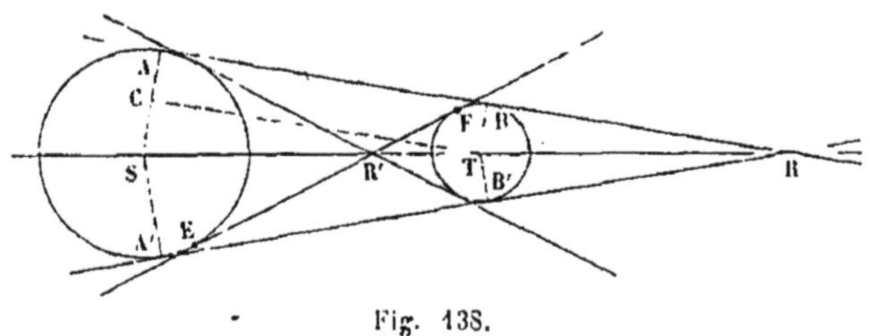

Fig. 138.

et imaginons le cône engendré par la révolution de *cette tangente* autour de RS. Tous les points de l'espace appartenant à la région RBB' ne reçoivent aucune lumière du soleil ; c'est le cône d'ombre projeté par la terre. Calculons la distance RT du sommet de ce cône au centre de la terre.

Menons pour cela la parallèle TC à AB. Les deux triangles semblables SCT, BTR donnent

$$\frac{TR}{ST}=\frac{TB}{SC},$$

d'où

$$TR=\frac{ST\times TB}{SC}=\frac{23\,300}{107{,}556}=216,$$

en prenant pour unité le rayon de la terre. La lune peut donc rencontrer le cône d'ombre de la terre, puisque sa distance apogée n'atteint pas 64 rayons terrestres.

La lune peut-elle pénétrer en totalité dans le cône d'ombre ? Pour résoudre cette question, remarquons que le diamètre de la section transversale du cône, au milieu de la distance RT, est sensiblement égal à la moitié du diamètre de la terre. La lune rencontrant le cône d'ombre à une distance de 60 rayons terrestres environ, le diamètre de la section transversale est, dans cette région, plus grand que la moitié du diamètre de la terre ; par conséquent, la lune pourra pénétrer en totalité dans le cône d'ombre, puisque son diamètre n'est que le quart environ de celui de la terre. Ainsi, il peut y avoir éclipse de lune, et cette éclipse peut être totale.

180. Condition de possibilité des éclipses. — Il résulte de ce qui précède qu'il y aurait *toujours* éclipse de lune au moment de l'*opposition* ou de la pleine lune, si le plan de l'orbite lunaire se confondait avec le plan de l'écliptique. Mais nous savons qu'il n'en est pas ainsi. Il peut arriver, par suite de l'inclinaison des deux plans, que le cône d'ombre de la terre passe, soit au-dessus, soit au-dessous de la lune, si celle-ci n'est pas suffisamment voisine de ses nœuds au moment de l'opposition. L'éclipse est impossible lorsque la latitude de la lune dépasse 1° 1′ 16″ ; elle est certaine lorsque la latitude est inférieure à 52′ 24″ ; entre ces deux limites, l'éclipse est incertaine.

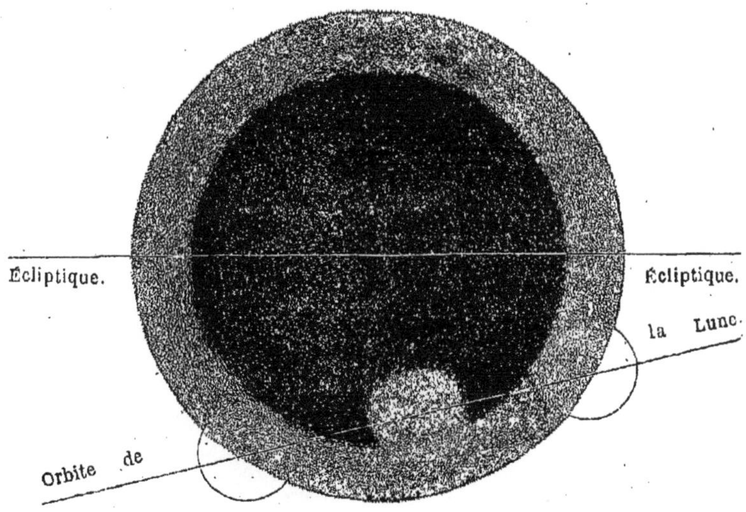

Fig. 139. — Éclipse partielle de lune.

181. Éclipse partielle. — Lorsque la lune ne pénètre qu'en partie dans le cône d'ombre de la terre, on dit que l'éclipse est *partielle*. Mais avant de pénétrer dans le cône d'ombre, la lune rencontre la *pénombre*, c'est-à-dire des points de l'espace appartenant au cône dont la surface est engendrée, par la révolution autour de l'axe ST, de la tangente commune intérieure ER'F (fig. 138 et 139). L'éclat de la

lune commence donc par diminuer, puisque la partie du soleil qui l'éclaire va sans cesse en diminuant. Puis, la lune atteint le cône d'ombre pure ; l'ombre s'étend de plus en plus sur la surface, jusqu'au moment où son centre se trouve au point de son orbite le plus rapproché de l'axe ST ; à partir de ce moment, l'échancrure diminue et l'astre sort du cône d'ombre pure pour retrouver la pénombre, et son

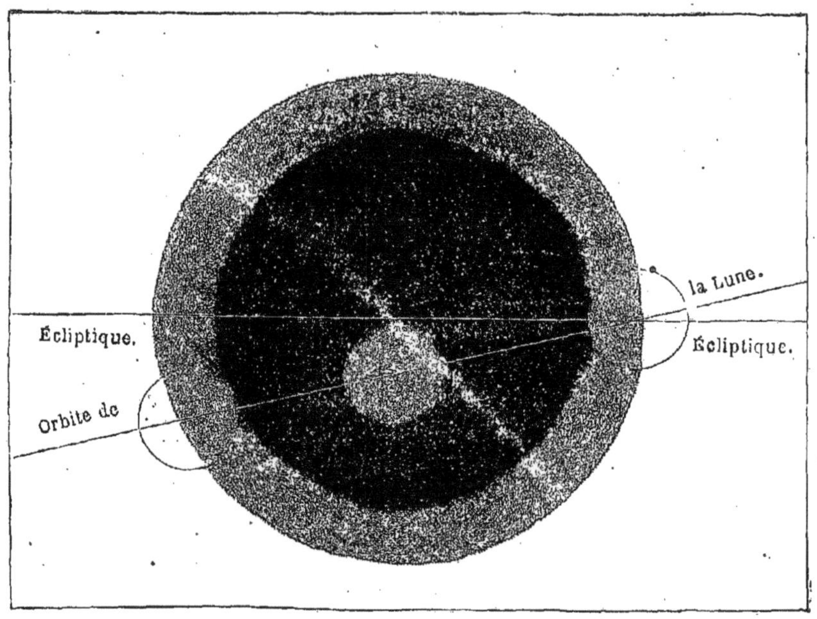

Fig. 140. — Éclipse totale de lune.

éclat va alors en augmentant jusqu'à ce qu'il soit enfin dans la partie de l'espace complétement éclairée par le soleil.

Ajoutons que la forme arrondie du bord de l'échancrure est une nouvelle preuve de la rondeur de la terre.

182. Éclipse totale. — Nous savons que la lune peut être entièrement immergée dans le cône d'ombre ; c'est le cas de l'éclipse *totale* (fig. 140). Comme précédemment, l'éclat de la lune diminue d'abord peu à peu par suite de l'immersion dans la pénombre ; l'échancrure se forme au moment de l'entrée de l'astre dans le cône d'ombre et devient de plus en plus prononcée. Bientôt le disque est entièrement couvert par l'ombre de la terre. C'est donc à peu près, mais dans un intervalle de temps bien plus court, puisque la durée maximum du

phénomène est de 2 heures, l'ensemble des phases qui se produisent entre une pleine lune et une nouvelle lune suivante. Après être restée pendant quelque temps couverte par l'ombre de la terre, la lune se dégage ; on voit apparaître une petite portion du disque et l'on observe les mêmes phases que dans la première période, mais en sens inverse.

183. Influence de l'atmosphère terrestre sur le phénomène. — Pendant une éclipse totale, la lune n'est jamais complétement privée de lumière. Elle présente alors une teinte rougeâtre dont la cause est facile à expliquer. Les rayons qui traversent l'atmosphère terrestre éprouvent une déviation qui les rapproche de l'axe du cône d'ombre. Par suite de cette déviation, le sommet du cône d'ombre pure se rapproche de la terre, et le calcul montre que la longueur du cône se trouve ainsi réduite à 42 rayons terrestres. Un observateur placé dans la lune verrait encore par *réfraction* les $\frac{3}{4}$ du disque solaire, au moment de l'immersion complète de l'astre. On pourrait donc supposer que la lune doit être vivement éclairée même dans cette position ; mais il faut remarquer que les rayons qui l'éclairent ont traversé une couche atmosphérique très-épaisse et qu'ils se trouvent en partie éteints. D'ailleurs, la lumière rouge pouvant seule passer dans des conditions semblables, on a ainsi l'explication des apparences qu'offre le disque lunaire au moment d'une éclipse totale.

184. Éclipse de soleil. — Les éclipses de soleil ont toujours lieu au moment où la lune est nouvelle, ou en *conjonction*.

La lune, corps opaque dont un hémisphère est toujours obscur, emporte dans son mouvement autour de la terre un cône d'ombre dont la longueur dépend de sa distance au soleil. On peut calculer cette longueur comme nous l'avons fait précédemment (n° 179), et l'on trouve qu'elle varie entre 57 et 59 rayons terrestres. D'un autre côté, la distance du centre de la lune au point le plus voisin de notre globe varie entre 56 et 63 rayons terrestres. Il résulte de là que lorsque la lune est à l'apogée, le sommet du cône d'ombre ne peut pas atteindre la terre. Au contraire, lorsque la lune est au périgée, le cône d'ombre peut rencontrer plusieurs points de la surface de la terre. La possibilité des éclipses de soleil se trouve ainsi expliquée ; mais entrons dans quelques détails.

Lorsque le sommet du cône d'ombre atteint la terre, pour tous les points de la surface compris dans l'intérieur du cône l'éclipse est totale (fig. 141). On a calculé que la zone pour laquelle l'éclipse est totale à un moment donné est moindre que la 12 000e partie de la surface totale de la terre. Mais par suite du mouvement de rotation de la terre combiné avec le mouvement de translation de la lune, le cône d'ombre se promène en réalité sur une plus grande étendue.

Nous avons dit que lorsque la lune est à l'apogée, le sommet du cône

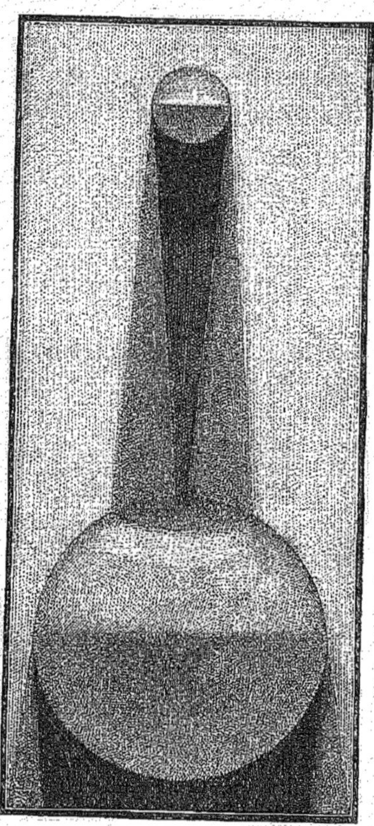

Fig. 141. — Éclipse totale de soleil.

Fig. 142. — Éclipse annulaire de soleil

d'ombre n'atteint pas la terre. Il ne peut donc y avoir éclipse totale pour aucun point de la terre (fig. 142). Pour les points situés sur l'axe du cône, le diamètre apparent du soleil est plus grand que celui de la lune ; on doit donc voir de ces points le bord du soleil former un anneau lumineux autour du disque de la lune ; l'éclipse est *annulaire*.

En même temps qu'il y a éclipse totale ou annulaire pour certains points de la surface de la terre, il y a éclipse partielle pour un grand nombre d'autres points qui sont atteints par la pénombre. En effet, ces points ne peuvent plus apercevoir qu'une partie du soleil d'autant plus petite qu'ils sont plus voisins du cône d'ombre.

185. Condition de possibilité des éclipses du soleil. — Si le plan de l'orbite lunaire se confondait avec le plan de l'écliptique, il y aurait éclipse de soleil à chaque nouvelle lune. Mais, par suite de l'inclinaison des deux plans, il arrive le plus souvent, au moment de la conjonction, que le cône d'ombre passe au-dessus ou au-dessous de la terre ; dans ces conditions, l'éclipse est impossible. Elle a lieu, au contraire, si la latitude est assez faible au moment de la néoménie, c'est-à-dire si la lune est assez près de ses nœuds pour permettre l'immersion de la terre dans les cônes d'ombre et de pénombre. On a calculé qu'il y a certainement éclipse lorsque la latitude de la lune est inférieure 1° 24′ 10″ au moment de la conjonction ; l'éclipse est impossible si la latitude est supérieure à 1°.32′ 2″. Entre ces deux limites, l'éclipse est incertaine.

186. Différence entre les éclipses de lune et les éclipses de soleil. — Il y a une différence essentielle entre les éclipses de lune et les éclipses de soleil. Les premières sont visibles de tous les points de la terre pour lesquels la lune est au-dessus de l'horizon ; d'ailleurs, comme le phénomène provient d'une véritable déperdition de lumière, la phase est la même pour tous les points. Dans les éclipses de soleil, la surface de l'astre est seulement cachée par le disque de la lune. L'effet qui résulte de cette interposition pour un observateur doit donc varier avec les positions respectives de l'observateur, de la lune et du soleil. Le phénomène est produit successivement aux différents points, à mesure que l'ombre et la pénombre de la lune se déplacent à la surface de notre globe.

187. Périodicité des éclipses. — Les anciens désignaient sous le nom de *Saros* une certaine période de 18 ans et 11 jours comprenant 70 éclipses, dont 41 de soleil et 29 de lune. Les éclipses observées pendant cette période se reproduisent en même nombre et à des époques correspondantes pendant la période suivante. C'est ainsi que les anciens étaient arrivés à prédire le retour des éclipses. Aujourd'hui qu'on possède des tables astronomiques très-précises, l'usage de ces sortes de périodes a été abandonné.

On comprend facilement pourquoi les éclipses de soleil sont plus fréquentes que les éclipses de lune. Pour que les premières aient lieu, il suffit que la lune pénètre dans l'intérieur du cône circonscrit au soleil et à la terre entre les deux astres, tandis que les éclipses de lune proviennent de l'immersion de la lune dans le cône, au delà de la terre par rapport au soleil. Or, les dimensions transversales du cône étant plus grandes dans la première région que dans la deuxième, la première immersion doit se produire plus souvent que la seconde.

Quoiqu'il y ait plus d'éclipses de soleil que de lune, le second phénomène est plus fréquent que le premier pour un même point de la terre. Cela tient à ce que les éclipses de lune sont visibles à la fois de tous les points pour lesquels la lune est au-dessus de l'horizon, tandis que les éclipses de soleil ne sont visibles que successivement et seulement pour une partie de l'hémisphère tourné vers le soleil.

Dans une année, il y a au plus 7 éclipses et au moins 2. Lorsqu'il n'y a que 2 éclipses, ce sont des éclipses de soleil.

CHAPITRE II

NOTIONS SUR LE PHÉNOMÈNE DES MARÉES.

188. Description du phénomène des marées. — Deux fois par jour ou, plus exactement, deux fois en $24^h\,50^m$, la mer s'élève et s'abaisse au-dessus et au-dessous d'un niveau moyen. Lorsque la mer monte, elle envahit la plage, refoule les eaux des fleuves, qui remontent alors leur cours : c'est le *flux* ou le *flot ;* la durée de cette période ascendante est de 6 heures. Lorsque la mer a atteint son maximum, qu'elle est *haute*, la marée descendante commence et la mer abandonne peu à peu les rivages qu'elle avait envahis : c'est le *reflux* ou le *jusant*. Après la *basse mer* ou *marée basse*, on a une nouvelle marée montante, et ainsi de suite.

L'intervalle entre deux pleines mers consécutives est de $12^h\,25^m$; mais la basse mer intermédiaire ne tient pas le milieu entre ces deux pleines mers, la mer mettant plus de temps à descendre qu'à monter. La différence n'est pas la même pour tous les ports ; ainsi, au Havre et à Boulogne cette différence est de $2^h\,28^m$, tandis qu'elle est seulement de 16^m pour le port de Brest.

189. Variations des heures des marées. — Le retard journalier du phénomène des marées est de 50^m ; c'est précisément le retard des passages successifs de la lune au méridien. Or, 50 minutes de retard par jour produisent un retard de 24 heures après $29^j\frac{1}{2}$, c'est-à-dire après une lunaison. Donc les heures des marées doivent être les mêmes de quinze en quinze jours, avec cette différence que celles du matin deviennent celles du soir et réciproquement ; après un mois

lunaire, l'heure doit être identiquement la même; c'est précisément ce qui arrive.

Il y a donc une relation entre les heures auxquelles ont lieu le phénomène des marées et les passages de la lune au méridien.

190. Variations de la hauteur. — On appelle *marée totale* la demi-somme de deux pleines mers consécutives au-dessus de la basse mer intermédiaire. La marée totale est, pour une même époque, variable suivant les ports; ce qui montre l'influence de la configuration des côtes. Pour un même port, elle varie avec les phases de la lune, les distances de la terre à la lune et au soleil et les déclinaisons de ces deux astres. C'est à l'époque des syzygies que la marée haute atteint son maximum et que la marée basse descend au point le plus bas; au contraire, c'est à l'époque des quadratures que les marées sont les plus petites. Ajoutons que la plus grande hauteur de la mer n'a pas lieu au moment même de la syzygie, mais 36 heures après. C'est la troisième marée qui suit la nouvelle et la pleine lune qui est la plus grande, et c'est aussi la troisième marée qui suit le premier et le dernier quartier qui est la plus petite. A Brest, la marée totale des syzygies atteint en moyenne une hauteur de $6^m,25$, tandis que la marée totale des quadratures est seulement de $3^m,10$.

Ainsi que nous l'avons dit, la distance de la terre à la lune exerce une influence sur la grandeur de la marée totale qui augmente quand la lune se rapproche de la terre et diminue dans le cas contraire. Pour le port de Brest, le changement de distance de la lune à la terre peut amener une variation de $1^m,77$ dans la hauteur de la marée totale. La variation de la distance du soleil à la terre exerce aussi une influence sur la grandeur de la marée totale, mais elle est moins sensible que pour la lune. Toutes choses égales d'ailleurs, les marées du solstice d'hiver sont plus fortes que les marées du solstice d'été.

Enfin, la hauteur des marées varie avec la déclinaison de la lune et du soleil. Lorsque la lune est près de l'équateur à l'époque des équinoxes, les marées des syzygies sont les plus fortes de toutes; on les appelle *marées syzygies équinoxiales*.

Il résulte de tout ce qui précède qu'il y a une liaison intime entre le phénomène des marées et les mouvements de la lune et du soleil. Nous allons faire voir maintenant comme le *principe de la gravitation universelle* permet d'expliquer les oscillations périodiques de la mer en les regardant comme le résultat des actions combinées de notre satellite et du soleil.

191. Marées lunaires. — Supposons la terre sphérique et entourée d'une couche d'eau d'épaisseur constante. Quelle forme la surface du liquide doit-elle prendre sous l'action attractive de la lune?

Admettons, pour simplifier, que le plan de l'équateur terrestre coïncide avec le plan de l'orbite lunaire. Soient BDB'D' l'équateur terrestre, ACA'C' la surface liquide et L la lune au zénith du point A. L'action de la lune sur la partie solide de la terre est *la même que si toute sa masse était concentrée en son centre* T (fig. 143). (C'est un principe de mécanique que nous regardons comme démontré.) Or, les attractions sont en raison inverse des carrés des distances; par suite, tout se passe comme si la molécule B était à la distance de 60 rayons terrestres, tandis que la molécule liquide A est seulement à la distance de 59 rayons; le rapport des attractions est donc égal à

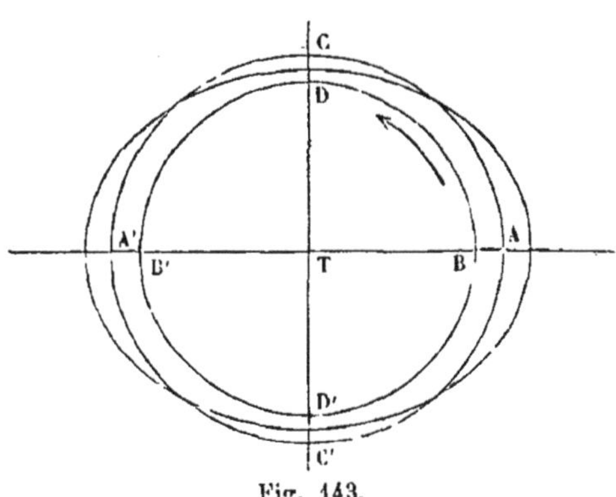

Fig. 143.

$$\frac{1}{59^2} : \frac{1}{60^2} = \frac{60^2}{59} = 1 + 0,03.$$

La molécule A, plus fortement attirée que la molécule B, tend donc à se préparer de la surface de la terre sur laquelle elle est retenue par la pesanteur, mais l'action que la pesanteur exerce sur la molécule A se trouve nécessairement diminuée.

A l'autre extrémité du diamètre, l'attraction sur A' est moindre que celle exercée sur B'; le rapport est égal à

$$\frac{1}{61^2} : \frac{1}{60^2} = \frac{60^2}{61} = 1 - 0,03.$$

Par suite, B' tend à se séparer de A' et la pesanteur qui retient la molécule A' à la surface de la terre se trouve encore diminuée par l'attraction de la lune.

Les molécules liquides C et C' situées sur le diamètre perpendiculaire à BB' peuvent être considérées comme se trouvant à la même distance de la lune que le centre T; l'action de la pesanteur terrestre sur ces molécules n'éprouve donc aucune diminution.

Il résulte de ce qui précède que nous pouvons regarder la masse liquide comme soumise à une action variable de la pesanteur qui va en augmentant de A et A′ vers C et C′. En soumettant au calcul le problème ainsi posé, on trouve que la nappe liquide doit prendre la forme d'un ellipsoïde de révolution renflé suivant AA′ et aplati dans le sens perpendiculaire, ainsi que le montre la figure.

Telle serait la forme que prendraient les eaux de la mer d'une manière permanente si la lune et la terre restaient immobiles. Mais il résulte du mouvement de rotation de la terre et du mouvement de translation de la lune autour de notre globe que la lune paraît décrire d'orient en occident un parallèle céleste en $24^h 50^m 28^s$. Supposons que la lune passe *maintenant* au méridien du point A. Il y aura marée haute en A et A′ et marée basse aux points C et C′ qui voient la lune se lever ou se coucher. $6^h 12^m 37^s$ après l'instant considéré, la lune passera au méridien du point C; il y aura donc marée haute en C et C′ et marée basse aux points A et A′ et ainsi de suite.

Donc, pour un point quelconque de la circonférence ACA′C′, chaque jour lunaire détermine :

1° Une marée haute au passage supérieur de la lune au méridien ;

2° Une marée basse au coucher de la lune ;

3° Une marée haute au passage inférieur de la lune au méridien ;

4° Une marée basse au lever de la lune.

Tel est à peu près le phénomène dans les régions équatoriales; mais dans nos climats, la lune ne passant jamais au zénith, nous n'avons pas le sommet du renflement. D'ailleurs, l'onde de la marée atteint au même instant les lieux situés sur le méridien que traverse la lune ou sur le méridien diamétralement opposé.

192. Marées solaires. — Tout ce que nous avons dit dans le paragraphe précédent est applicable à l'action du soleil sur la couche liquide qui entoure la terre. Il doit donc y avoir et il y a en effet des marées solaires dont la période est le jour solaire. Quoique la masse du soleil soit beaucoup plus considérable que celle de la lune, l'action définitive du soleil est moins énergique à cause de la grande distance qui le sépare de la terre (1). Un calcul très-simple permet de déterminer le rapport des forces.

(1) Nous verrons en effet plus loin que l'attraction varie proportionnellement à la masse et en raison inverse du carré de la distance.

Soient m la masse de la lune, d la distance du centre de la lune au centre de la terre, f l'attraction de l'unité de masse à l'unité de distance et r le rayon de la terre. La force qui soulève la molécule A est exprimée par

$$\frac{fm}{(d-r)^2} - \frac{fm}{d^2} = \frac{fmr\,(2\,d-r)}{d^2\,(d-r)^2};$$

r étant une petite fraction de d, on peut le négliger vis-à-vis de d et l'on a

$$\frac{2 . fmr}{d^3}$$

Désignons maintenant par M la masse du soleil et par D la distance du centre du soleil au centre de la terre. La force provenant du soleil qui soulève la molécule A a pour expression

$$\frac{2 . f\mathrm{M}r}{\mathrm{D}^3};$$

le rapport des deux forces est donc

$$\frac{\mathrm{M}}{m} \times \frac{d^3}{\mathrm{D}^3} = \frac{2}{5} \text{ environ.}$$

La marée solaire est donc plus faible que la marée lunaire.

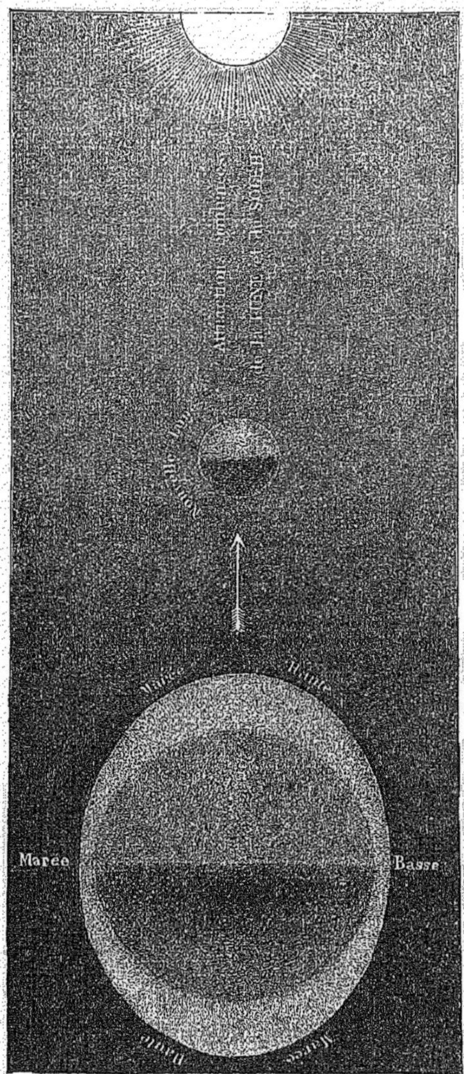

Fig. 144. — Actions combinées de la lune et du soleil.

Les périodes des deux phénomènes n'étant pas les mêmes, il en résulte que les marées solaires s'ajoutent tantôt aux marées lunaires et tantôt les contrarient. L'action définitive est, comme on le dit en mécanique, la *résultante* des mouvements partiels que chaque force eût imprimés séparément (fig. 144). A l'époque des syzygies, les trois astres étant en ligne droite, les deux effets s'ajoutent et l'on a les marées les plus fortes ou marées des syzygies. A l'époque des quadratures, les deux astres passent au méridien à 6^h de distance ; les deux effets se contrarient et l'on a les plus faibles marées ou marées des quadratures (fig. 145).

La formule précédente montre que l'action varie en raison inverse

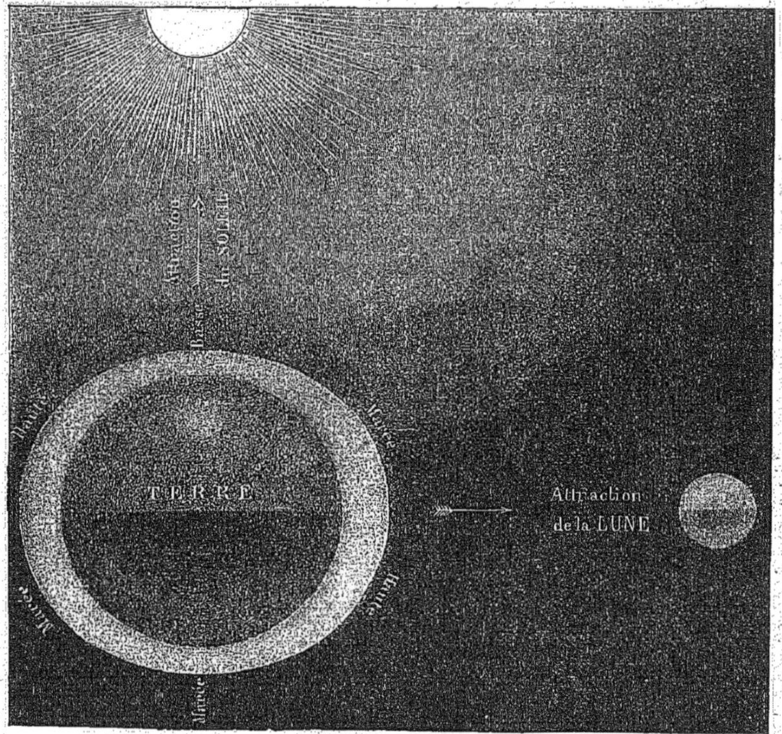

Fig. 145. — Actions contrariées de la lune et du soleil.

du cube de la distance du centre de l'astre au centre de la terre ; il n'est donc pas étonnant que les plus fortes marées aient lieu quand le soleil et la lune sont plus voisins de la terre. Enfin, le calcul indique aussi que l'action combinée des deux astres est d'autant plus intense qu'ils sont plus voisins de l'équateur ; nous savons que l'observation est d'accord avec le résultat du calcul. Dans tous les cas, la marée lunaire l'emportant sur la marée solaire, c'est l'action de la lune qui doit régler le mouvement de la mer.

Le calcul, basé sur le principe de la gravitation universelle, fait donc retrouver toutes les circonstances principales du phénomène des marées.

193. Établissement du port. — Si la terre était entièrement recouverte d'une couche d'eau d'épaisseur constante, les eaux de la mer se soulèveraient suivant les lois que nous avons indiquées ; la mer monterait ou baisserait *sur place* et les marées ne détermineraient pas des courants capables d'entraîner avec eux les corps flottants. Mais les deux tiers seulement du globe sont recouverts d'eau. Il en résulte que lorsque la mer monte, elle se répand sur les rivages peu inclinés et produit le courant auquel on a donné le nom de flux ou flot. Le flot se forme au milieu de l'Océan, *au moment du passage de l'astre au méridien*, et les ondes qui en résultent se propageant peu à peu vers les côtes déterminent la haute mer dans les ports un certain temps après le passage. Ainsi, pour les ports de France, le maximum ou le minimum des marées composées a lieu 36 heures seulement après chaque syzygie ou chaque quadrature.

D'un autre côté, l'approche des terres oppose à la propagation de l'onde une certaine résistance qui varie avec la configuration des côtes et la profondeur de l'eau. Aussi l'heure de la marée n'est-elle pas nécessairement la même pour deux ports situés sous le même méridien. Voilà donc un *nouveau retard* constant pour le même port, mais variable d'un port à l'autre. Ce retard a été calculé pour tous les points importants du littoral ; on l'appelle *établissement du port*. A Brest, la pleine mer a lieu le jour de la syzygie $3^h\ 46^m$ après minuit ou midi ; l'établissement du port est donc $3^h\ 46^m$. Il est de $7^h\ 58^m$ à Cherbourg, de $9^h\ 53^m$ au Havre et de $11^h\ 8^m$ à Dieppe.

Les petites mers, telles que la mer Caspienne, n'ont pas de marées. La Méditerranée elle-même, qui ne communique avec l'Océan que par un étroit passage, n'offre que de très-faibles oscillations.

LIVRE VI

PLANÈTES ET COMÈTES

CHAPITRE PREMIER

NOTIONS GÉNÉRALES SUR LES PLANÈTES.

194. Des planètes. — Autour du soleil circulent, à des distances et en des périodes de temps différentes, plusieurs astres dont la terre fait partie ; ce sont les planètes. Ces astres, probablement très-nombreux et dont 123 sont connus aujourd'hui, peuvent être divisés en trois groupes principaux :

Celui des planètes moyennes les plus rapprochées du soleil et qui sont, dans l'ordre de leur distance croissante au soleil : *Mercure*, *Vénus*, *la Terre*, *Mars*.

Celui des grosses planètes, les plus éloignées du soleil ; ce sont : *Jupiter*, *Saturne*, *Uranus* et *Neptune*.

Enfin, le groupe des petites planètes ou planètes télescopiques qui forment un anneau situé entre Mars et Jupiter.

On distingue aussi les planètes en planètes inférieures et supérieures. Les premières sont celles qui sont situées entre le soleil et la terre : Mercure et Vénus ; toutes les autres, depuis Mars, sont plus éloignées du soleil que la terre.

Toutes les planètes ont des orbites planes sensiblement circulaires et dont les plans sont peu inclinés sur le plan de l'écliptique. Les inclinaisons varient entre 0° et 8°, de sorte que toutes les orbites sont comprises dans la zone que nous avons appelée zodiaque. Le mouvement est direct. Enfin, chaque planète tourne d'occident en orient autour d'un axe qui est en général incliné à son orbite.

195. Lois de Képler. — La découverte des lois qui régissent le mouvement des planètes est due à Képler. Voici les énoncés de ces lois :

Première loi. Chaque planète se meut autour du soleil dans une orbite plane, et le rayon vecteur mené du centre de la planète au centre du soleil décrit des aires porportionnelles au temps.

Deuxième loi. La courbe décrite par chaque planète est une ellipse dont le soleil occupe un des foyers.

Troisième loi. Les carrés des temps des révolutions sidérales des différentes planètes sont proportionnels aux cubes de leurs moyennes distances au soleil.

196. Principe de la gravitation universelle. — C'est en se fondant sur les lois de Képler que Newton découvrit le principe de la gravitation universelle. Nous allons indiquer sommairement par quelles inductions Newton fut conduit à établir ce principe.

1° Si la planète n'était soumise à aucune force extérieure, son mouvement serait rectiligne. Puisque le mouvement est curviligne, il faut nécessairement que la planète soit sollicitée par une force. D'ailleurs, en s'appuyant sur la proportionnalité des aires au temps, on démontre que la force doit être dirigée vers le centre du soleil.

2° La nature de la trajectoire des planètes fit connaître à Newton la variation de la force attractive. Il démontra que la force qui retient chaque planète sur son orbite varie en raison inverse du carré de la distance.

3° Enfin, Newton conclut de la troisième loi de Képler que la force motrice est proportionnelle à la masse de chaque planète et indépendante de sa nature. Toutes les planètes placées à la même distance du soleil *tomberaient vers cet astre* avec la même vitesse.

Telles sont les propositions dont l'ensemble constitue la loi générale désignée ordinairement sous le nom de principe de la gravitation universelle. La pesanteur n'en est qu'un cas particulier, et c'est la même loi qui règle les mouvements des satellites des planètes. En vertu du principe de l'égalité de l'action à la réaction, Newton conclut que le soleil pèse vers les planètes et celles-ci vers leurs satellites et que la terre est attirée par tous les corps qui pèsent vers elle. Étendant enfin cette propriété à toutes les parties de la matière, Newton put énoncer de la manière suivante la loi générale qui porte son nom : *Chaque molécule de matière attire toutes les autres proportionnellement à sa masse et en raison inverse du carré de sa distance à la molécule attirée.*

197. Conjonction ; opposition. — Lorsqu'un astre a la même longitude que le soleil, on dit qu'il est *en conjonction* avec lui. Si les plans des orbites étaient confondus, la terre, l'astre et le soleil seraient en ligne droite, soit dans l'ordre T, A, S, soit dans l'ordre T, S, A. La conjonction est dite *inférieure* ou *intérieure* dans le premier cas ; elle est *extérieure* ou *supérieure* dans le second cas. Au moment de la nouvelle lune, celle-ci est en conjonction avec le soleil. Il est clair que la lune ne peut jamais être en conjonction extérieure avec le soleil, puisque le rayon de son orbite est 400 fois plus petit que la distance de la terre au soleil.

Lorsque la longitude d'un astre et celle du soleil diffèrent de 180°, on dit que l'astre est en opposition avec le soleil. En admettant que les plans des orbites soient confondus, l'astre, la terre et le soleil se trouvent en ligne droite, la terre entre les deux, dans l'ordre A, T, S. A l'époque de la pleine lune, celle-ci est en opposition avec le soleil.

198. Révolution synodique. — On appelle révolution synodique d'une planète l'intervalle de temps compris entre deux oppositions ou deux conjonctions consécutives de même espèce de cette planète. Pour évaluer cette durée, on opère comme nous l'avons fait pour l'année tropique. On estime, par exemple, le temps compris entre deux oppositions très-éloignées l'une de l'autre et l'on divise l'intervalle trouvé par le nombre des oppositions.

199. Révolution sidérale. — On appelle révolution sidérale d'une planète le temps de sa révolution complète autour du soleil. Cette seconde durée peut être déduite de celle de la révolution synodique.

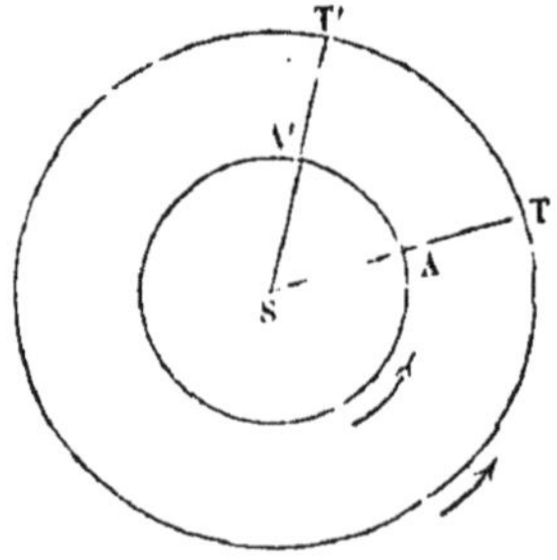

Fig. 146.

Supposons d'abord qu'il s'agisse d'une planète inférieure. Nous admettrons, pour plus de simplicité, que les plans des orbites planétaire et terrestre se confondent et que les trajectoires soient circulaires ; cette hypothèse n'a pas d'influence sensible sur le résultat. Soient A et T les positions relatives de l'astre et de la terre au moment d'une conjonction (fig. 146). La vitesse angulaire de la planète étant plus grande que celle de la terre (conséquence de la troisième loi de Képler), l'astre aura achevé sa révolution sidérale avant la terre. Par conséquent, lorsque la planète sera revenue en A, la terre n'aura parcouru qu'une fraction de sa trajectoire. Il faudra donc encore un certain temps pour qu'il y ait conjonction. Soient A' et T' les positions de l'astre et de la terre à la conjonction suivante. Le rayon vecteur de la planète se trouve avoir décrit 360° + ASA', tandis que le rayon vecteur de la terre n'a décrit que l'angle TST'. Or, soit t la durée de la révolution sidérale de la terre, s la durée de la révolution synodique de la planète et x la durée de sa révolution sidérale. On a évidemment

$$\text{angle TST'} = \frac{360.s}{t}$$

et, par suite

$$\frac{x}{s} = \frac{360}{360 + \frac{360.s}{t}},$$

d'où l'on déduit

$$x = \frac{s}{1 + \frac{s}{t}}.$$

S'il s'agit au contraire d'une planète supérieure, c'est le mouvement angulaire de la planète qui est le moins rapide, de sorte que la terre aura achevé sa révolution sidérale avant la planète. D'une opposition à l'opposition suivante, le rayon vecteur de la terre parcourt 360° + TST', tandis que le rayon vecteur de la planète ne décrit que l'angle ASA' (fig. 147). En conservant les mêmes notations, on a

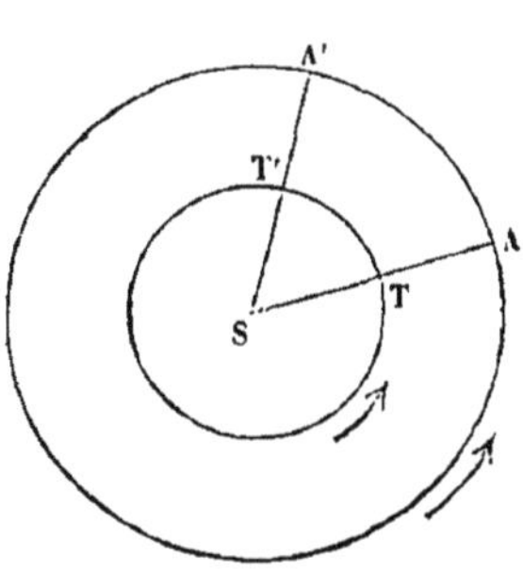

Fig. 147.

$$\text{TST'} = \frac{360.s}{t} - 360; \quad \frac{x}{s} = \frac{350}{\frac{360.s}{t} - 360},$$

d'où l'on déduit

$$x = \frac{s}{\frac{s}{t} - 1}.$$

200. Mouvement apparent d'une planète vu de la terre. — Un observateur terrestre se trouvant placé en dehors du centre des mouvements planétaires, ces mouvements lui paraissent fort irréguliers. Quand on veut placer sur une sphère le lieu des positions successives d'une même planète déterminées par les ascensions droites

et les déclinaisons de son centre, on trouve une courbe assez compliquée dont les différentes parties ne paraissent pas être liées entre elles par une loi bien déterminée. Les planètes supérieures semblent tourner autour de nous, mais leur mouvement a lieu successivement suivant le sens direct et le sens rétrograde, et la planète paraît être stationnaire au moment où le mouvement change de sens. Quant aux planètes inférieures, elles ne s'écartent jamais beaucoup du soleil. A une certaine époque, on les voit le soir à l'occident. Elles marchent alors lentement vers l'orient, deviennent stationnaires, puis semblent se diriger vers le soleil du côté de l'occident, puis elles disparaissent. Bientôt on les voit le matin à l'orient, avant le lever du soleil ; elles paraissent s'en éloigner, deviennent stationnaires, puis marchent ensuite en sens contraire et disparaissent de nouveau. On peut facilement se rendre compte de ces apparences, ainsi que nous le montrerons dans les chapitres suivants.

CHAPITRE II

PLANÈTES INFÉRIEURES.

201. Mouvement apparent des planètes inférieures. — Le centre du mouvement planétaire étant en dehors du lieu d'observation, il importe, pour éviter toute confusion, de définir d'une manière précise ce qu'on entend par mouvement direct et par mouvement rétrograde d'une planète. Supposons un observateur placé au centre d'un mouvement de translation curviligne dans un plan, le long de l'axe de ce mouvement, les pieds sur le plan de l'orbite et la tête dans l'hémisphère boréal céleste ; le mouvement direct est celui qui a lieu de la droite vers la gauche de l'observateur et le mouvement rétrograde celui qui a lieu de sa gauche vers sa droite. Or, quelle que soit la position d'une planète sur son orbite, l'observateur terrestre la voit se mouvoir, soit de sa droite vers sa gauche, soit au contraire de sa gauche vers sa droite. Dans le premier cas, le mouvement est direct; il est inverse dans le second : cette règle est invariable.

Cela posé, soient A A′ A″ A‴ l'orbite d'une planète inférieure et TT′ celle de la terre. Nous supposons, pour simplifier, que leurs plans se confondent et que la terre reste immobile pendant la révolution complète de la planète. Prenons celle-ci en A, en conjonction supérieure. Elle se meut dans le sens de la flèche et son mouvement est direct; d'ailleurs ce mouvement doit paraître se ralentir à mesure qu'elle se rapproche du point A′ où la droite TA′ est tangente (fig. 148). Aux environs du point A′, l'astre paraît stationnaire; en effet, il se meut dans la direction même de la tangente. De la position A′ à la position A‴ obtenue en menant la tangente TA‴, le mouvement est rétrograde ; la vitesse croît de A′ en A″ (conjonction inférieure), pour décroître ensuite de A″ en A‴, où l'astre semble immobile. Enfin, de A‴ en A le mouvement est direct et la vitesse va en croissant. En définitive, la planète se meut toujours d'occident en orient (sens direct) et si le mouvement change de sens pour nous, cela tient uniquement à ce que nous sommes placés en dehors du centre. Le déplacement de la terre pendant la révolution de la planète n'altère évidemment pas l'explication précédente.

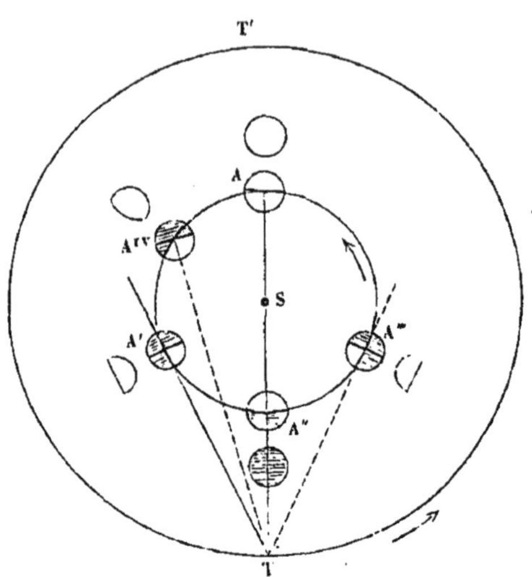

Fig. 148.

202. Phases des planètes inférieures. — Les planètes inférieures présentent des phases analogues à celles de la lune. A l'époque de la conjonction supérieure, en A, la planète tourne vers nous son hémisphère éclairé, et nous l'apercevrions sous la forme d'un cercle entier si elle n'était pas noyée dans la lumière du soleil, mais on la voit à peu près ainsi avant et après la conjonction. Dans la position A_{IV}, le disque est échancré; en A′, nous ne voyons plus qu'un demi-cercle; c'est le dernier quartier. Au moment de la conjonction inférieure, la planète tourne vers nous son hémisphère obscur et nous ne la voyons plus; on peut dire, comme pour la lune, que la planète est nouvelle. En A‴, nous avons le premier quartier, et ainsi de suite. C'est au moment de la quadrature, en A′ et en A‴, que la planète a le plus d'éclat; en effet, à ce moment, elle est beaucoup plus près de nous qu'à l'époque de la conjonction supérieure et nous la voyons mieux, malgré l'échancrure, d'abord parce que son diamètre apparent est plus grand, ensuite parce qu'elle se projette sur le ciel un peu plus loin du soleil que lorsqu'elle est dans le voisinage du point A.

Cette explication suppose la terre immobile, tandis qu'elle s'est réellement déplacée sur son orbite lorsque la planète est revenue à la même conjonction. La figure que nous donnons, et qui est applicable au mouvement de la planète Mercure, montre l'ensemble des phases et fait bien comprendre ce que nous avons établi plus haut, savoir que la durée de la révolution sidérale d'une planète inférieure est moindre que celle d'une oscillation complète par le rapport à la terre (fig. 149).

203. Notions sur les planètes inférieures. — Nous ne connais-

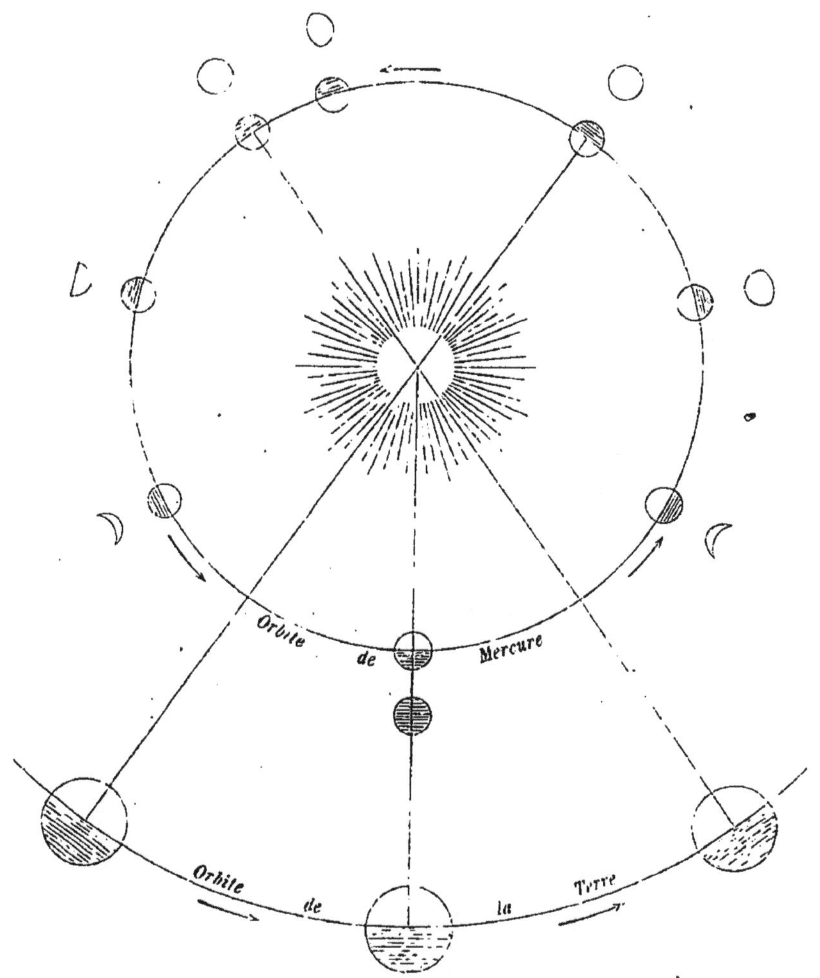

Fig. 39. — Phases de Mercure.

sons que deux planètes inférieures, Mercure et Vénus; voici quelques notions sur ces deux planètes.

Mercure. De toutes les planètes principales, Mercure est celle dont l'orbite s'écarte le plus de la forme circulaire. Sa distance maximum au soleil est de 17 millions 700 mille lieues, tandis que sa distance minimum est de 11 millions 670 mille. A sa conjonction inférieure, la distance de Mercure à la terre est de 19 millions de lieues ; cette distance atteint 56 millions de lieues au moment de la conjonction supérieure. Aussi le diamètre apparent de la planète varie-t-il entre des limites assez éloignées ; sa valeur est de 6",7 à la distance moyenne de la terre (fig. 150).

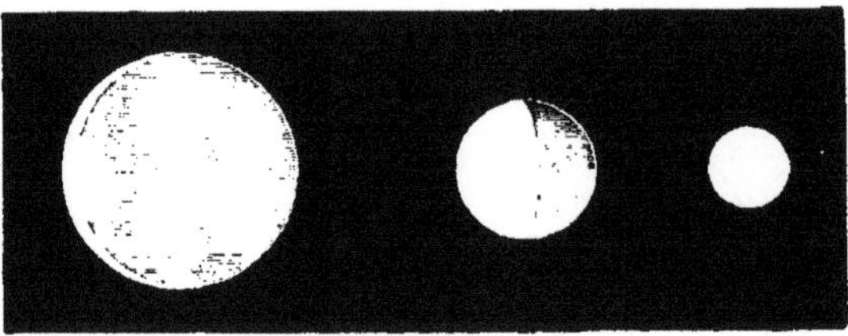

Fig. 150. — Dimensions apparentes de Mercure à ses distances extrêmes et moyenne de la lune.

Lorsqu'on prend pour unité le diamètre terrestre, le diamètre réel de Mercure est représenté par le nombre 0,378. Le rapport des volumes est 0,054 et le rapport des masses 0,081 (fig. 151).

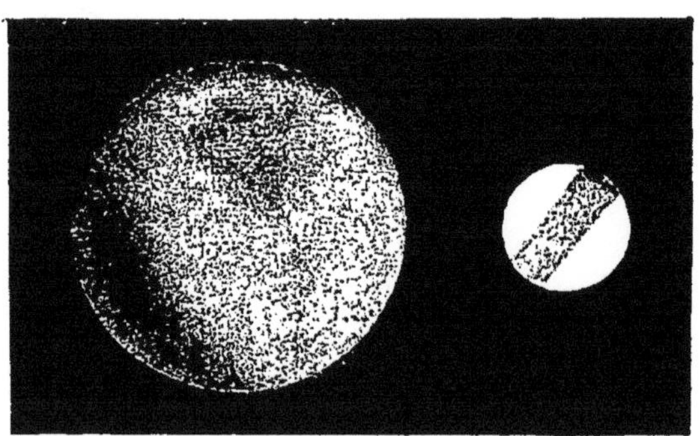

Fig. 151. — Mercure et la terre ; dimensions comparées.

La durée d'une oscillation complète de Mercure autour du soleil varie entre 106 et 130 jours. Ainsi que nous l'avons expliqué plus haut, la durée de la révolution sidérale est moindre que celle d'une oscillation complète. L'année de Mercure est de 88 jours terrestres.

Comme toutes les planètes, Mercure est animé d'un mouvement de rotation. La durée de ses jours diffère très-peu de celle de notre jour solaire, mais la durée relative des jours et des nuits est beaucoup plus variable que sur la terre, par suite de la grande inclinaison de l'axe sur le plan de l'orbite.

Mercure a des montagnes très-élevées. La plus haute n'a pas moins de 19 kilomètres d'élévation ; c'est la 253e partie du diamètre de la planète. Schræter, pendant le passage de la planète sur le soleil, le 7 mars 1799, a cru voir sur son disque noir un point lumineux. Si cette observation est exacte, on doit en conclure qu'il y a à la surface de Mercure des volcans en ignition.

Vénus. L'orbite de cette planète est sensiblement circulaire ; sa distance moyenne au soleil est de 27 millions 500 mille lieues métriques ;

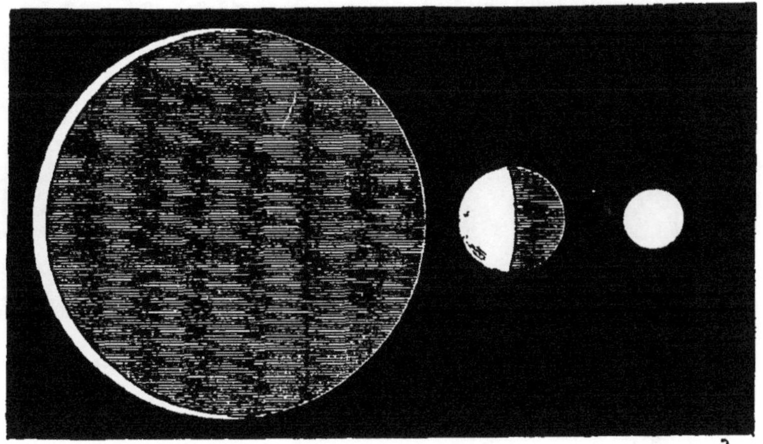

Fig. 152. — Dimensions apparentes de Vénus à ses distances extrêmes et moyenne de la terre.

la chaleur et la lumière y ont à peu près deux fois autant d'intensité que sur notre globe (fig. 152). C'est au moment de la quadrature que l'éclat de Vénus est maximum ; elle est alors si brillante qu'on peut l'apercevoir en plein jour. A l'époque de la conjonction inférieure, elle se trouve cinq à six fois plus près de nous qu'au moment de la conjonction supérieure ; aussi, paraît-elle d'autant plus grosse que son croissant est plus étroit. La plus grande distance de Vénus à la terre varie entre 66 millions 300 mille et 64 millions 638 mille lieues, la plus petite entre 11 millions 370 mille et 9 millions 700 mille lieues. On peut dire qu'aux distances maximum, moyenne et minimum les diamètres apparents sont entre eux comme les nombres 10, 18 et 65. A la distance moyenne, la valeur du diamètre est de 16″, 9.

Si l'on prend le diamètre de la terre pour unité, le diamètre réel de Vénus est égal à 0,954 ; le rapport des volumes est 0, 868, celui des masses 0,787 (fig. 153).

La durée d'une oscillation complète de Vénus autour du soleil est de 584 jours. Son année est de 225 jours environ.

Vénus tourne sur elle-même en $23^{h}21^{m}$. Par suite de la forme circulaire de l'orbite, les quatre saisons de la planète sont à peu près égales; mais, par suite de la grande inclinaison de l'axe de rotation sur le plan de l'orbite, les variarions des saisons sont très-marquées et la durée

Fig. 153. — La Terre et Vénus; dimensions comparées.

relative des jours et des nuits éprouve, dans l'intervalle d'une révolution, des changements considérables.

Le sol de Vénus est parsemé de hautes montagnes. On croit que quelques-unes atteignent jusqu'à 44 kilomètres d'élévation verticale. Pendant le passage de Vénus sur le soleil en 1761, un anneau nébuleux parut environner le disque noir de l'astre. En outre, au moment ou il était en partie sur le soleil, en partie au dehors, on vit comme un anneau lumineux sur le contour de l'arc extérieur. Cette double observation fait supposer que la planète est enveloppée d'une atmosphère très-épaisse.

204. Parallaxe du soleil. — Les planètes inférieures viennent de temps à autre, à l'époque de leur conjonction inférieure, se placer entre le soleil et la terre. Si les plans de l'orbite terrestre et de l'orbite planétaire se confondaient, la planète semblerait se projeter sur le

disque du soleil à chaque conjonction intérieure. Mais, par suite de l'inclinaison des deux plans, la planète peut passer, soit au-dessus, soit au-dessous du disque solaire, à une distance plus ou moins grande de ce disque, de sorte que les passages sont assez rares. Pour Vénus en particulier, deux passages se suivent dans un intervalle de 8 ans, puis le phénomène ne se reproduit plus qu'au bout d'un nouvel intervalle de plus d'un siècle. Les derniers passages observés l'ont été le 5 juin 1761 et le 3 juin 1769. Les deux plus prochains auront lieu le 8 décembre 1874 et le 6 décembre 1882.

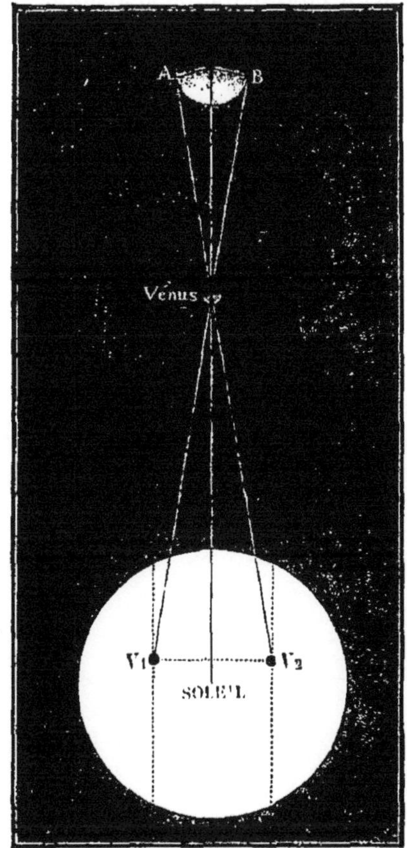

Fig. 154. — Observation des passages de Vénus; distance de la terre au soleil.

C'est au moyen du passage de Vénus sur le disque solaire qu'on est parvenu à déterminer la parallaxe horizontale du soleil. Voici le principe de la méthode imaginée en 1678 par l'astronome anglais Halley et appliquée en 1769 par l'abbé Chappe, le père Hell et le navigateur Cook (fig. 154).

Lors du passage de Vénus sur le soleil, deux observateurs placés en des points différents du globe A et B voient la planète se projeter en des points différents V_2 et V_1 du disque solaire. Or, le mouvement angulaire de Vénus étant connu, on peut, par l'évaluation du temps du passage, mesurer la corde décrite et obtenir ensuite la distance V_1 V_2 des deux cordes. Cela posé, les triangles semblables AVB, V_1 VV_2 donnent

$$\frac{V_1V_2}{AB} = \frac{VS}{VT}.$$

Or, la théorie des mouvements elliptiques permet de calculer ce dernier rapport qu'on peut obtenir sans connaître préalablement les distances de Vénus et du soleil à la terre. On a trouvé : $\frac{VS}{VT} = 2,5$; on peut admettre d'ailleurs que AB se confond avec le diamètre $2r$ de la terre, on en conclut qu'on a approximativement : $V_1V_2 = 5r$. Donc l'angle sous lequel on verrait du soleil le rayon terrestre, c'est-à-dire la parallaxe solaire, est égal au cinquième de la distance V_1V_2, distance que nous savons évaluer.

CHAPITRE III

PLANÈTES SUPÉRIEURES.

205. Mouvement apparent des planètes supérieures. — Supposons, comme pour les planètes inférieures, que le plan de l'orbite de la planète se confonde avec celui de l'orbite de la terre ; comme c'est ici la terre qui a le mouvement angulaire le plus rapide, admettons que la planète reste immobile pendant que la terre accomplit sa révolution autour du soleil. Le déplacement de la planète n'a pas d'autre effet que de rendre plus longues les durées des stations et rétrogradations, et de changer les régions du ciel où les stations paraissent se produire. Quant à l'inclinaison des plans des deux orbites, elle change la perspective de la courbe apparente décrite par la planète. Au lieu d'un grand cercle de la sphère, on obtient une courbe en zigzag.

Laissons de côté pour un moment ces deux effets secondaires et occupons-nous uniquement du fait principal, c'est-à-dire de l'explication des stations et des rétrogradations de la planète.

Soient S le soleil, AA′A″ l'orbite de la planète et TT′T″ celle de la terre. Supposons l'astre en A et la terre en T (c'est le moment de l'opposition) ; l'astre se projette en *a* sur la voûte céleste. Si nous menons la tangente AT′, l'astre se projettera en *a′* lorsque la terre sera en T′. Donc, pendant que la terre passe de la position T à la position T′, la planète paraît se déplacer sur la voûte céleste de *a* vers *a′* ou de gauche à droite, c'est-à-dire dans le sens rétrograde. D'ailleurs, la vitesse va en diminuant et la planète semble stationnaire en *a′* pendant quelques jours (fig. 155).

Lorsque la terre passe de la position T′ à la position T‴, la planète paraît marcher de droite à gauche, de a' vers a (sens direct), et le mouvement va en s'accélérant.

Après la conjonction en T‴, la planète continue son mouvement direct, qui va en se ralentissant jusqu'à ce que la terre occupe la position T″ correspondante à la tangente AT″. A ce moment, la planète se projette en a'' et elle paraît stationnaire pendant quelques jours; puis le mouvement redevient rétrograde lorsque la terre passe de la position T″ à la position T.

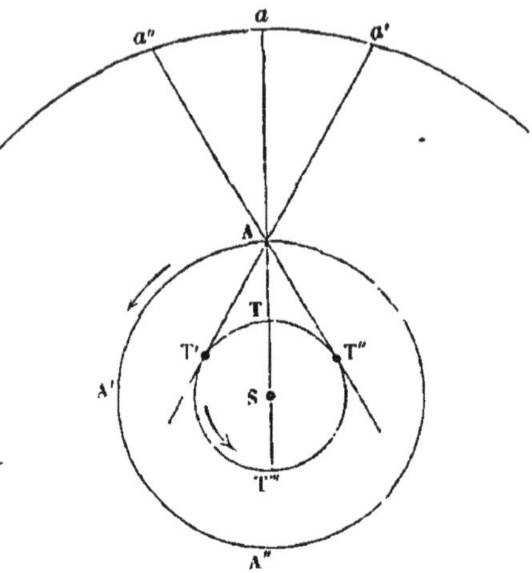

Fig. 155.

206. Courbe décrite par une planète supérieure et perspective de cette courbe. — Telles seraient les apparences si la planète ne sortait pas du plan de l'écliptique et demeurait immobile pendant que la terre accomplit sa révolution autour du soleil. En réalité, les apparences sont un peu plus compliquées, mais leur explication ne présente pas de difficultés sérieuses; nous supposerons seulement les orbites circulaires.

Laissons d'abord de côté l'inclinaison du plan de l'orbite planétaire sur le plan de l'écliptique, et demandons-nous ce qui arriverait si la planète restait immobile au même point P de l'espace (fig. 156). Pour l'observateur placé sur la terre et transporté, sans qu'il ait conscience de ce mouvement, autour du soleil S dans le sens indiqué par la flèche, tout se passe comme si la planète décrivait une orbite de même rayon. La figure rend suffisamment compte de ce résultat, sans qu'il soit nécessaire d'insister; l'effet produit reste exactement le même, soit qu'on suppose que le point P et le soleil décrivent les orbites $pp'p''$ et TT′T″ devant l'observateur immobile en S, soit qu'on suppose au contraire le point P et le soleil immobiles devant l'observateur qui se transporte alors sur l'orbite TT′T″.

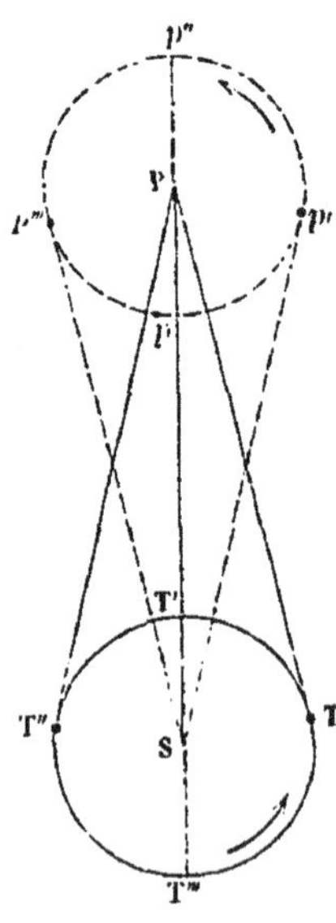

Fig. 156.

Introduisons maintenant le mouvement de translation de la planète suivant une orbite circulaire PP'P".... Pour notre observateur qui se croit immobile en S, le phénomène va évidemment se produire comme si la planète décrivait en un an le cercle *pp'p"*, en même temps que le centre de ce cercle se transporte sur l'orbite PP'P" avec la vitesse réelle de la planète. Il résulte de la simultanéité de ces deux mouvements que l'astre paraît décrire la courbe sinueuse représentée sur la figure et connue sous le nom d'*épicycloïde*.

Les stations et rétrogradations ressortent immédiatement de la

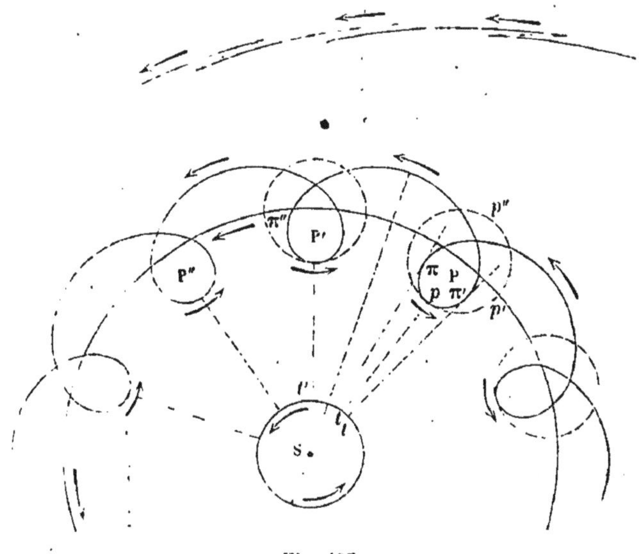

Fig. 157.

forme de cette courbe. La planète paraît stationnaire en π et de π en π' le mouvement est rétrograde. Il y a une nouvelle station en π' et le mouvement devient direct de π' en π" où il y a encore station ; le mouvement est ensuite rétrograde, et ainsi de suite. La planète revient nécessairement au point de départ, après avoir achevé le tour entier du ciel, puisque les arcs parcourus dans le sens direct sont plus grands que les arcs parcourus dans le sens rétrograde (fig. 157).

L'inclinaison du plan de l'orbite planétaire sur le plan de l'écliptique n'a pas d'autre effet que de changer la perspective de la courbe sur la voûte céleste. Au lieu du grand cercle de l'écliptique, on observe une courbe en zigzag dont la figure fournit une image assez exacte.

Maintenant que nous savons nous rendre compte des apparences du mouvement des planètes supérieures, entrons dans quelques détails sur chacune d'elles.

207. Mars. — La planète *Mars* apparaît à l'œil nu comme l'étoile la plus rouge du ciel ; ses phases sont très-peu sensibles. Sa distance

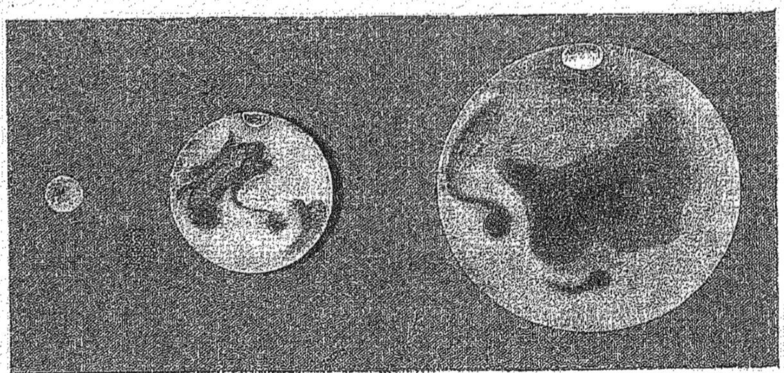

Fig. 158. — Dimensions apparentes de Mars à ses distances extrêmes et moyenne de la terre.

maximum au soleil est de 63 millions de lieues et sa distance minimum de 52 millions 500 mille lieues ; il y a donc 11 millions de lieues de différence entre les distances aphélie et périhélie, ce qui montre

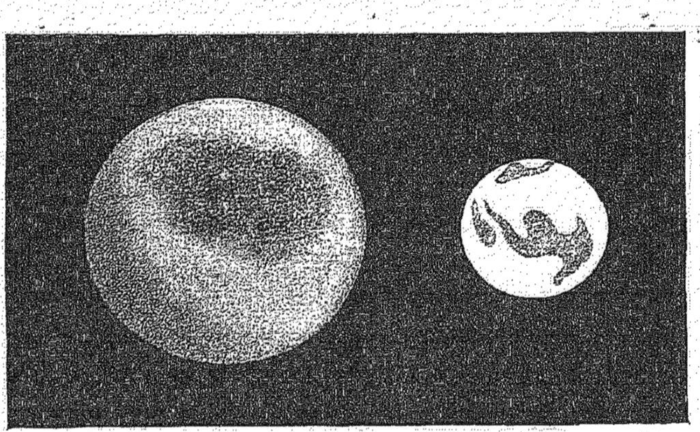

Fig. 159. — La Terre et Mars ; dimensions comparées.

que l'orbite est une ellipse assez allongée. La distance maximum de Mars à la terre est de 106 millions, et la distance minimum de 14 millions de lieues ; aussi le diamètre apparent varie-t-il d'une manière assez sensible. Sa valeur moyenne est de 6",29 (fig. 158). Si l'on prend pour unité le diamètre de la terre, celui de Mars est exprimé par le nombre de 0,519 ; le rapport des volumes est 0,140 et celui des masses 0,132 (fig. 159).

Mars tourne en 24 heures autour d'un axe qui fait un angle de 61° 12′ avec le plan de l'orbite, de sorte que l'inclinaison de son équateur sur le plan de l'orbite ne diffère pas beaucoup de l'inclinaison du plan de l'équateur terrestre sur le plan de l'écliptique. Il en résulte que les saisons de Mars suivent la même marche que sur la terre. Il y a cependant une différence qui provient de ce que l'année de Mars est plus longue que l'année terrestre ; l'année de Mars est de 687 jours terrestres environ.

Vu au télescope, le disque Mars offre des taches sombres et bleuâtres et des taches sombres et rougeâtres. On s'accorde à voir dans ces dernières les continents de la planète, et l'on admet que les premières

Fig. 160. — Monde de Jupiter.

en forment les mers. Vers les pôles sont deux taches d'inégale étendue et d'une blancheur remarquable : ce sont les régions couvertes de neige et de glace ; leur étendue varie avec les saisons. La présence de l'eau et de la neige sur la planète ne peut s'expliquer que par la présence d'une atmosphère.

Il résulte de ce qui précède que l'analogie est très-grande entre Mars et la terre. Si Vénus a des habitants, notre planète doit leur offrir les apparences que nous venons de signaler sur la planète Mars.

208. Jupiter. — Jupiter brille comme une étoile de première grandeur. Il est accompagné de quatre lunes ou satellites qui circulent autour de lui comme les planètes autour du soleil et suivent les mêmes lois (fig. 160). Sa distance maximum au soleil est de 207 millions de lieues, tandis que sa distance minimum est de 188 millions ; la différence atteint donc presque 20 millions de lieues. Sa distance maximum à la terre est de 245 millions et sa distance minimum est de 150 millions de lieues ; différence : environ 100 millions

de lieues. A la distance moyenne, le diamètre apparent est de de 30″ (fig. 161).

Jupiter est la plus grosse des planètes. Son diamètre réel est plus

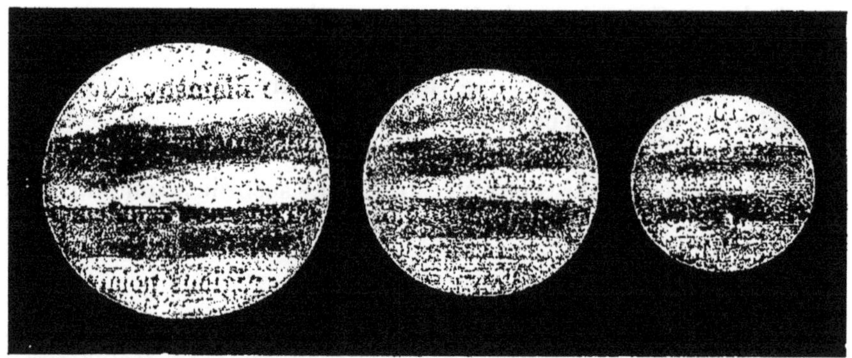

Fig. 161. — Dimensions apparentes de Jupiter à ses distances extrêmes et moyenne de la terre.

de 11 fois aussi grand que le diamètre de la terre; si l'on prend le volume et la masse de la terre pour unités, le volume et la masse de Jupiter y sont représentés par les nombres 1414 et 339 (fig, 162).

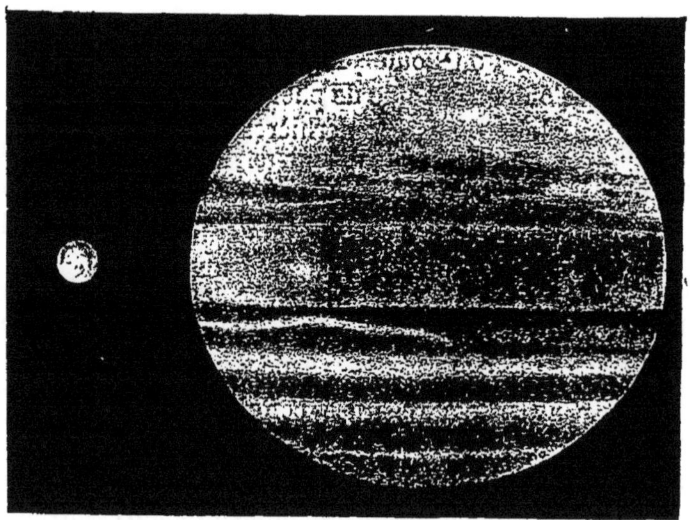

Fig. 162. — La Terre et Jupiter; dimensions comparées.

Jupiter tourne en 10 heures environ autour d'un axe dont la direction est presque perpendiculaire au plan de l'orbite. Il résulte de cette inclinaison de l'axe qu'il y a peu de différence entre la durée des jours et celle des nuits et que les saisons sont peu marquées. L'année de Jupiter équivaut à 12 années terrestres environ.

Lorsqu'on observe Jupiter avec une bonne lunette, on reconnaît immédiatement que son disque a une forme elliptique très-prononcée. Tandis que l'aplatissement de notre globe n'est que $\frac{1}{300}$, celui de Jupiter est $\frac{1}{18}$. Il y a entre le diamètre polaire et le diamètre équatorial une différence de 1990 lieues ; ce grand aplatissement s'explique par la faible densité et la vitesse de rotation.

Le disque de Jupiter est strié, au nord et au sud de l'équateur, par de larges bandes grisâtres. Les régions équatoriales sont marquées par un espace brillant, et l'on aperçoit vers les régions polaires une série de stries dirigées dans le sens des parallèles et paraissant tantôt sombres, tantôt lumineuses. Les astronomes admettent que les bandes brillantes ne sont autre chose que des amas de nuages, tandis que les bandes sombres correspondent à des régions où l'atmosphère est assez transparente pour permettre d'apercevoir la partie solide de la planète.

209. Satellites de Jupiter ; vitesse de la lumière. — La vitesse avec laquelle la lumière se propage est si grande qu'elle paraît infinie pour tous les phénomènes lumineux produits et observés à la surface de la terre ; aussi a-t-on douté jusqu'au commencement de notre siècle qu'on pût l'obtenir à l'aide de phénomènes lumineux produits à la surface du globe. Dans ces dernières années, Léon Foucault, au moyen d'un appareil des plus ingénieux, est arrivé à mesurer, plus exactement qu'on ne l'avait fait jusqu'à lui, la vitesse de la lumière. Le principe de la méthode suivie par l'éminent physicien et la description de son appareil seraient déplacés dans un cours élémentaire de cosmographie ; nous nous contenterons de dire que Foucault évalue à 298 000 kilomètres par seconde, soit 74 500 lieues, la vitesse de propagation de la lumière.

Cette vitesse avait été regardée comme infinie jusque vers le XVIIe siècle. Ce fut en 1675 qu'un astronome suédois, *Rœmer*, démontra, par une étude attentive des éclipses des satellites de Jupiter, que l'hypothèse de l'instantanéité de propagation était fausse et qu'on pouvait obtenir une valeur approchée de la valeur de transmission. Voici le principe de sa méthode :

Chacun des satellites de Jupiter, en décrivant son orbite autour de la planète, entre dans le cône d'ombre qu'elle projette derrière elle. Au moment de la conjonction, les éclipses ne peuvent être observées, car Jupiter, se trouvant dans les mêmes régions du ciel que le soleil, est complétement effacé par ses rayons. Au moment de l'opposition, Jupiter nous dérobe la vue de son cône d'ombre, et l'on ne peut encore voir les éclipses. Mais lorsque la terre se trouve à un point de son orbite placé en dehors de la ligne qui joint les centres de Jupiter et du

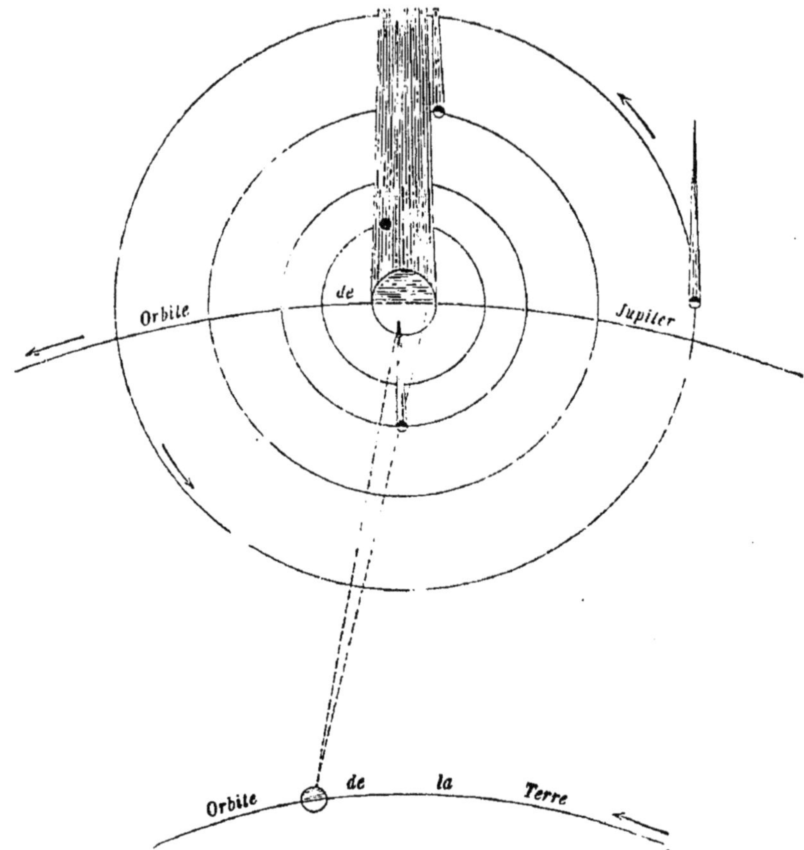

Fig. 163. — Éclipses et passages des satellites de Jupiter.

soleil, on peut apercevoir, soit l'immersion d'un satellite dans le cône d'ombre, soit son émersion (fig. 163). Pour le premier satellite, par exemple, on reconnaît qu'il s'écoule 42^h 28^m 48^s entre deux émersions ou deux immersions consécutives. Par conséquent, si l'on a observé le moment d'une éclipse, on aura la date de l'éclipse suivante en ajoutant 42^h 28^m 48^s à l'observation de la première éclipse. En général, on obtiendra l'heure précise du commencement ou de la fin d'une éclipse quelconque, en ajoutant à l'heure d'une éclipse *observée* l'intervalle 42^h 28^m 48^s multiplié par le nombre des révolutions synodiques que le satellite a accomplies entre les deux éclipses. Cependant, si l'on observe une émersion du satellite dans le voisinage de la conjonction, on trouve que le moment où cette dernière émersion a lieu est postérieur à celui que fournit le calcul, le retard maximum pouvant s'élever à 16^m 36^s. Ce retard étant évidemment égal au temps que met la lumière à parcourir le diamètre de l'orbite terrestre, on en conclut que la lumière met 8^m 18^s pour venir du soleil jusqu'à nous. On trouverait ainsi que la vitesse de la lumière est de 77 000 lieues par seconde. Ce nombre est un peu trop fort ; on admet généralement aujourd'hui le nombre indiqué par M. Foucault.

210. SATURNE. — Saturne est la plus grosse des planètes après Jupiter. Vu de la terre, il apparaît, brillant comme une étoile de première grandeur, sous la forme d'un globe sphéroïdal entouré d'un anneau plus lumineux que le globe ; il est accompagné de 8 satellites (fig. 164). La distance moyenne au soleil dépasse neuf fois et demie celle de la terre au soleil, et sa distance moyenne à la terre est de 360 millions de lieues ; son diamètre apparent, à la distance moyenne, est de 16″,2 (fig. 165). Si l'on prend pour

Fig. 164. — Saturne et ses satellites.

Fig. 165. — Dimensions apparentes de Saturne à ses distances extrêmes et moyenne de la terre.

unités le diamètre, le volume et la masse de la terre, les quantités correspondantes pour Saturne ont pour expression : 9,022, 734,8 et 102 (fig. 166). La densité moyenne de la planète est, comme celle de Jupiter, inférieure à la densité de l'eau. Cela ne prouve pas que la surface tout entière de ces planètes soit liquide; mais comme la densité va évidemment en décroissant du centre à la surface, on doit en conclure que l'écorce est à peine aussi compacte que le liége.

Saturne tourne en $10^h 1/2$ autour d'un axe qui fait un angle de 64° avec le plan de l'orbite. Il y a donc, comme sur la terre, inégalité

Fig. 166. — La Terre et Saturne ; dimensions comparées.

des jours et des nuits et variation sensible dans les saisons. L'année de Saturne équivaut à près de 30 années terrestres. Son aplatissement est considérable; il est compris entre $\frac{1}{11}$ et $\frac{1}{12}$. La planète est entourée d'une atmosphère accusée par les bandes qui sillonnent le disque dans un sens parallèle à celui de son équateur.

Autour de Saturne et à peu près dans le plan de son équateur s'étend un anneau elliptique ou plutôt un système de trois anneaux d'inégale largeur et d'une épaisseur relative assez mince qu'on évalue à 30 lieues. L'anneau intermédiaire est le plus brillant; il est séparé de l'anneau extérieur par un vide, mais il est contigu à l'anneau le plus voisin de la planète. Les deux anneaux extérieurs sont opaques et projettent une ombre sur le globe central ; l'anneau intérieur est obscur et transparent. Le rayon extérieur du système d'anneaux est de 32 000 lieues et le rayon intérieur de 24 000. Entre l'anneau intérieur et la planète se trouve un espace vide de 6000 lieues. Dans le mouvement autour du soleil, l'axe de Saturne et le plan de ses anneaux restent parallèles à eux-mêmes (fig. 167). Par suite de

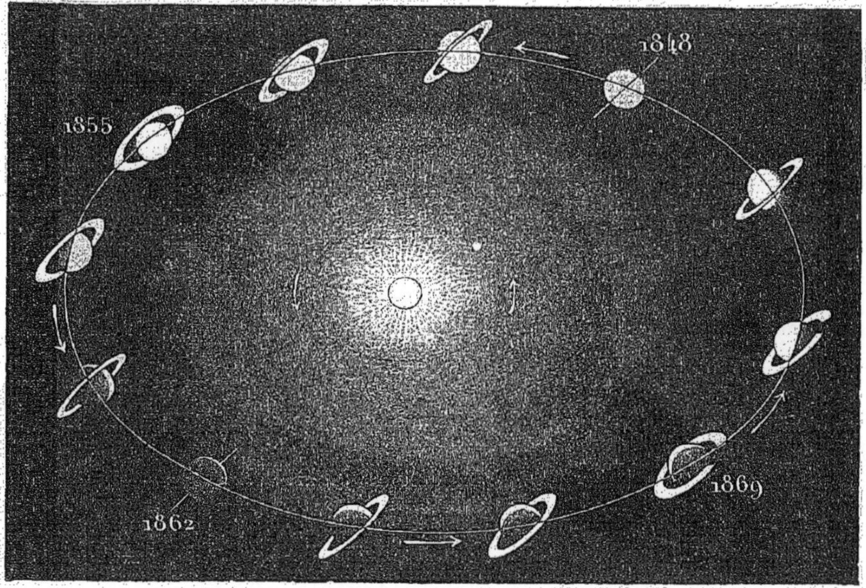

Fig. 167. — Translation de Saturne autour du Soleil.

l'inclinaison du plan des anneaux sur le plan de l'orbite, le soleil éclaire tantôt l'une des faces et tantôt l'autre. Lorsque le plan prolongé des anneaux laisse d'un même côté la terre et le soleil, nous voyons la face éclairée ; nous ne voyons plus qu'une ligne lumineuse lorsque le plan prolongé passe par le soleil ; enfin, l'anneau devient invisible pour nous lorsque le plan prolongé passe entre la terre et le soleil.

211. Uranus et Neptune. — Nous ne dirons que quelques mots sur ces deux planètes situées à l'extrémité de notre système solaire. La première a été découverte par Herschel, le 13 mars 1781 ; elle est

accompagnée de 8 satellites. Elle est plus de 80 fois aussi grosse que la terre et sa distance au soleil dépasse 728 millions de lieues (fig. 168). La durée de sa révolution sidérale est de 84 années terrestres et son aplatissement est $\frac{1}{9}$.

La découverte de Neptune, due à M. Le Verrier, est la preuve la plus éclatante de l'exactitude des systèmes de l'astronomie moderne. Parmi les perturbations auxquelles sont soumis les mouvements des astres qui gravitent autour du soleil, il en était dont on pouvait se rendre compte par la seule influence des corps célestes connus, mais certaines perturbations de la planète Uranus étaient inexplicables. Aussi supposait-on que ces perturbations provenaient d'une planète inconnue.

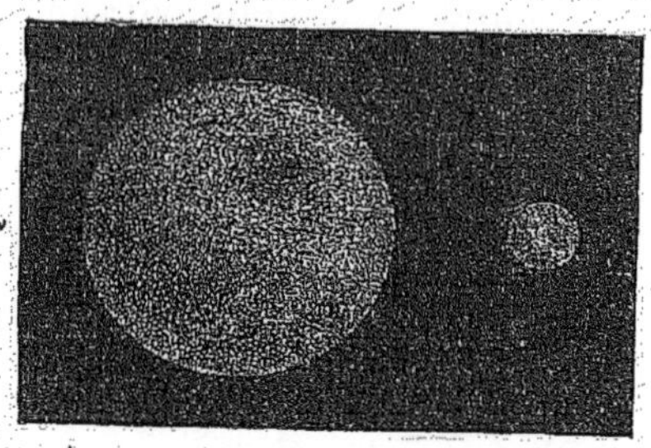

Fig. 168. — Uranus et la Terre ; dimensions comparées.

M. Le Verrier, par des calculs basés sur la théorie de la gravitation universelle, parvint à assigner la place que devait occuper dans le ciel la planète perturbatrice, et indiqua ses divers éléments. Un astronome de Berlin, M. Galle, dirigea sa lunette vers le point du ciel désigné par M. Le Verrier et y découvrit la planète à laquelle on a donné le nom de *Neptune*.

CHAPITRE IV

PLANÈTES TÉLESCOPIQUES. — ÉTOILES FILANTES.

212. Loi de Bode. — Les anciens ne connaissaient que 6 planètes, y compris la Terre : Mercure, Vénus, la Terre, Mars, Jupiter et Saturne; Uranus fut la première planète ajoutée à cette liste. Lorsqu'on prend pour unité la distance de la terre au soleil, les distances respectives des six planètes au soleil sont exprimées par les nombres : Mercure, 0,387 ; Vénus, 0,723; la Terre, 1 ; Mars, 1,523; Jupiter, 5,203 ; Saturne, 9,539. Un astronome du XVIIIe siècle, *Titius*, trouva entre ces distances un rapport assez simple, connu depuis sous le nom de *loi de Bode;* on ne doit plus considérer aujourd'hui cette loi que comme un moyen mnémonique propre à fournir approximativement les distances moyennes des principales planètes au soleil.

Écrivons la série 0 3 6 12 24 48 96 192 dont chaque terme se forme, à partir du second, en doublant le terme précédent; ajoutons 4 à chaque terme de la série et divisons par 10, nous obtiendrons ainsi la nouvelle série : 0,4 0,7 1 1,6 2,8 5,2 10 19,6. Si nous mettons de côté le cinquième terme, nous voyons que les autres représentent avec une assez grande approximation les distances des planètes au soleil. Aucune planète ne correspond à la distance 2,8. Uranus satisfait encore à la loi de Bode, puisque sa distance moyenne au soleil est exprimée par le nombre 19,182, tandis que la série donne 19,6. Quant à la planète Neptune, il y a une différence de près de 9 unités entre le nombre qui exprime sa distance moyenne au soleil et celui que fournit la loi de Bode.

213. Planètes télescopiques. — A l'époque où fut formulée la loi

de Bode, la planète Uranus n'était pas connue. La découverte de cette planète, dont la distance au soleil correspond précisément au huitième terme de la série de Titius, donna lieu de croire qu'il devait aussi y avoir une planète qui correspondît au cinquième terme de la série. Le 1er janvier 1801, *Piazzi* découvrit à Palerme une planète qu'on appela *Cérès* et qui se trouva combler exactement la lacune que nous venons d'indiquer. Quinze mois après, on découvrit la planète *Pallas*. L'auteur de cette découverte, *Olbers*, considéra les deux nouveaux astres comme les fragments d'une même planète. *Harding*, en 1804, constata l'existence de la planète *Junon;* enfin, Olbers découvrit *Vesta* en 1807. Ces quatre planètes reçurent le nom de planètes télescopiques, parce qu'elles ne sont visibles qu'avec le secours d'un télescope (fig. 169).

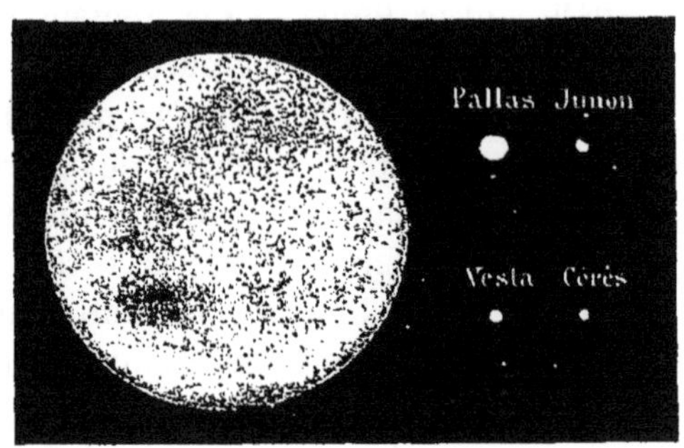

Fig. 169. — La Terre et quatre planètes télescopiques, dimensions comparées.

La liste des planètes demeura stationnaire jusqu'en 1847. Depuis cette époque, on en a découvert 111, de sorte que le nombre des planètes télescopiques aujourd'hui connues est de 115. La plus voisine du soleil est *Flore*, et la plus éloignée est *Maximiliana*. Toutes ces planètes sont comprises dans une zone située entre Mars et Jupiter, et dont la largeur est de 46 millions 300 mille lieues, mais elles sont très-irrégulièrement distribuées dans cet intervalle. Les trois quarts se trouvent dans la moitié de la zone du côté de Mars.

214. Étoiles filantes. — Nous allons maintenant dire quelques mots de ces météores lumineux qui sillonnent le ciel pendant la nuit et qu'on a appelés *étoiles filantes*. Ordinairement, leur nombre est assez restreint; on peut en observer de 4 à 5 pendant une heure. Mais, deux fois par an, vers le 10 août et le 11 novembre, les apparitions deviennent beaucoup plus fréquentes. Ainsi, M. Walferdin en a compté jusqu'à 316 en une heure, à Bourbonne-les-Bains, dans la nuit du 8 au 9 août 1836. Les observations faites au mois de novembre ont permis de constater des phénomènes bien plus extraordinaires. Pendant la nuit du 12 au 13 novembre 1833 le nombre des apparitions constatées à Boston par M. Olmsted, dans un intervalle de

7 heures, ne doit pas être évalué à moins de 240 000. Sans doute, ce sont là des faits exceptionnels, mais il est certain que pendant les périodes des mois d'août et de novembre le nombre des étoiles filantes est au moins décuple de celui des nuits ordinaires.

L'éclat et la couleur des étoiles filantes sont variables. Quelques-unes dépassent en grandeur apparente Vénus et Jupiter; la plupart

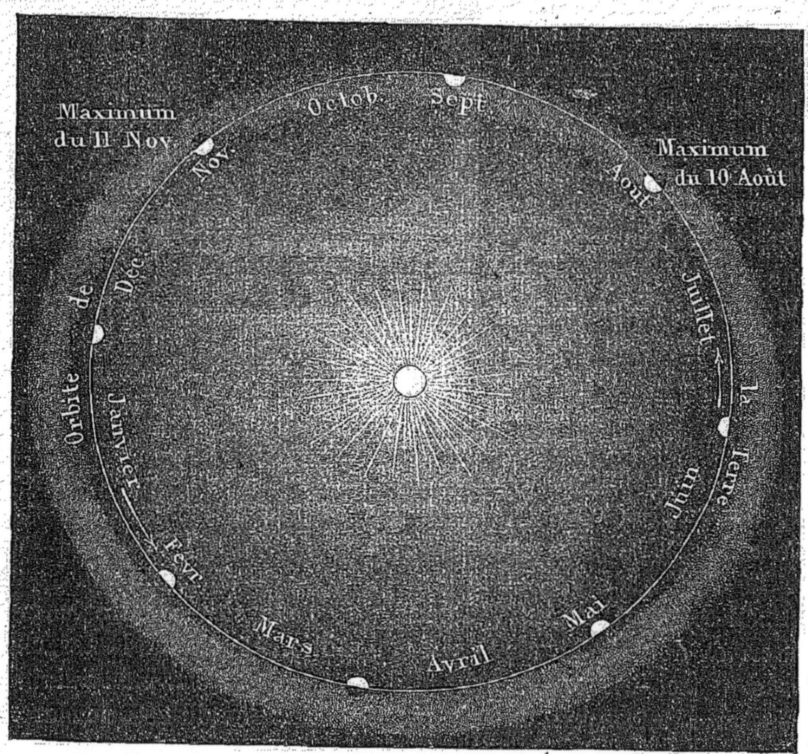

Fig. 170. — Anneau de corpuscules météoriques circulant autour du soleil.

sont blanches, mais le tiers au moins offre une coloration, soit jaune, soit rouge, soit verte. En général, la trajectoire est rectiligne, mais il y a quelques exceptions. Ce dont on est bien certain aujourd'hui, c'est que presque toutes ces apparitions semblent diverger, pour une même époque, du même point du ciel. Pour la période de novembre, le point central est l'étoile γ de la constellation du Lion; pour la période du mois d'août, le point central est Algol de Persée. Or, c'est précisément vers ces deux points du ciel que notre globe se dirige à ces deux époques. Cette coïncidence a conduit à l'hypothèse suivante qui attribue aux étoiles filantes une origine *cosmique* et les fait rentrer dans le système solaire.

On a admis l'existence d'une quantité prodigieuse de corpuscules circulant autour du soleil et formant une espèce d'anneau elliptique dont les diverses régions sont plus ou moins riches en matière cosmique. Cet anneau serait disposé par rapport à l'orbite terrestre comme le représente la figure 170 ; on aurait ainsi l'explication du nombre plus considérable des apparitions pendant la période de juillet à décembre que pendant la période opposée de la translation de notre globe sur son orbite. Ces corspuscules seraient solides et leur frottement contre les couches supérieures de l'atmosphère suffirait pour produire l'incandescence des matières inflammables qui les composent ; la différence des couleurs proviendrait uniquement d'une différence dans la composition chimique. Certains de ces corps une fois entrés dans la sphère d'attraction de la terre ne pourraient plus en sortir et viendraient tomber à la surface du sol, ce qui permettrait d'expliquer les chutes de pierres et de matières ferrugineuses, phénomènes dont on ne peut plus nier l'existence aujourd'hui.

CHAPITRE V

COMÈTES. — MONDE SOLAIRE.

215. Notions générales sur les comètes. — On voit souvent apparaître dans le monde solaire des astres d'un volume considérable et d'une forme étrange qui décrivent autour du soleil des courbes très-allongées, vont d'abord en se rapprochant de lui, puis s'éloignent et disparaissent, les uns pour ne plus revenir, les autres en *très-petit nombre* pour reparaître après des intervalles de temps plus ou moins longs; ce sont les *comètes*. Képler affirme que ces astres sont répandus dans le ciel avec autant de profusion que les poissons dans l'océan; Arago, prenant pour base le nombre des comètes observées entre Mercure et le soleil et admettant qu'elles sont distribuées également dans toutes les régions du système solaire, évalue à plus de 17 millions et demi le nombre total des comètes qui sillonnent le ciel en deçà de l'orbite de Neptune.

Le mot comète signifie *astre chevelu*. Le plus souvent en effet une comète se présente sous la forme d'un noyau lumineux entouré d'une nébulosité plus ou moins brillante que les anciens astronomes appelaient *chevelure*. Une comète ressemble ainsi lorsqu'elle apparaît à nos yeux et qu'elle est encore à une grande distance du soleil, à un corps solide entouré d'une atmosphère très-volumineuse. Mais lorsque l'observateur a recours à une lunette dont le pouvoir grossissant est suffisamment fort, il reconnaît bientôt que le noyau n'est pas solide, car on peut dans certains cas apercevoir les étoiles à travers son épaisseur; c'est simplement une nébulosité plus condensée que le reste. A mesure que la comète se rapproche du soleil, son éclat augmente et sa forme change. La nébulosité s'allonge de plus en plus dans le sens de la

FORMES DE COMÈTES.

1. Comète de 1577, observations de Cornélius Gemma. — 2. Comète de 1680, d'après J. C. Sturm. — 3. Comète de 1769.

droite qui joint le centre du soleil au centre du noyau, mais seulement dans la direction opposée au soleil. Il se forme alors une *queue* qui atteint quelquefois des dimensions considérables et dont les aspects sont très-variés. Certaines comètes ont une queue rectiligne, d'autres recourbée; chez quelques-unes la queue conserve partout la même largeur; pour d'autres, elle s'épanouit en éventail (fig. 171); enfin, on a vu des comètes possédant plusieurs queues qui divergeaient du point où se trouvait le noyau.

Tant qu'une comète est loin du soleil et que la queue n'apparaît pas,

Fig. 171. — Comète de 1744.

toutes les parties de l'astre semblent solidaires. Mais, lorsque la queue commence à se développer, la nébulosité s'écoule en fusant, pour ainsi dire, par l'extrémité opposée au soleil, de sorte que cette extrémité n'est jamais nettement terminée; l'autre extrémité, dont les contours sont moins vagues, porte le nom de tête de la comète. Cependant il arrive quelquefois qu'une comète fuse par les deux extrémités en même temps; la tête présente alors des aigrettes plus ou moins divergentes.

C'est au moment du passage au périhélie que la comète atteint son plus grand développement. Lorsqu'elle s'éloigne du soleil, la queue la précède sur sa trajectoire, toujours à l'opposite de soleil. L'éclat diminue peu à peu et l'astre disparaît. Il est peu d'exemples qu'une comète soit restée visible à la distance de Jupiter.

216. Petitesse de la masse des comètes. — La matière des comètes est disséminée à un point dont aucune substance terrestre, pas même la plus légère fumée, la brume la plus fine, ne peuvent donner l'idée. Aussi, malgré leur énorme développement, leur masse est-elle très-petite. Une comète passant dans le voisinage d'une planète n'influe pas sur sa marche d'une manière sensible, tandis qu'elle éprouve de sa part de très-grandes perturbations. Nous venons de dire plus haut qu'une comète devenait invisible à la distance de Jupiter, c'est-à-dire dans des régions où les planètes brillent encore d'un vif éclat; c'est une preuve de plus de l'extrême rareté de la matière qui les compose.

On a redouté pendant longtemps les effets mécaniques qui pourraient résulter du choc d'une comète contre la terre. L'extrême petitesse de la masse donne lieu de croire que le choc serait à peine sensible. M. Faye assure que la matière d'une comète se laisserait traverser par la terre plus facilement que la moindre toile d'araignée par la balle d'un fusil. Le seul inconvénient qui pourrait en résulter pour nous serait l'introduction dans notre atmosphère d'une matière étrangère capable d'exercer sur nos organes une influence délétère.

217. Trajectoires des comètes; sens du mouvement. — En s'appuyant sur les lois de Képler, on démontre que l'action attractive du soleil sur les planètes varie en raison inverse du carré de la distance. Réciproquement, si l'on suppose qu'un corps animé d'une vitesse initiale est soumis à l'attraction solaire, on trouve que la trajectoire de ce corps n'est pas nécessairement une ellipse, mais une section conique dont le soleil occupe un des foyers, les aires décrites par le rayon vecteur croissant toujours proportionnellement au temps. Ainsi, la trajectoire d'une comète peut être une ellipse, une hyperbole ou une parabole (fig. 172). Dans ces deux derniers cas, l'astre s'approche une seule fois du soleil et s'en éloigne ensuite sans jamais revenir, allant peut-être chercher dans les profondeurs de l'espace un autre centre d'attraction qu'il abandonnera plus tard, comme il l'aura fait pour notre soleil.

Nous savons que les comètes ne sont visibles que lorsqu'elles sont dans le voisinage du soleil. La portion de la trajectoire qu'elles décrivent ainsi sous nos yeux ne différant pas beaucoup d'un arc de parabole, on admet que c'est là la véritable forme de leur trajectoire, ce qui simplifie le problème, et l'on détermine les éléments de cette trajectoire au moyen de trois observations.

Voilà donc une différence essentielle entre les orbites planétaires et les orbites cométaires. Les premières sont des ellipses très-peu allongées, tandis que les secondes sont, ou des ellipses très-allongées, ou des hyperboles, ou des paraboles. Parmi les orbites cométaires aujourd'hui connues, celle qui se rapproche le plus du cercle est de

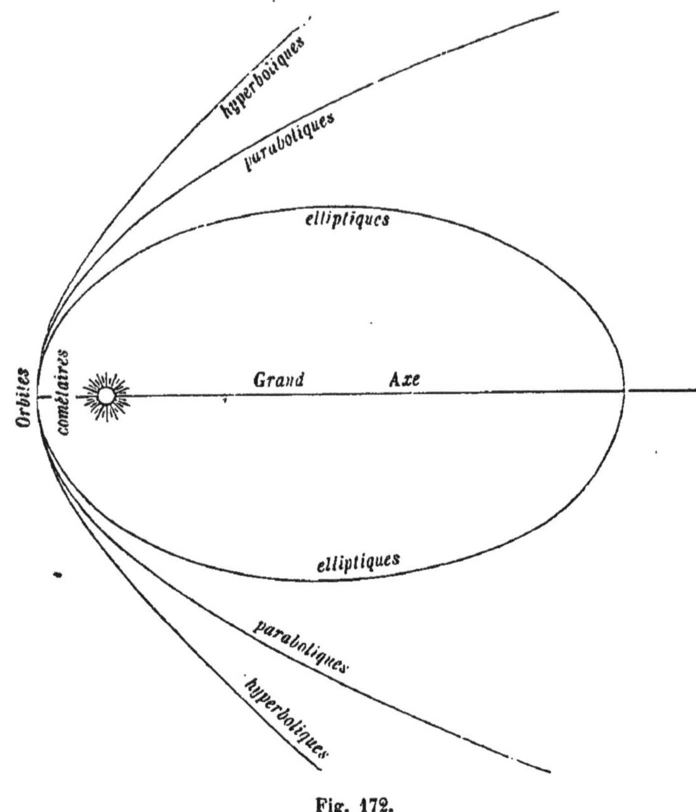

Fig. 172.

beaucoup plus allongée que l'orbite planétaire qui accuse le plus la forme elliptique.

Il y a deux autres caractères différentiels entre les planètes et les comètes : 1° Les plans des orbites planétaires sont très-peu inclinés sur le plan de l'écliptique ; les planètes ne sortent jamais de la zone zodiacale. Les inclinaisons des plans des orbites cométaires prennent au contraire toutes les grandeurs possibles. 2° Le mouvement des planètes est toujours direct ; celui des comètes est tantôt direct et tantôt rétrograde.

218. Comètes périodiques. — On appelle *comètes périodiques* celles dont on peut prédire le retour. Pour qu'il en soit ainsi, il faut évidem-

ment que la trajectoire soit révolutive. Le nombre des comètes périodiques connues est très-petit, et cela se comprend aisément. En général, la période de révolution est considérable. Citons, par exemple, la comète de 1680 dont la période est de 8814 ans et celle de 1844 dont la période dépasse 100 000 années. La plupart des comètes qui traversent notre système solaire sont donc nouvelles pour nous, ou

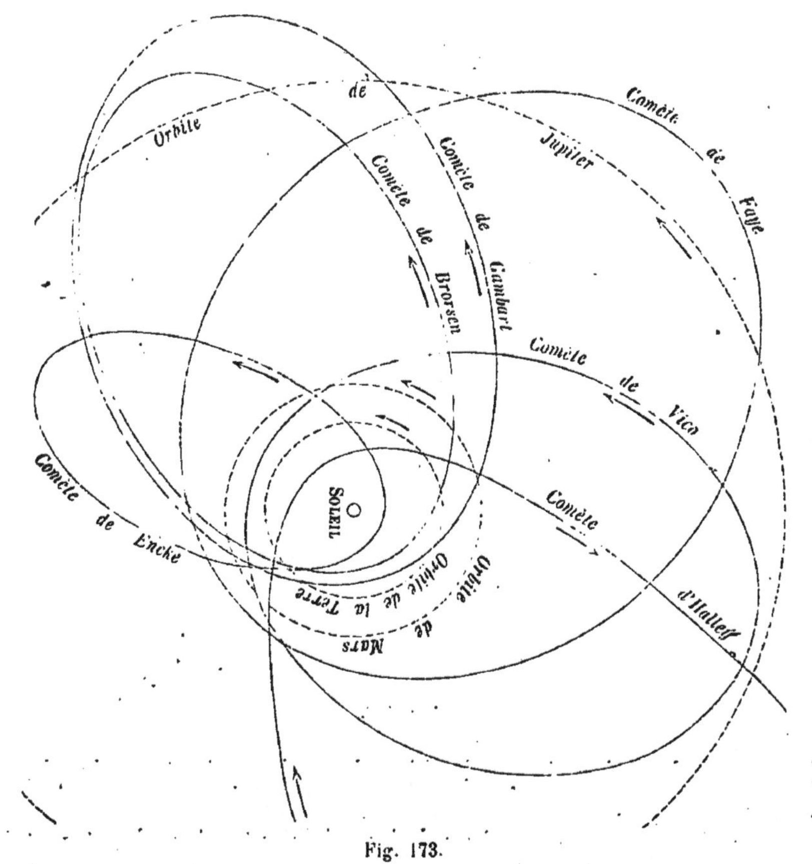

Fig. 173.

du moins n'ont été observées qu'une fois ; il en résulte que la trajectoire n'est pas connue d'une manière certaine. Rappelons-nous aussi que, par suite de l'extrême petitesse de la masse, il leur suffit de passer dans le voisinage d'une planète pour que les éléments de la trajectoire soient influencés d'une manière sensible.

On ne compte guère aujourd'hui que 40 comètes dont la période de révolution ait pu être calculée. Disons quelques mots des plus importantes, dont notre dessin permet de comparer les orbites (fig. 173).

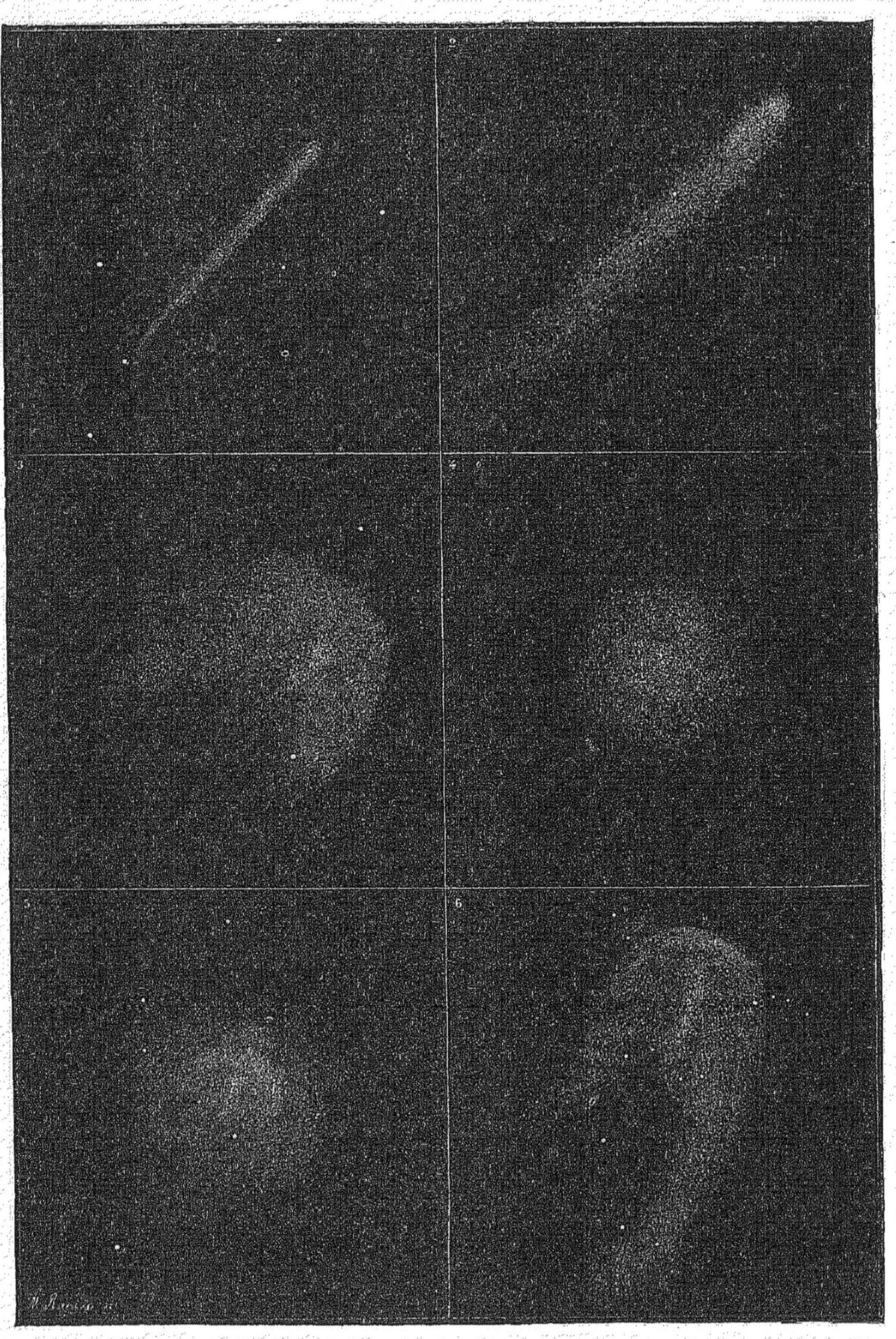

COMÈTE DE HALLEY D'APRÈS HERSCHEL.

1. La comète vue le 24 octobre 1835. — 2, 3, 4, 5, 6. Modifications successives de la comète.

219. Comète de Halley. — La comète de Halley est la plus remarquable des comètes périodiques, et c'est la première dont on ait constaté la périodicité. Halley l'observa en 1682 et conclut de ses calculs que les comètes de 1531, de 1607 et de 1682 ne faisaient qu'un seul et même astre dont la période se trouve ainsi être de 76 ans environ. Il put donc prédire son retour pour la fin de l'année 1758 ou au commencement de 1759. Un géomètre français, *Clairaut*, remarquant que la comète de Halley devait passer dans le voisinage de Saturne et de Jupiter, calcula le retard qui en résulterait pour sa réapparition et annonça le retour de l'astre à son périhélie pour le mois d'avril 1759 ; le phénomène eut lieu le 12 mars. La comète de Halley a été revue en 1835. Son passage avait été prédit, à trois jours près, par M. de Pontécoulant.

L'orbite de la comète de Halley a une forme excentrique très-prononcée. Au périhélie elle est plus près du soleil que Vénus ; à son point le plus éloigné du soleil, elle dépasse l'orbite de Neptune. Dans cette dernière position elle reçoit 3600 fois moins de chaleur et de lumière que dans la première. Lorsqu'elle apparut en 1006, elle paraissait quatre fois plus grande que Vénus. En 1456, elle passa très-près de la terre ; sa queue occupait 60 degrés et avait la forme d'un sabre recourbé. Ses dimensions étaient moins considérables lors de ses dernières apparitions.

La comète de Halley se meut d'orient en occident et le plan de son orbite fait un angle de 18° avec le plan de l'orbite terrestre.

220. Comète d'Encke. — La comète d'*Encke* est celle qui a la plus courte période ; elle accomplit sa révolution en 1205 jours, soit 3 ans 1/3 à peu près. Sa distance au soleil varie entre 13 millions et 156 millions de lieues ; elle pénètre donc jusque dans l'intérieur de l'orbite de Mercure. Encke observa cette comète en 1818 et conclut de ses calculs qu'elle était la même que la comète observée d'abord en 1786, puis en 1795 et en 1805. Tous ses passages au périhélie ont été régulièrement constatés.

Le mouvement de cette comète offre cette particularité remarquable, que la durée de sa révolution va sans cesse en diminuant. Si cette diminution progressive continue à suivre la même loi, on pourra prédire le moment où l'astre ira se plonger dans l'atmosphère du soleil.

La comète d'Encke n'a pas de queue. Invisible à l'œil nu, on la voit dans les télescopes sous la forme d'une masse vaporeuse n'ayant ni queue ni noyau. Son mouvement est direct et le plan de son orbite est incliné de 13° sur le plan de l'écliptique.

221. Comète de Biéla. — Cette comète, découverte par l'Autrichien *Biéla*, le 27 février 1826, a été observée quelques jours après par *Gambart*, à Marseille. C'est à ce dernier qu'on doit son identification avec les comètes observées en 1772 et en 1805 ; sa période est de 6 ans 1/2. L'orbite de cette comète traverse le plan de l'écliptique à peu près à la distance à laquelle nous nous trouvons du soleil. Lors de l'apparition de 1832, la comète se trouvant à son nœud, sa rencontre avec la terre était possible. Depuis cette époque, elle a subi des perturbations qui ont fait disparaître les craintes auxquelles pourrait donner lieu un phénomène de ce genre.

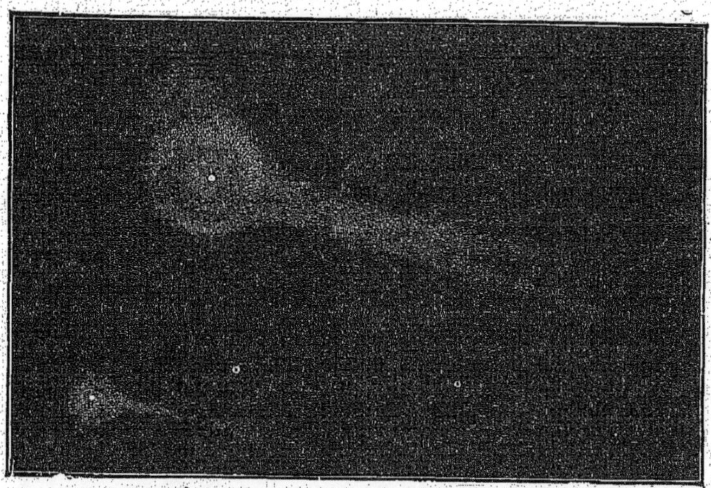

Fig. 174. — Dédoublement de la comète de Biéla.

La comète de Biéla n'a pas de noyau. Son mouvement est direct et le plan de son orbite est incliné de 13° sur le plan de l'écliptique. Sa distance périhélie est de 32 millions 710 000 lieues et sa distance aphélie de 235 millions 370 000 lieues.

En 1846, la comète de Biéla se dédoubla et se présenta sous la forme de deux comètes d'inégale grandeur dont la distance était de 60 000 lieues environ (fig. 174). Le dédoublement persista en 1852, mais la distance des deux comètes avait augmenté ; elle était alors de 500 000 lieues. On connaissait déjà des transformations de ce genre.

222. Comètes de Faye, de Vico, etc. — La durée de la révolution de la comète de M. Faye est de 7 ans et 3 mois environ. Son mouvement est direct et l'inclinaison du plan de son orbite est de 11°. On

COMÈTE DE DONATI D'APRÈS G. BOND.

1. Le 3 octobre 1858. — 2. Le 5 octobre.

suppose que cette comète n'est autre que la comète observée en 1770 et à laquelle *Lessel* avait assigné une période de 5 ans 1/2. Les éléments de la trajectoire auraient été modifiés tantôt dans un sens, tantôt dans l'autre, par ses passages successifs auprès de Jupiter. C'est une des comètes qui se sont le plus rapprochées de la terre ; sa distance minimum à notre globe a été de 400 rayons terrestres.

Citons enfin, pour mémoire, la comète de *Vico* dont la période est de 1993 jours, celle de *Brorsen* dont la période est de 2042 jours, celle d'*Arrest* découverte en 1851 et dont la période est de 6 ans 1/2, enfin celle d'*Olbers* qui parut en 1815 et dont la période serait de 75 ans.

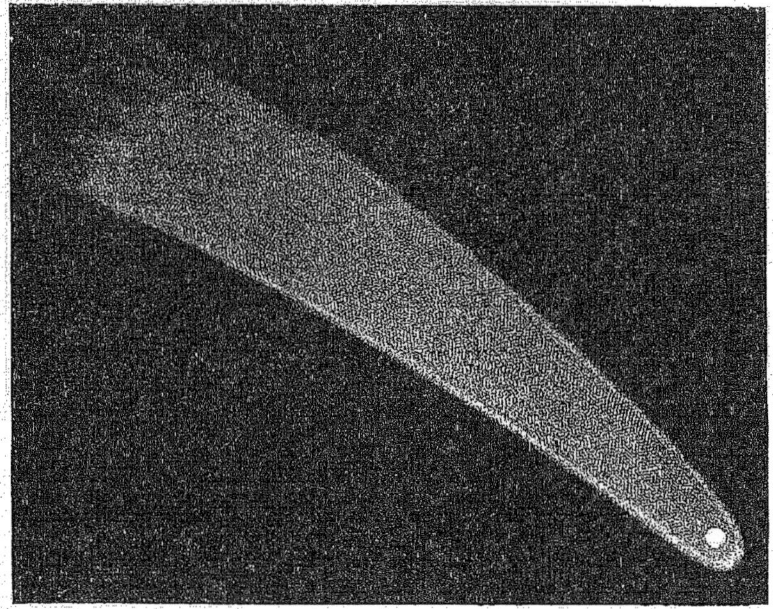

Fig. 175. — Comète de 1811.

223. Comètes remarquables. — Quelques comètes dont la périodicité n'a pu être constatée d'une manière certaine ont attiré l'attention par leur éclat, par leur forme ou par leurs dimensions extraordinaires. Les plus remarquables sont :

La comète de 1566, dite de Charles-Quint, dont les astronomes avaient annoncé le retour au périhélie pour 1860 et qui n'a pas été revue.

La comète de 1744, dont la queue s'épanouissait en éventail.

La comète de 1811, dont la période paraît être de 30 siècles. Sa queue atteignit une longueur de 45 millions de lieues (fig. 175). Le noyau lumineux occupait un espace de 171 lieues et le diamètre de la nébulosité avait 450 000 lieues.

La comète de 1843 fut la plus brillante de toutes les comètes observées. Les calculs des astronomes lui assignent une période de 147 ans. La longueur de sa queue dépassait 60 millions de lieues; le noyau et une partie de la queue étaient visibles en plein jour. Au moment du passage au périhélie, 12 000 lieues seulement séparaient le noyau de la surface du soleil.

La comète de *Donati* fut aperçue pour la première fois à Florence le 2 juin 1858. Elle devint visible à l'œil nu vers les premiers jours de septembre et attira bientôt l'attention au milieu des constellations boréales, tant par l'éclat de son noyau que par le développement considérable de sa queue.

224. Système solaire. — Nous pouvons maintenant jeter un coup d'œil d'ensemble sur le groupe de corps célestes dont la terre fait partie et qu'on désigne en astronomie sous le nom de *système solaire.*

Ce système comprend 131 astres; c'est du moins le nombre de ceux qui sont connus aujourd'hui. On peut les classer de la manière suivante :

1° Un corps central, le soleil, lumineux par lui-même et ayant des dimensions beaucoup plus considérables que tous les autres corps du système. C'est le foyer de chaleur et de lumière de tout le groupe; c'est en lui que résident toutes les forces développées à la surface de la terre et des autres globes.

2° 123 planètes, situées à des distances différentes du soleil et circulant autour de lui suivant des lois que nous avons énoncées. 22 satellites accompagnent ces planètes.

3° 7 comètes, dont la périodicité a été régulièrement constatée.

Pour compléter le système, il faut ajouter que notre ciel est sillonné par un nombre prodigieux de comètes, les unes décrivant des courbes à branches infinies, les autres des courbes tellement allongées que leur retour n'a pu être prédit d'une manière certaine. Il faudrait encore faire entrer dans notre système cet anneau lenticulaire, la lumière zodiacale, qui entoure le soleil, et cet autre anneau formé des corpuscules solides auxquels nous devons les étoiles filantes et les chutes des aérolithes.

La forme générale du soleil, des planètes et de leurs satellites est celle d'une sphère plus ou moins aplatie aux deux extrémités d'un diamètre. Tous ces corps sont animés d'un mouvement de rotation

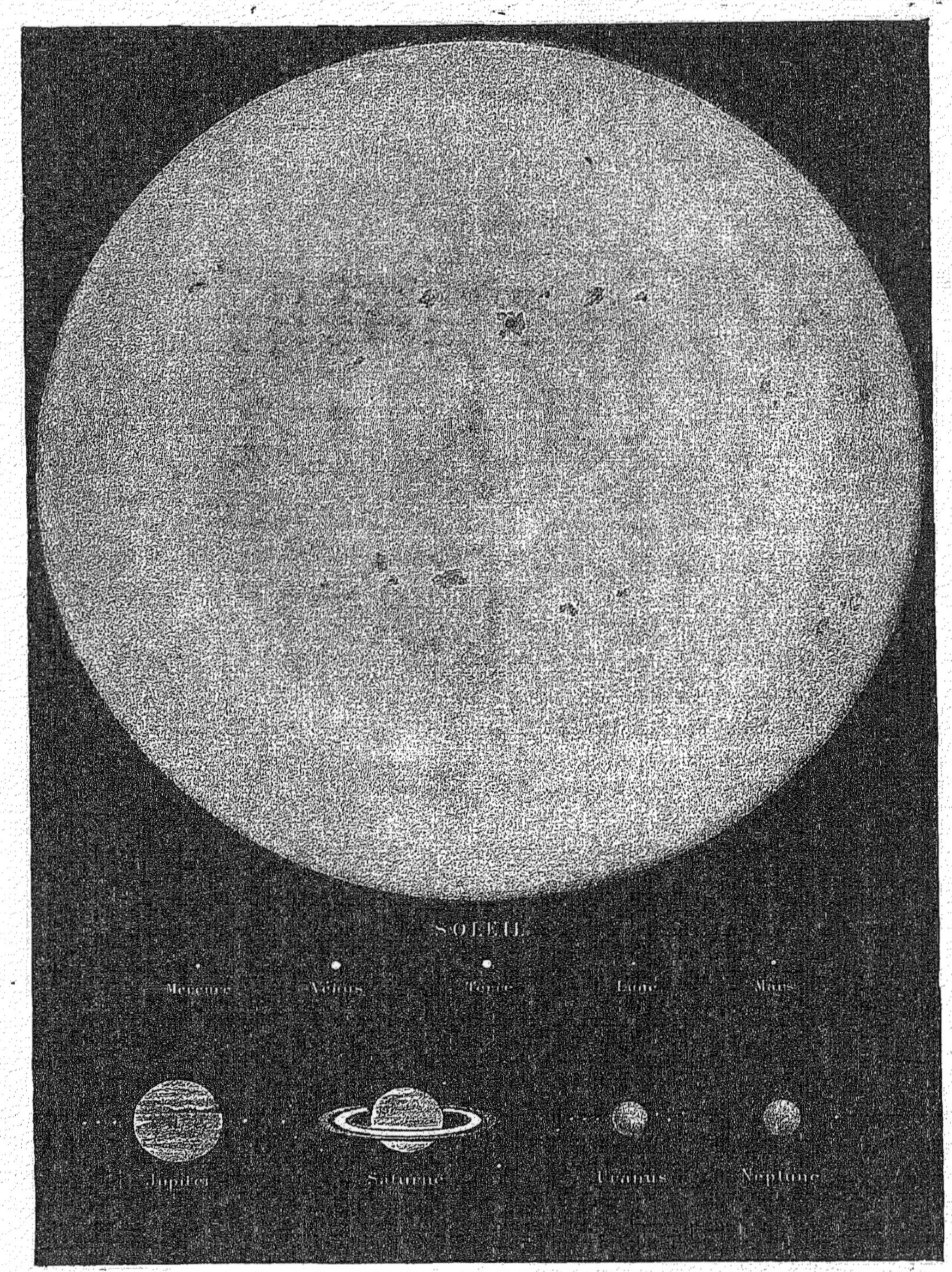

Dimensions comparées des planètes et de leurs satellites.

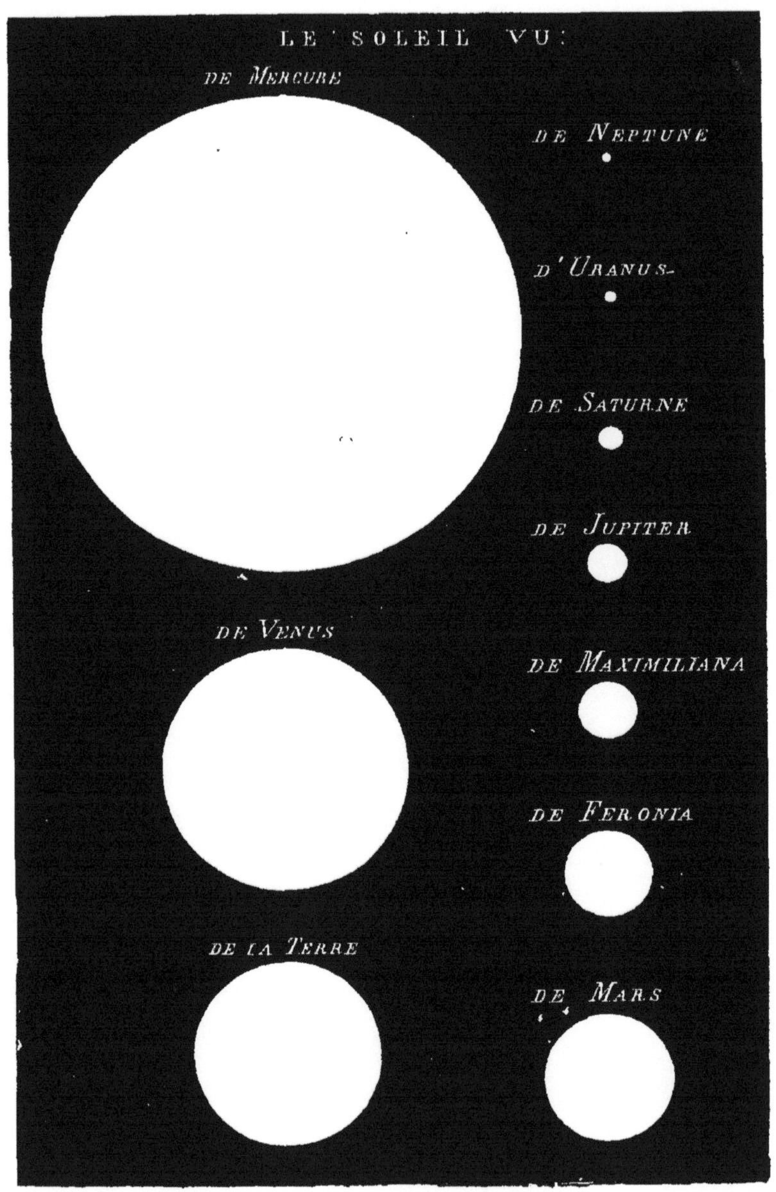

Fig. 176. — Le Soleil vu des principales planètes.

sur eux-mêmes, et ce mouvement a pour tous le même sens que le mouvement de rotation de la terre.

En même temps que les planètes et leurs satellites tournent sur eux-mêmes, ils sont emportés par un mouvement de translation autour du soleil, mouvement dont le sens est le même que celui du mouvement de rotation.

Les distances des planètes au soleil vont en croissant depuis Mercure jusqu'à Neptune. Transportons successivement par la pensée un observateur sur ces astres divers. Pour lui, le diamètre apparent du soleil ira sans cesse en diminuant et la variation de la grandeur du diamètre apparent pourra donner, mieux que des nombres, une idée des rapports des distances. Dans le dessin que nous plaçons ici, on a représenté les dimensions comparées du soleil vu de chacune des planètes principales, à leurs moyennes distances (fig. 176).

Toutes les planètes et leurs satellites se meuvent dans cette zone étroite appelée zodiaque. Si l'on suppose un observateur placé à une distance du système solaire considérable par rapport à ses dimensions et le contemplant de profil, il est évident que le système aura pour notre observateur l'apparence d'un groupe de forme allongée. Au centre, il verra une *étoile* relativement très-brillante et, de part et d'autre de ce centre lumineux, plusieurs étoiles plus petites, d'éclat inégal, oscillant le long de trajectoires sensiblement rectilignes. Le point lumineux central est le soleil; les planètes et leurs satellites sont les petites étoiles de ce groupe.

Il nous reste encore à dire comment se sont formés ces globes qui gravitent autour du soleil et comment lui-même se trouve placé dans l'univers sidéral. Nous indiquerons plus loin les conceptions grandioses auxquelles les astronomes se sont élevés par une longue série d'observations et qui forment la base de la science moderne.

LIVRE VII

NOTIONS D'ASTRONOMIE SIDÉRALE

225. Distances des étoiles a la terre. — Lorsqu'on veut appliquer aux étoiles la méthode qu'on emploie ordinairement pour mesurer la distance d'un point accessible à un point inaccessible, on constate que les rayons visuels menés des deux extrémités de la base d'opération à l'étoile sont parallèles entre eux (fig. 177), et cela arrive quand bien même la base serait égale au diamètre de la terre.

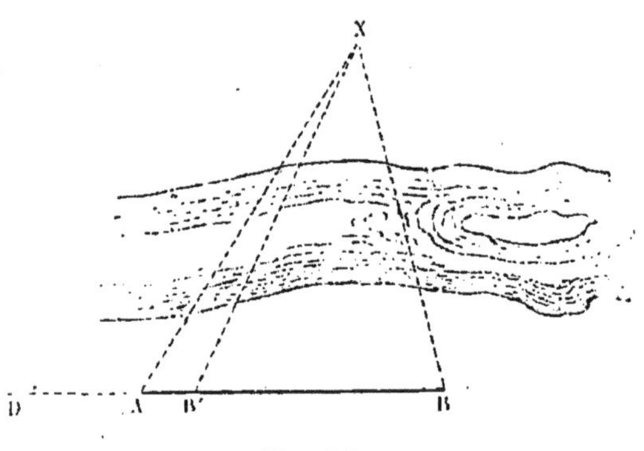

Fig. 177.

Les astronomes ont profité du mouvement de translation de notre globe autour du soleil et ont pris pour base le diamètre de l'orbite terrestre. Afin de se placer dans les conditions les plus favorables, ils ont opéré de telle sorte que la droite qui joint l'étoile au centre du soleil fût perpendiculaire à la base d'opération. Ainsi, EE' représentant le plan de l'écliptique, TT' l'orbite de la terre et A l'étoile, la droite AS est perpendiculaire à TT' (fig. 178). Dans cet état, l'angle SAT est ce qu'on appelle la *parallaxe annuelle* de l'étoile. C'est l'angle sous lequel on verrait de l'étoile le demi-diamètre de l'orbite terrestre perpendiculaire à la droite qui joint l'étoile au soleil. Cet angle n'a encore été mesuré avec précision que pour un petit nombre d'étoiles. Sa valeur maximum correspond à l'étoile α du Centaure ; elle est de 0",91. C'est pour une étoile appartenant à la constellation du Cygne et désignée dans les catalogues sous le n° 61 que la première détermination a été obtenue ; la parallaxe annuelle de cette étoile est de 0",37 d'après l'astronome *Bessel*. Ce dont on est bien certain aujourd'hui, c'est que pour aucune étoile connue la parallaxe annuelle n'atteint 1". Il est donc facile de fixer une limite inférieure de la distance des étoiles à la terre.

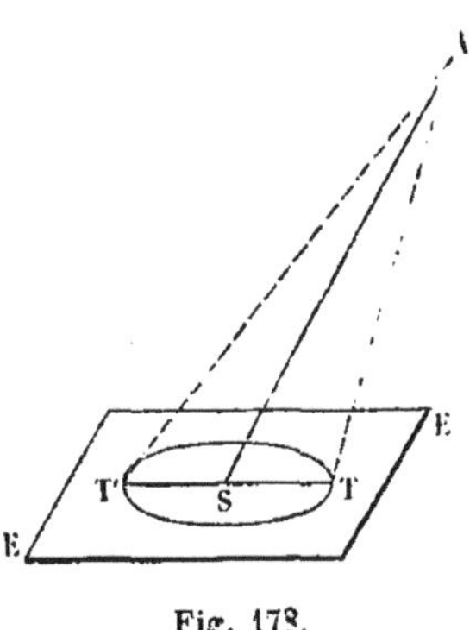

Fig. 178.

On peut en effet admettre que le rayon de l'orbite terrestre se confond avec l'arc décrit de la position de l'étoile comme centre avec un rayon égal à la distance de l'étoile à la terre, distance que nous désignerons par D. Or, soient l la longueur de l'arc de 1" dont le rayon serait égal à l'unité et R le rayon de l'orbite terrestre ; on a évidemment

$$\frac{D}{1} = \frac{R}{l} \quad \text{ou} \quad D = \frac{R}{l}.$$

Mais

$$l = \frac{\pi}{180 \times 60 \times 60},$$

donc

$$D = \frac{180 \times 60 \times 60}{\pi} \times R = 206265 \, . \, R.$$

Pour venir du soleil à la terre, la lumière emploie $8^m \, 18^s$ ou 498^s. Pour venir d'une étoile dont la parallaxe annuelle serait 1", elle emploierait donc :

$$498^s \times 206265 = 3^{ans},25.$$

Voici un tableau des principales parallaxes obtenues et les distances des étoiles à la terre exprimées en rayons de l'orbite terrestre :

Noms des étoiles..	Parallaxes.	Distances en rayons de l'orbite terrestre.	Retard de la lumière.
α du Centaure	0",91	211 330	3^{ans},6
61ᵉ du Cygne.	0",35	550 920	9 ,4
Sirius.	0",15	1375 000	22
Arcturus	0",106	1622 000	26
Polaire.	0",072	3078 608	50

On voit qu'il faut 22 ans pour que la lumière de Sirius arrive jusqu'à nous. Il en résulte que si cette étoile, la plus brillante de notre ciel, était détruite par une cause quelconque, nous la verrions encore pendant 22 ans à partir du moment où sa lumière se serait éteinte, et cependant Sirius est une des étoiles les plus rapprochées de nous. Aussi Arago disait-il que les rayons lumineux, ces courriers si rapides, ne nous apportent que l'histoire ancienne des mondes qui brillent dans notre ciel.

226. Étoiles doubles. — Lorsqu'on regarde avec un puissant télescope certaines étoiles qui paraissent simples à l'œil nu, ces étoiles se *dédoublent*, c'est-à-dire présentent l'ensemble de deux étoiles très-rapprochées, d'un éclat inégal et quelquefois différemment colorées. Ce phénomène peut s'expliquer de deux manières : ou c'est un simple effet de perspective, les deux étoiles étant éloignées, mais l'angle formé par les rayons visuels dirigés vers chacune d'elles étant très-petit ; ou les deux étoiles sont en réalité très-rapprochées l'une de l'autre. Dans le premier cas, on dit que les deux étoiles forment un *couple optique* et dans le second on donne au système le nom de *couple physique*. Les premiers n'offrent évidemment aucun intérêt, mais il n'en est pas de même des couples physiques qui présentent un système de deux soleils circulant l'un autour de l'autre, ou plutôt autour de leur centre de gravité commun ; on compte aujourd'hui près de 700 de ces systèmes.

Nous citerons comme exemples : 1° la 61e du Cygne, formée de deux étoiles à peu près égales dont l'écart angulaire est d'environ 16″ et correspond à une distance réelle égale à 43 fois le rayon de l'orbite terrestre ; la durée de la révolution est de 452 ans ; 2° l'étoile ξ de la Grande Ourse, dont les composantes sont, l'une de quatrième grandeur et l'autre de cinquième grandeur ; la durée de la révolution est de 61^{ans}, 6 ; 3° α du Centaure, dont les composantes sont, l'une de première grandeur et l'autre de deuxième grandeur ; la durée de la révolution est de 78^{ans}, 5.

En général, les orbites des étoiles doubles ont une forme elliptique très-prononcée ; on ne peut les comparer sous ce rapport qu'aux orbites des comètes périodiques.

On connaît aussi quelques systèmes plus compliqués composés de 3, 4 soleils ; on leur donne le nom d'*étoiles multiples*. Citons, par exemple, l'étoile θ d'Orion qu'on regarde comme une étoile sextuple.

227. Étoiles colorées. — Presque toutes les étoiles sont blanches,

mais quelques-unes sont colorées ; on peut même dire aujourd'hui que toutes les nuances ont été reconnues dans la lumière des étoiles, mais la coloration est en général peu tranchée. Nous citerons parmi les étoiles colorées : Béteigeuse, Aldébaran, Arcturus et Antarès, qui sont rouges ; Procyon, la Chèvre, la Polaire et Ataïr de l'Aigle, qui sont jaunes ; Castor qui est verte, et η de la Lyre qui est bleue.

On attribue ces colorations variées à des différences réelles dans la nature de la lumière émise par chaque étoile.

C'est surtout dans les groupes de soleils que la coloration est remarquable. Parmi 596 étoiles doubles, M. Struve compte : 375 couples dont les composantes ont la même couleur avec la même intensité ; 101 où les composantes ont la même couleur avec des intensités inégales ; 120 où les composantes sont de couleur différente. Les 476 couples formés de deux étoiles de même couleur peuvent être partagés de la manière suivante : dans 295 couples, les composantes sont blanches ; dans 118, elles sont jaunes ou rougeâtres ; dans 63 elles sont bleuâtres.

228. Étoiles changeantes. — On appelle étoiles *changeantes ou périodiques* des étoiles dont l'éclat change périodiquement. Pour quelques-uns de ces astres, le passage du maximum au minimum d'éclat et le retour du minimum au maximum s'opèrent en peu temps ; pour d'autres, au contraire, ces périodes sont assez longues.

C'est à un savant Hollandais, *Holwarda*, qu'on doit la découverte des étoiles périodiques. Ses observations portèrent sur l'étoile o de la Baleine, connue sous le nom de *Mira*. Au commencement de décembre 1638, cette étoile, observée au moment d'une éclipse de lune, lui parut être de troisième grandeur. Vers le milieu de l'été de 1639, Holwarda n'en put retrouver aucun vestige. Plus tard, le 7 novembre 1639, il la revit à son ancienne place. Cette étoile a été étudiée depuis Holwarda, et l'on a reconnu que sa période était de 331 jours et 20 heures. Après avoir brillé comme une étoile de deuxième grandeur pendant environ 15 jours, elle décroît peu à peu pendant environ 3 mois et finit par disparaître. Il s'écoule ensuite près de 5 mois sans qu'on puisse l'apercevoir ; puis, après sa réapparition, elle met encore environ 3 mois pour reprendre son ancien éclat.

Nous citerons parmi les étoiles changeantes à longue période :

L'étoile R de la Couronne, dont la période est de 323 jours. Elle varie de la sixième grandeur à la disparition complète.

L'étoile χ du Cygne ; sa période est de 406 jours. Elle varie de la cinquième grandeur à la disparition.

L'étoile 30 de l'Hydre femelle ; sa période est de 495 jours. Elle varie de la quatrième grandeur à la disparition.

α ou Béteigeuse d'Orion ; sa période est de 196 jours. Elle varie de la première à la seconde grandeur.

Parmi les étoiles variables à courte période, la plus remarquable est *Algol* ou β de Persée, dont la période est de $2^j\ 20^h\ 49^m$. Elle varie de la deuxième à la quatrième grandeur. Pendant 2 jours et 14 heures, cette étoile est de deuxième grandeur sans que son éclat semble changer ; au bout de ce temps, elle commence à s'affaiblir et décroît jusqu'à la quatrième grandeur dans l'espace d'environ 3^h 1/2. Ensuite, son éclat augmente de nouveau et, après le même intervalle de 3^h 1/2, elle a repris la deuxième grandeur.

Parmi les autres étoiles à courte période, nous citerons δ de Céphée; dont la période est de $5^j\ 8^h\ 49^m$; β de la Lyre, dont la période est de $12^j\ 21^h\ 45^m$ et qui varie de la troisième à la cinquième grandeur.

On a cherché à expliquer le changement d'éclat qu'éprouvent les étoiles périodiques, en admettant que ces étoiles tournent sur elles-mêmes et nous montrent ainsi successivement des parties de leur surface qui ne sont pas également brillantes ; telle était l'explication de *Bouillaud*. D'autres ont supposé qu'elles sont environnées de satellites opaques qui viennent s'interposer entre elles et nous de manière à produire de véritables éclipses. *Maupertuis* supposait que certaines étoiles sont très-aplaties. On expliquerait alors leur changement d'éclat en admettant qu'elles se présentent à nous tantôt de face et tantôt de profil.

M. *Hind* a remarqué que les étoiles variables sont entourées d'une espèce de brouillard au moment de leur minimum d'éclat. Arago en a conclu que les variations sont dues peut-être à des *nuages cosmiques* non lumineux par eux-mêmes qui viendraient s'interposer successivement entre ces astres et la terre.

229. Étoiles temporaires. — On a admis pendant longtemps que le ciel offrait le spectacle d'une immutabilité complète, mais les idées actuelles ne sont plus les mêmes. Les phénomènes que nous avons décrits dans les paragraphes précédents suffiraient pour expliquer ce changement dans les idées; nous en citerons quelques autres qui viennent confirmer les déductions des astronomes.

Il est parfaitement établi que le soleil se meut dans l'espace avec tout son cortége de planètes décrivant une orbite immense dans une période composée peut-être de plusieurs millions de siècles. Le point vers lequel se dirige notre système planétaire paraît être situé dans la constellation d'Hercule ; la vitesse de translation doit être évaluée à plus de 60 millions de lieues par année. La même chose a lieu probablement pour toutes les étoiles qui sont autant de soleils ; pour quelques-unes on a pu déjà constater le mouvement, ainsi que le sens et la vitesse de ce mouvement.

L'apparition subite de certaines étoiles dites *nouvelles* ou *temporaires* est encore une preuve des métamorphoses de la voûte céleste. La plus remarquable des étoiles temporaires est celle qui fut observée par *Tycho-Brahé* en novembre 1572 dans la constellation de Cassiopée. Son éclat était d'abord comparable à celui de Vénus en quadrature, mais l'intensité de sa lumière diminua peu à peu. Au mois d'avril 1573, elle n'était plus que de deuxième grandeur, puis elle diminua rapidement et disparut en mars 1574. La couleur de cette étoile varia aussi d'une manière remarquable ; elle fut successivement blanche, puis jaune, puis enfin rouge.

L'apparition de l'étoile de 1572 n'est pas un fait isolé dans les annales de l'astronomie ; on a enregistré plusieurs observations du même genre. Dans le courant du mois de mai 1866, on a constaté la présence d'une nouvelle étoile dans la constellation de la Couronne boréale. La cause de ces phénomènes est entièrement inexpliquée.

230. Nébuleuses. — On distingue à la vue simple dans les espaces célestes certains groupes dont les étoiles composantes sont assez rapprochées pour qu'on ait été conduit à admettre qu'il y a entre elles une certaine liaison. Les plus remarquables sont : le groupe des Pléiades situé dans la constellation du Taureau et composé de 80 étoiles environ parmi lesquelles 6 sont visibles à l'œil nu ; la plus brillante, Alcyone, est de troisième grandeur (fig. 179).

Le groupe des *Hyades*, toujours dans la même constellation, composé d'étoiles moins nombreuses et moins pressées que les Pléiades.

Deux autres groupes, situés l'un dans la constellation du Cancer et l'autre dans Persée, sont encore visibles à l'œil nu, mais les étoiles qui les composent ne peuvent être aperçues qu'avec le secours des lunettes ; il est vrai que celles-ci n'ont pas besoin d'un fort pouvoir grossissant.

Pour les personnes qui ont la vue faible, ces groupes stellaires offrent simplement l'apparence de nuages lumineux. Or, les espaces célestes sont parsemés d'une multitude de masses nuageuses au milieu desquelles les meilleures vues ne peuvent distinguer aucune étoile. On leur donne le nom de *nébuleuses* ; on en connaît aujourd'hui près de 5000.

Les nébuleuses peuvent être divisées en trois classes :

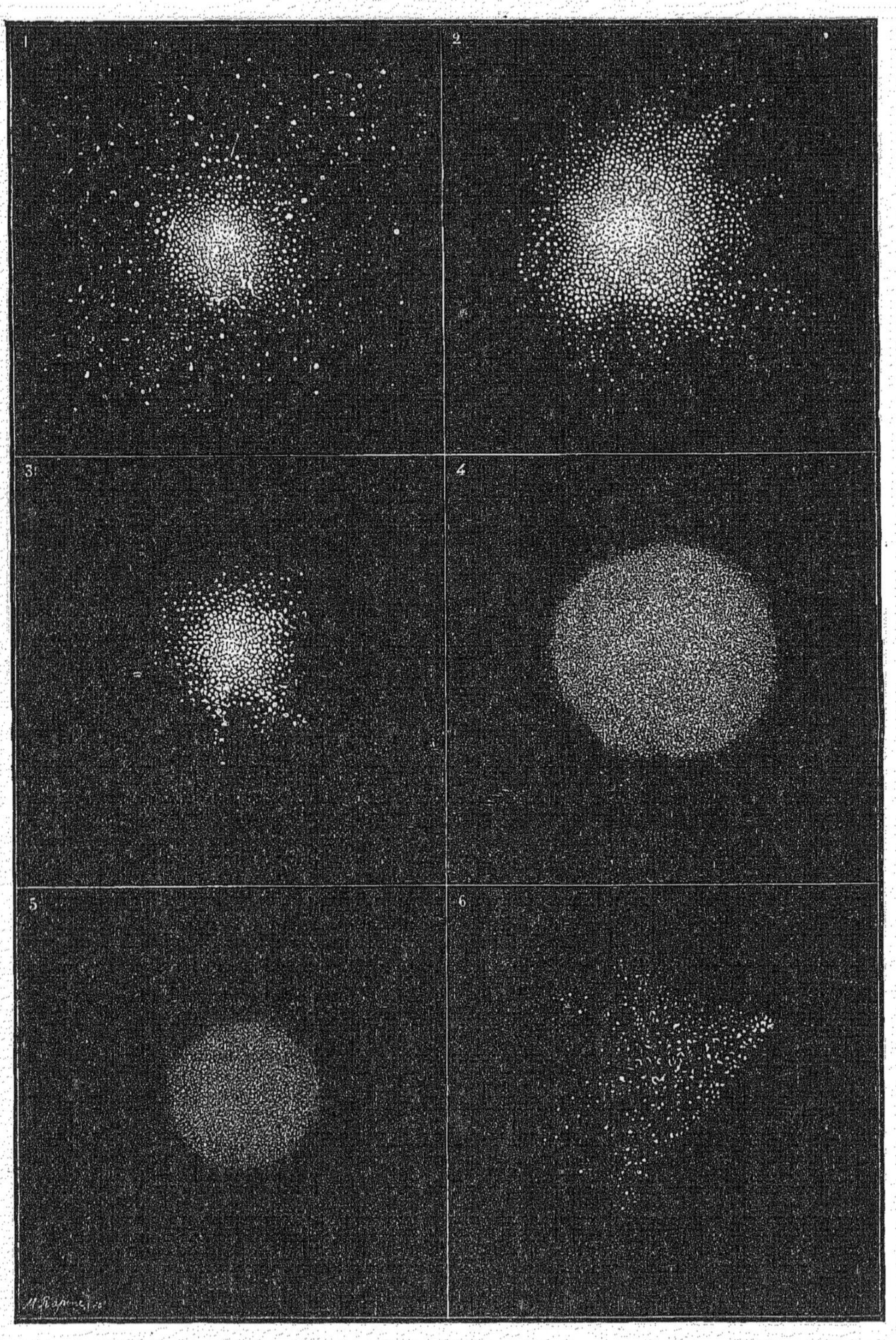

AMAS STELLAIRES, D'APRÈS LES DESSINS DE J. HERSCHEL.

1. De la Balance. — 2. D'Hercule. — 3. Du Capricorne. — 4. Du Verseau. — 5. Du Serpent. — 6. Des Gémeaux.

1° Celles que les instruments décomposent entièrement en étoiles ; on leur donne le nom d'*amas stellaires ;*

2° La seconde classe comprend les nébuleuses qui se décomposent *partiellement* en étoiles; on les appelle quelquefois *nébuleuses résolubles;*

3° La troisième classe comprend les nébuleuses que les télescopes les plus puissants ne peuvent décomposer.

231. Amas stellaires. — Les amas stellaires présentent en général une forme arrondie qui pourrait, au premier abord, les faire confondre

Fig. 179. — Les Pléiades.

avec les comètes, mais la constance de leur forme et leur fixité permettent bien vite d'éviter toute confusion à cet égard.

Les étoiles qui composent les amas stellaires paraissent beaucoup plus nombreuses vers le centre que vers les bords. On se rend compte de cette apparence en admettant une condensation réelle vers le centre, condensation qui s'explique par l'influence des forces centrales. Mais quand bien même les étoiles seraient également distribuées dans toute la masse sphéroïdale, on en verrait nécessairement davantage vers le centre ; en effet, le rayon visuel dirigé vers cette partie rencontre toute la file d'étoiles distribuées sur un diamètre, tandis que vers les extrémités le rayon visuel rencontre des parties de moindre épaisseur.

Herschel a calculé que certains amas de forme globulaire ne renferment pas moins de 5000 étoiles pressées les unes contre les autres dans un espace dont le diamètre apparent n'est pas la 10e partie de celui de la lune. On cite parmi les plus remarquables :

L'amas de Toucan appartenant au ciel austral et toujours visible à l'œil nu (fig. 180) ; là partie centrale a une couleur rouge orangé très-

Fig. 180. — Amas du Toucan.

prononcée que fait ressortir la lumière blanche des parties enveloppantes.

L'amas situé entre les étoiles η et ξ de la constellation d'Hercule, représenté dans la planche XIV dessin n° 2, et l'amas stellaire de ω du Centaure. Ces deux derniers groupes sont quelquefois visibles à l'œil nu et apparaissent, celui d'Hercule comme une tache lumineuse, celui du Centaure comme une étoile de quatrième à cinquième grandeur.

232 Nébuleuses de forme régulière. — En général, les nébuleuses qui sont en partie résolubles affectent une forme plus ou moins régu-

lière. Ce sont sans doute encore des amas stellaires, mais placés trop loin ou composés d'étoiles trop petites pour que nos instruments puissent les décomposer.

Parmi les nébuleuses de forme régulière, les unes sont absolument rondes, d'autres sont ovales, d'autres enfin ont une forme elliptique

Fig. 181. — Amas stellaire des ω du Centaure.

tellement allongée qu'elles se confondent, pour ainsi dire, avec une ligne droite (fig. 182) ; ces dernières sont sans doute des amas très-aplatis que nous voyons par la tranche.

Certaines nébuleuses ovales sont annulaires, comme on peut le voir dans la figure 183 ; dans certains cas, on aperçoit des étoiles sur l'anneau même.

Il faut bien prendre garde que les aspects sous lesquels se présentent ces nébuleuses dépendent surtout de la force des instruments qui servent à l'observation. Ainsi, dans la figure 183, les dessins 1 et 2 représentent la même nébuleuse appartenant à la constellation de la Lyre.

Citons enfin parmi les nébuleuses régulières celles qui affectent une forme conique ou cométaire (fig. 184).

La régularité de la forme peut aussi très-bien dépendre de la puissance de l'instrument, de sorte que la régularité ne serait qu'apparente. Ainsi, d'après J. Herschel, la nébuleuse des Chiens de Chasse se présente sous la forme d'un anneau dédoublé sur la moitié de son contour; au centre de l'anneau se trouve une nébulosité très-brillante, et en dehors de l'anneau, à une certaine distance, une petite

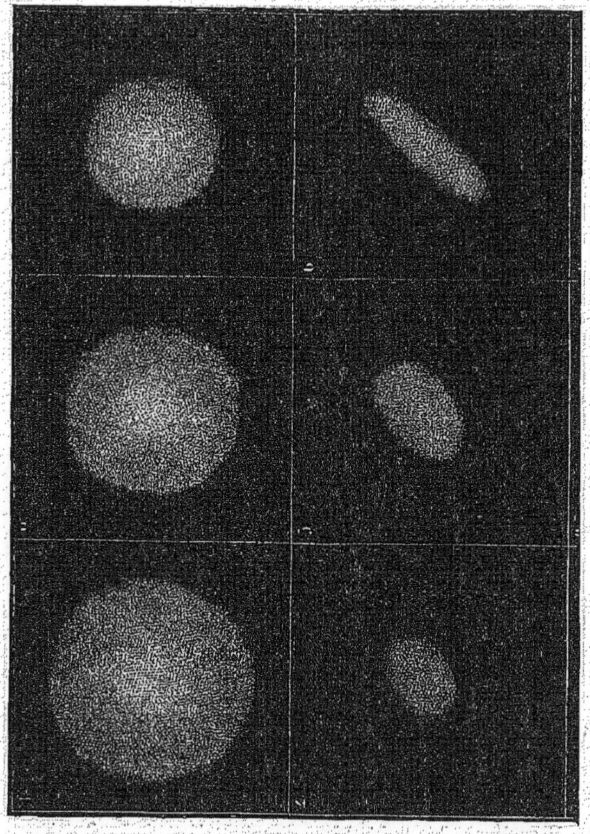

Fig. 182.

nébulosité ronde. La description que *lord Ross* a donnée de cette nébuleuse est toute différente. Elle est formée de spirales brillantes d'éclat variable et parsemées d'étoiles (fig. 185). Les spirales partent de la nébulosité centrale et vont rejoindre la Petite nébulosité que J. Herschel croyait isolée de l'anneau principal. Cette forme en spirales a été constatée depuis pour un grand nombres d'autres nébuleuses.

233. Nébuleuses de forme irrégulière. — Il existe enfin, ainsi que nous l'avons dit, des nébuleuses que les télescopes les plus puis-

sants ne parviennent pas à résoudre. Celles-ci offrent, en général, les formes les plus bizarres ; mais ce qui montre bien que tout ici dépend surtout de la qualité des instruments que les observateurs ont à leur disposition, c'est que quelques nébuleuses classées d'abord parmi celles de forme régulière ont dû être rejetées plus tard dans la troi-

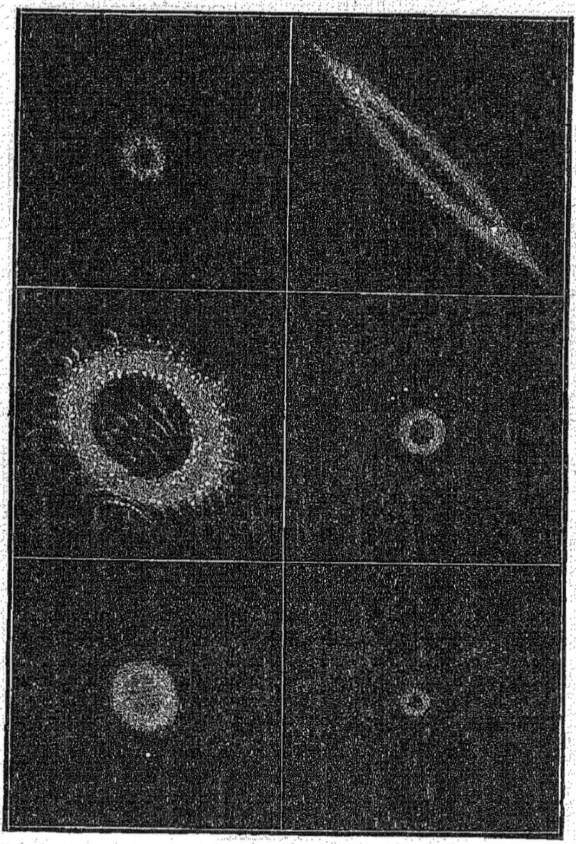

Fig. 183.

sième classe. Nous citerons comme exemples la nébuleuse d'Andromède (fig. 186) qu'on avait regardée d'abord comme une nébuleuse ovale avec condensation de lumière à son centre et la nébuleuse annulaire elliptique du Lion (fig. 187).

234. Nébuleuses planétaires et étoiles nébuleuses. — On rencontre encore dans les espaces célestes des nébuleuses qui offrent l'aspect d'un disque dont toute la surface est également lumineuse,

de sorte qu'on pourrait croire que ce sont des amas de forme aplatie qui se présentent à nous de face. On leur a donné le nom de *nébuleuses planétaires*.

Quelquefois on aperçoit sur le fond de la nébulosité une ou plusieurs étoiles qui s'en détachent très-distinctement. Lorsqu'il n'y a qu'une étoile, elle se trouve au centre de la nébulosité. Quand il y en a plusieurs, elles sont toujours disposées symétriquement sur la surface du disque, ainsi qu'on peut le voir sur la figure 188. On donne à ces dernières nébuleuses le nom d'*étoiles nébuleuses*.

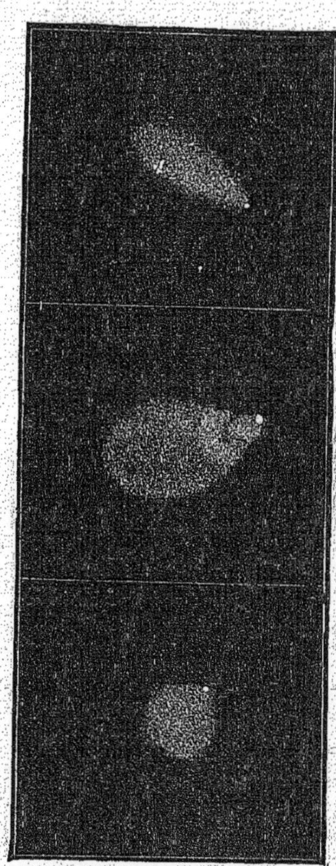

Fig. 184.

On admet généralement aujourd'hui que les nébuleuses planétaires et les étoiles nébuleuses sont formées par l'accumulation d'une matière très-ténue et lumineuse par elle-même qu'on a appelée *matière cosmique*. On doit peut-être attribuer la même composition à quelques-uns des nuages célestes que les meilleurs instruments ont été jusqu'ici impuissants à résoudre en étoiles.

235. VOIE LACTÉE. — On appelle ainsi une zone blanchâtre irrégulière, qui divise la sphère céleste en deux parties à peu près égales. Cette immense nébuleuse a été résolue dans quelques-unes de ses parties, mais les plus puissants télescopes n'ont pas permis de la décomposer dans certaines autres. D'après William Herschel, elle ne contient pas moins de 18 millions d'étoiles. Chacune de ces étoiles prise séparément serait trop petite pour être visible à l'œil nu, mais l'agglomération de toutes ces étoiles pressées les unes contre les autres produit une lueur laiteuse qu'on aperçoit dans les nuits sans lune, lorsque les conditions atmosphériques sont favorables.

On admet aujourd'hui que notre soleil est une des étoiles de la voie lactée, et voici en quelques mots les considérations qui ont conduit W. Herschel à cette hypothèse.

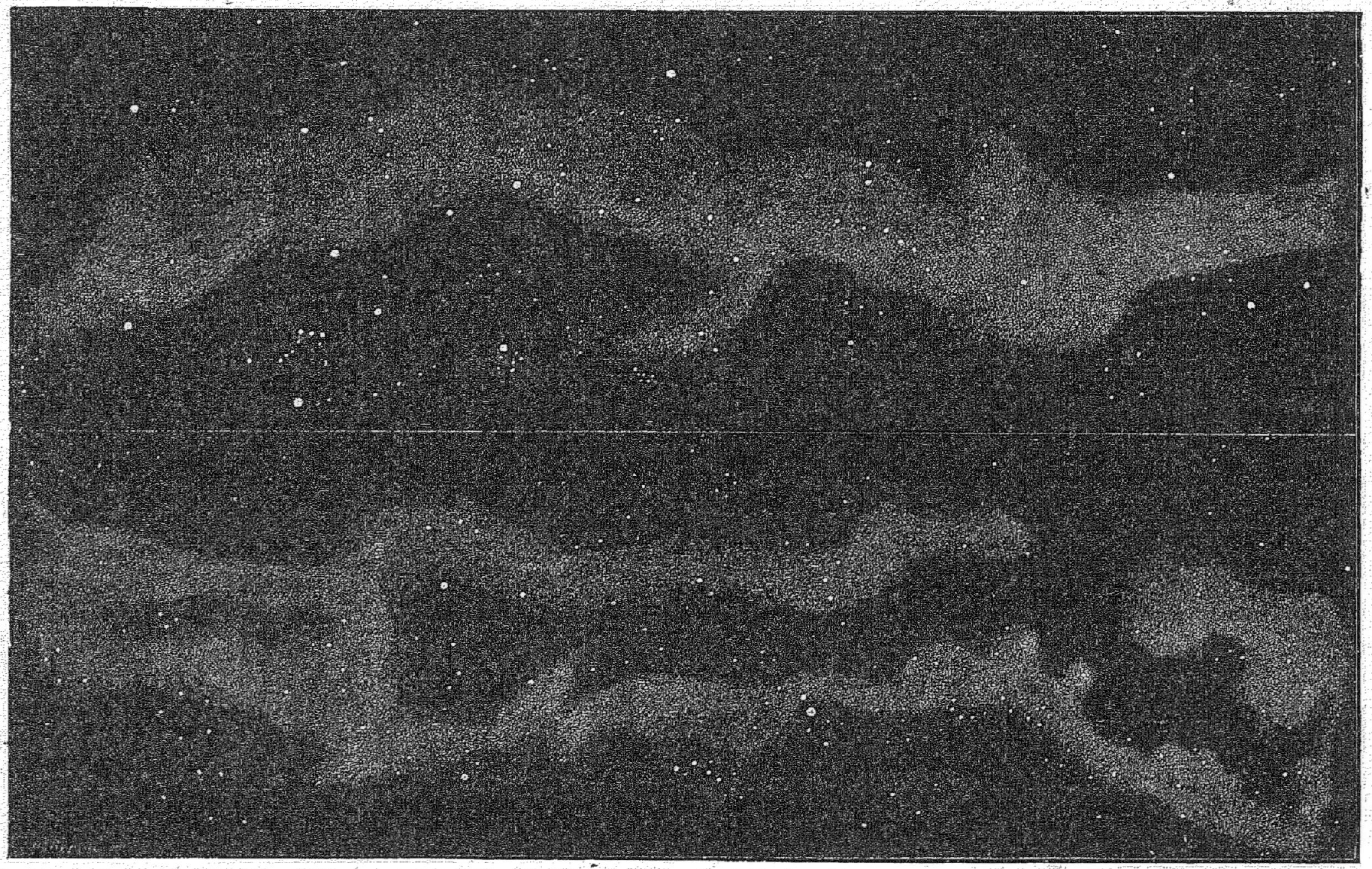

La voie lactée.

La voie lactée est, ainsi que nous l'avons dit, dirigée suivant un grand cercle de la sphère céleste. C'est une zone dont les pôles sont :

Fig. 185. — Nébuleuse des Chiens de Chasse.

le pôle nord près de la Chevelure de Bérénice et le pôle sud dans la constellation de la Baleine. Or, quand on s'éloigne de ces deux pôles pour se rapprocher de la zone, le nombre des étoiles va en croissant, d'abord lentement, puis ensuite avec une très-grande rapidité, ce qui a fait dire que la voie lactée est le *zodiaque des étoiles.* Pour nous qui sommes placés au centre de la voie lactée, nous ne voyons pas d'étoiles dans toutes les directions qui s'écartent beaucoup des plans

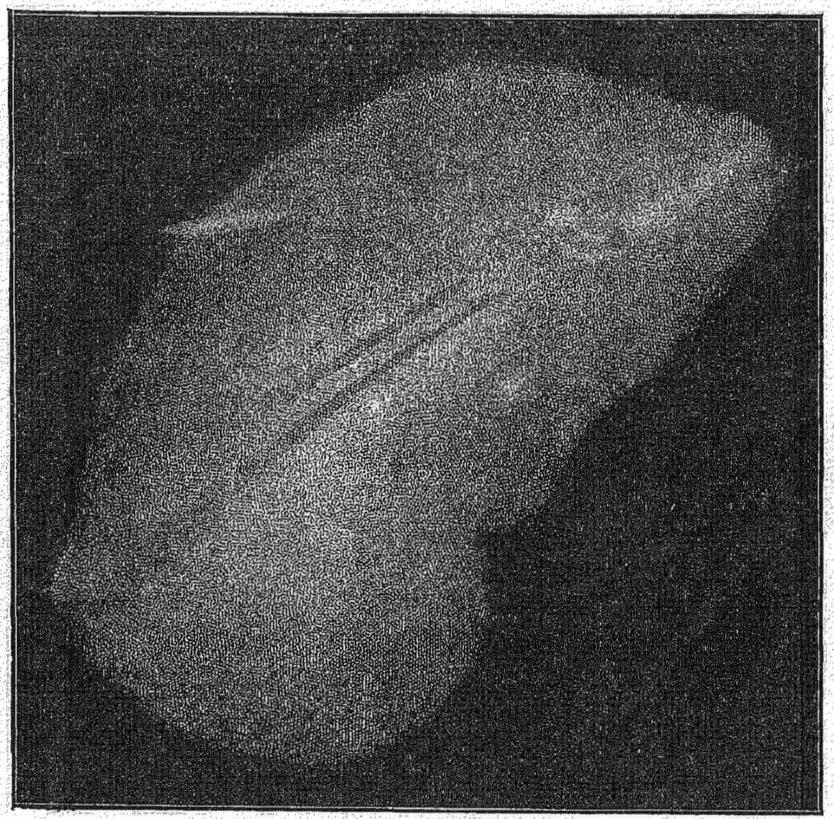

Fig. 186. — Nébuleuse d'Andromède.

qui la limitent, tandis que le rayon visuel dirigé dans le sens de la longueur de la couche rencontre des files d'étoiles pour ainsi dire indéfinies. Supposons au contraire un observateur éloigné de la couche; elle apparaîtra sous la forme d'un petit cercle dont la distance polaire ira en diminuant à mesure que le point de vue s'éloignera. Lorsqu'enfin la distance à laquelle se trouvera l'observateur sera très-grande par rapport aux dimensions de la voie lactée, elle se présentera sous la forme d'une nébuleuse ronde semblable au disque d'une planète.

D'après les conceptions de W. Herschel, notre monde et les étoiles que nous apercevons sur la voûte céleste appartiendraient donc à la voie lactée. Quelques-unes des nébuleuses seraient d'autres voies lactées analogues à la nôtre.

Les dimensions de notre système planétaire qui dépassent mille

Fig. 187. — Nébuleuse elliptique du Lion.

millions de lieues sont presque nulles vis-à-vis des distances qui séparent notre soleil des étoiles que nous pouvons apercevoir à l'œil nu. Ces distances sont elles-mêmes insensibles lorsqu'on les compare au diamètre de la voie lactée. Enfin, ce diamètre est lui-même infiniment petit par rapport aux distances qui séparent les nébuleuses les unes des autres.

236. Origine et formation du monde solaire. — C'est à l'illustre *Laplace* qu'on doit l'hypothèse la plus rationnelle sur l'origine et la formation du monde solaire. Nous ne saurions mieux terminer cet ouvrage qu'en transcrivant ici le résumé de cette hypothèse présenté par M. Guillemin dans le livre remarquable auquel nous avons fait de si larges emprunts.

Si l'on remonte par le passé jusqu'à une époque éloignée de la nôtre par une série considérable de siècles, le monde solaire tout entier, ou, plus exactement, toute la matière qui en forme aujourd'hui les divers groupes, existait à l'état purement gazeux, ou, si l'on veut, sous la

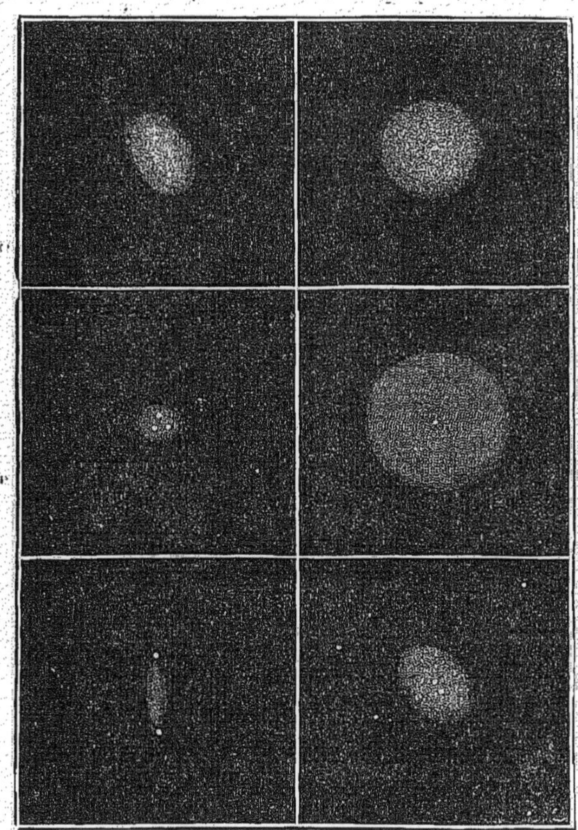

Fig. 183. — Étoiles nébuleuses.

forme d'une immense nébuleuse, extraordinairement diffuse, ne présentant aucun indice de condensation. Dans un tel état, les molécules de la nébulosité sont assez éloignées les unes des autres pour que la force répulsive dont elles sont douées annule entièrement la force attractive qui, les faisant graviter les unes vers les autres, tendrait sans cela à les réunir en groupes.

Mais les siècles s'écoulent, la nébuleuse se refroidit peu à peu en rayonnant incessamment dans l'espace ; l'action de la force répulsive diminue, et celle de l'attraction peut s'exercer de plus en plus ; elle condense et rapproche en un ou plusieurs centres les diverses parties de la nébulosité diffuse.

La nébuleuse solaire a donc dû finir par présenter l'aspect d'un

Fig. 189. — Origine et formation du monde solaire.

noyau lumineux enveloppé à une grande distance d'une sorte d'atmosphère gazeuse, de forme à peu près sphérique. Telles nous apparaissent dans l'espace les étoiles nébuleuses : en effet, les astronomes considèrent ces derniers systèmes comme irréductibles en étoiles, ou si l'on veut comme des soleils simples, doubles ou multiples, environnés d'une nébulosité réelle, soit lumineuse par elle-même, soit illuminée par l'astre central (fig. 189).

A cette période de sa formation, le soleil existait seul encore ; les planètes et leurs satellites restaient confondus dans le sein de l'atmosphère.

Mais la masse entière était douée d'un mouvement de rotation qui entraînait dans un même sens, soit les molécules du noyau, soit celles de la nébulosité. A un moment donné, les limites de cette dernière dépendaient de la distance à laquelle la force centrifuge due au mouvement de rotation était en équilibre avec la force centrale de gravitation. Ces limites changeaient elles-mêmes et se rapprochaient nécessairement du centre, sous l'influence d'un refroidissement continu, qui avait pour conséquence la diminution de volume de la nébulosité. De là l'abandon d'une zone de vapeur condensée, à la distance des limites primitives.

Peu à peu, l'atmosphère céleste dut abandonner ainsi une série de zones de vapeurs de plus en plus rapprochées du centre, les unes et les autres se trouvant à fort peu près dans le plan de l'équateur général, c'est-à-dire là où, par la vitesse du mouvement de rotation, la force centrifuge était naturellement prépondérante.

Ce sont ces zones qui ont donné naissance aux planètes isolées ou aux groupes de planètes et d'astéroïdes.

Pour qu'il en fût autrement, pour que les zones détachées de la nébuleuse générale eussent conservé la forme d'anneaux concentriques au soleil, il aurait fallu qu'un équilibre parfait eût continué d'exister entre les diverses molécules composant ces anneaux. Mais c'eût été là, selon l'expression de Laplace, un grand hasard.

Les anneaux se divisèrent, et les débris les plus considérables, s'attirant et s'agrégeant les autres, formèrent de nouveaux centres ou noyaux nébuleux. Ce qu'il importe maintenant de remarquer, c'est que chacun d'eux dut être animé de deux mouvements simultanés, l'un de rotation autour de son propre centre, l'autre de translation autour du centre commun. De plus, comme ces deux mouvements n'étaient que la continuation du mouvement antérieur général, leur sens resta le même que celui de la rotation de tout le système ou du noyau solaire.

Les planètes une fois formées, on comprend parfaitement comment ces nébuleuses partielles, semblables à la nébulosité totale, purent donner lieu à la naissance de nouveaux corps gravitant et tournant autour de chacune d'elles : telle est l'origine des satellites.

Laplace explique alors comment les satellites ne formèrent plus de satellites nouveaux, et pourquoi ces corps secondaires présentent la même face à la planète autour de laquelle ils gravitent : c'est que la faible distance donnant à l'attraction de celle-ci une influence prépondérante, les sphères composant les satellites encore à l'état fluide s'allongèrent vers le centre de la planète : et il en résulta pour leur mouvement de rotation une durée presque identique avec celle de leur mouvement de révolution. Après un certain nombre d'oscillations, ces durées devinrent rigoureusement égales.

Telle est, en peu de mots, la grandiose théorie que Laplace a présentée au monde savant. Elle est en parfait accord avec les lois de la mécanique générale et avec les faits et les observations astronomiques et physiques.

FIN

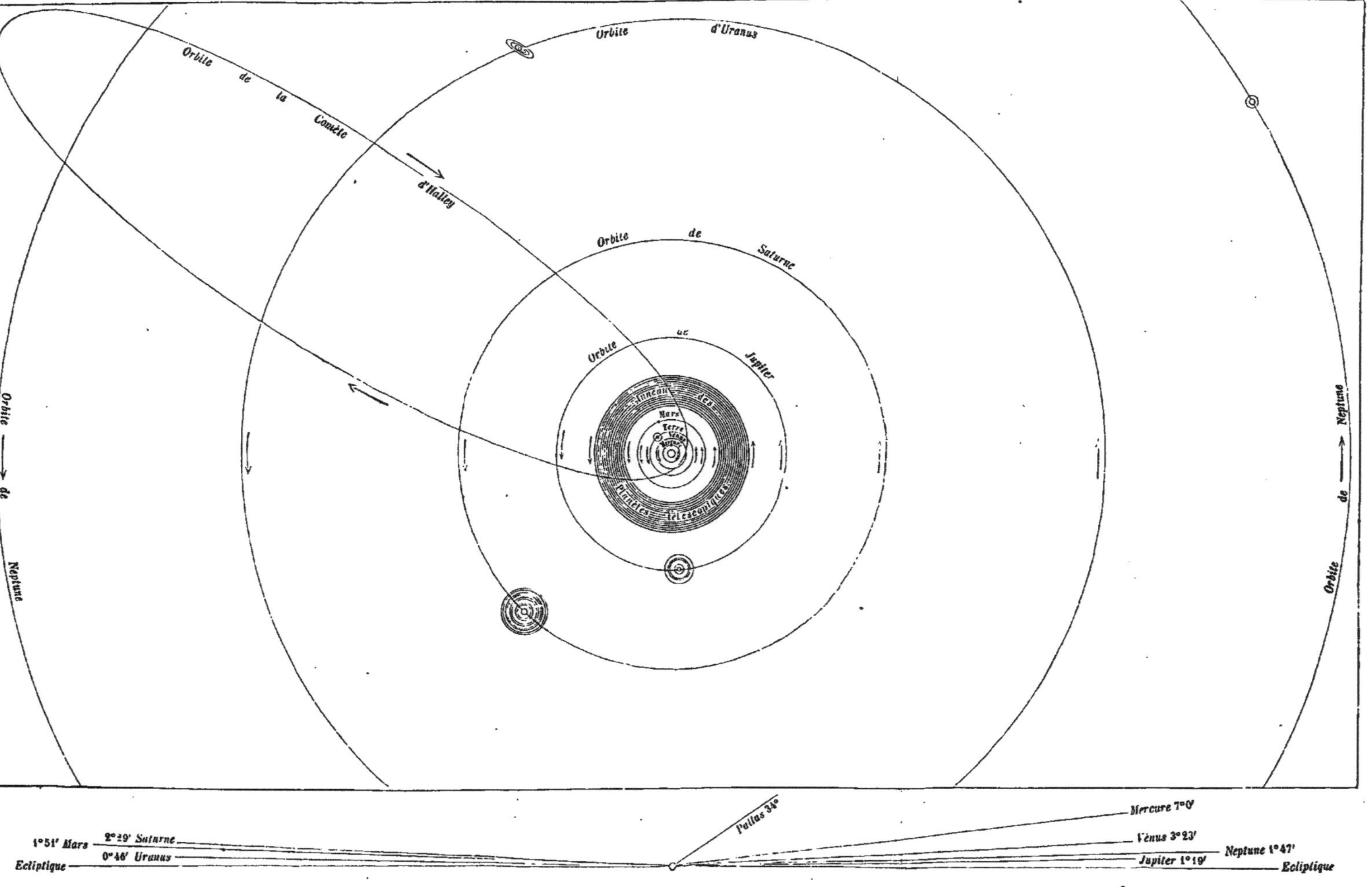

SYSTÈME SOLAIRE

I. Orbites des planètes ; leurs situations respectives au 1er janvier 1865. — II. Inclinaisons des phases des orbites planétaires sur le plan de l'orbite terrestre.

TABLE DES MATIÈRES

LIVRE PREMIER. — MOUVEMENT DIURNE

Pages

CHAPITRE PREMIER. Premières apparences que présente l'aspect du ciel...... 1
— II. Lois du mouvement diurne........................... 7
— III. Mouvement de rotation de la terre.................. 24
— IV. Sphère céleste................................... 30

LIVRE II. — LA TERRE

CHAPITRE PREMIER. Longitude et latitude géographiques................ 59
— II. Forme et dimensions du sphéroïde terrestre. Atmosphère.. 74
— III. Cartes géographiques.............................. 94

LIVRE III. — LE SOLEIL

CHAPITRE PREMIER. Mouvement apparent du soleil........................ 113
— II. Diamètre apparent du soleil. — Mouvement elliptique. — Principe des aires......................... 122
— III. Notions sur la mesure du temps. — Année tropique. — Calendrier...................................... 139
— IV. Distance du soleil à la terre. — Rapport du volume du soleil à celui de la terre. — Rapport des masses. — Taches du soleil. — Rotation du soleil sur lui-même. — Constitution du soleil.............................. 144
— V. Inégalité des jours et des nuits. — Saisons............ 160
— VI. Idée de la précessions des équinoxes................ 166
— VII. Translation de la terre autour du soleil............. 170

LIVRE IV. — LA LUNE

Pages

Chapitre premier. Phases de la lune........ 179
— II. Révolution sidérale et synodique. — Orbite décrite par la lune autour de la terre........ 187
— III. Distance de la lune à la terre. — Rapport du volume de la lune à celui de la terre; rapport des masses. — Taches. — Constitution physique de la lune........ 192

LIVRE V. — ÉCLIPSES DE LUNE ET DE SOLEIL. — MARÉES

Chapitre premier. Éclipse de lune et de soleil........ 207
— II. Notions sur le phénomène des marées........ 216

LIVRE VI. — PLANÈTES ET COMÈTES

Chapitre premier. Notions générales sur les planètes........ 223
— II. Planètes inférieures........ 228
— III. Planètes supérieures........ 236
— IV. Planètes télescopiques. — Étoiles filantes........ 248
— V. Comètes. — Monde solaire........ 252

LIVRE VII

Notions d'astronomie sidérale........ 271

FIN DE LA TABLE DES MATIÈRES.

PARIS. — IMPRIMERIE DE E. MARTINET, RUE MIGNON, 2.

www.ingramcontent.com/pod-product-compliance
Ingram Content Group UK Ltd.
Pitfield, Milton Keynes, MK11 3LW, UK
UKHW012015240726
13965UKWH00002B/382

9 782013 441032